6G丛书

知识定义的 6G网络

通感算资源智能调度

周一青　齐彦丽　杨静雅　张　华　陆　璐　石　磊 ◎ 著

人民邮电出版社

北　京

图书在版编目（CIP）数据

知识定义的6G网络通感算资源智能调度 / 周一青等著. -- 北京：人民邮电出版社，2025.3
（6G丛书）
ISBN 978-7-115-64007-9

Ⅰ. ①知… Ⅱ. ①周… Ⅲ. ①第六代移动通信系统—研究 Ⅳ. ①TN929.59

中国国家版本馆CIP数据核字(2024)第060809号

内 容 提 要

面向未来全场景万物智联时代碎片化、极致化的应用需求，现有移动通信网络资源调度主要针对单一场景采用人工设计资源调度策略，难以满足全场景的按需服务的需求。为此提出知识定义的资源智能优化调度，利用人机赋能获取网络知识，由知识指导生成网络资源调度策略，实现网络资源与智能调度的实时适配和动态拟合，有望满足6G全场景服务的需求。

本书共包括 8 章，内容涵盖了移动通信网络演进及其对资源调度的需求、意图与知识联合驱动的内生智能网络架构、知识增强的全场景流量感知技术、可增量学习的网络知识获取与表征技术、知识定义的多维异构资源调度策略、基于知识的网络资源调度策略验证技术、知识定义的网络资源部署技术以及典型应用案例。

本书可作为 6G 按需服务、网络调度研究人员的参考书，高等院校移动通信专业研究生的启蒙教材或学习材料，也可作为企业开展未来移动通信业务布局的技术参考书。

◆ 著　　　　　周一青　齐彦丽　杨静雅　张　华
　　　　　　　　陆　璐　石　磊
　　责任编辑　高　珮
　　责任印制　马振武

◆ 人民邮电出版社出版发行　　北京市丰台区成寿寺路 11 号
　　邮编　100164　　电子邮件　315@ptpress.com.cn
　　网址　https://www.ptpress.com.cn
　　固安县铭成印刷有限公司印刷

◆ 开本：720×960　1/16
　　印张：21　　　　　　　　　　2025 年 3 月第 1 版
　　字数：366 千字　　　　　　　2025 年 3 月河北第 1 次印刷

定价：199.80 元

读者服务热线：(010)53913866　印装质量热线：(010)81055316
反盗版热线：(010)81055315

前　言

随着 5G 在全球逐步进入商用，产业界和学术界已经加速对 6G 的研发。为了支撑未来万物智联时代智慧生活、智赋生产、智焕社会等催生的新兴应用场景，如精准医疗、智能工厂、智能交通等，6G 被广泛认为将是人机物三元融合的智能网络，具备智能感知、自主决策、自动执行的能力。同时，随着智能优化、自主计算、增强学习等的快速发展，人们开始追求极致性能体验，包含极可靠、极低时延、极致宽带等，实现服务随心所想、网络随需而变、资源随愿共享的目标。

未来 6G 沉浸式、个性化的全场景服务需求对 6G 网络资源管理提出了智能、灵活、可调、可控的要求，亟须构建知识定义的网络管控理论技术体系，融合通信、计算、感知、存储一体化的智能资源管理技术，知识定义的端—边—网—云协同的资源调度方案。主要思路是基于人机协同赋能网络知识，发挥人对于整体目标的把控力以及利用机器算法（即智能模型）对资源调度细节（如资源类型、资源利用率、稳定性等）的决策准确性和可操作性，借助认知增强的网络立体感知、资源融合的动态决策推演、自主进化的网络资源柔性调度，建立"感知—决策—验证—部署"的全场景知识定义资源管控，满足未来全场景万物智联时代碎片化、极致化的应用需求。

因此，本书编写团队面向未来 6G 全场景服务，聚焦 6G 网络资源管控，提出知识定义的 6G 网络通感算资源智能调度技术体系，研究内容立足 6G 全场景资源调度，设计意图与知识联合驱动的 6G 内生智能网络架构，从流量感知、知识获取与表征、资源调度策略生成、资源调度策略验证、资源部署 5 个方面展开，构建资源智能控制闭环，实现资源调度策略的自动生成、自动验证、自动实施，希望能为有兴趣了解和研究未来 6G 网络架构演进趋势和资源智能优化调度的读者提供充足的信息和背景知识，从而缩短学习过程，共同推进该领域更进一步的发展。

本书共 8 章。第 1 章梳理移动通信网络的演进及发展，分析不同阶段移动通信网络对资源智能调度的需求；第 2 章对现有智能网络架构及其发展趋势展开介绍，提出面向未来 6G 全场景资源智能管控的网络架构，即意图与知识联合驱动的内生智能网络架构；第 3 章介绍流量感知所需的网络测量技术的概况，包含主动网络测量、被动网络测量、混合网络测量和网络遥测，并分析知识增强的全场景流量感知技术；第 4 章介绍目前的知识获取与表征技术，包含用户行为知识、业务需求知识、网络状态知识的获取，分析可增量学习的网络知识获取与表征技术；第 5 章介绍现有的资源调度策略生成技术，以任务卸载和服务迁移为例，分析现有资源调度策略的局限性，指出未来需要知识定义的多维资源调度策略生成技术；第 6 章介绍目前策略验证的相关技术及方法，包含数字孪生网络和形式化验证方法，分析基于知识的网络资源调度策略验证技术；第 7 章介绍当前网络资源部署技术的演进及挑战，分析面向 6G 知识定义的网络资源部署技术；第 8 章从不同网络类型、不同功能服务、不同资源形态描述典型应用案例，举例阐述知识定义的意图网络支撑全场景按需服务的能力。

本书出版之际，首先衷心感谢国家重点研发计划"宽带通信和新型网络"重点专项"6G 全场景按需服务关键技术"项目的资助。本书由周一青、齐彦丽、杨静雅、张华、陆璐和石磊共同完成。全书由周一青统稿。在本书编写过程中，中国科学院计算技术研究所、东南大学、中国移动通信集团有限公司和阿里云计算有限公司等团队成员提供了翔实的基本内容资料，在此表示衷心感谢。中国科学院计算技术研究所团队成员主要撰写第 2 章、第 4 章和第 5 章内容，其中，第 2 章的内容基于中国科学院计算技术研究所杨静雅、周一青、刘玲、崔新雨、伍杰等的研究成果以及中国移动通信集团有限公司陈丹阳、周铖、杨红伟的研究成果进行了修改和扩充，第 4 章的内容基于中国科学院计算技术研究所彭燕、周一青、张煜、孟子洋、周硕、丁保刚、徐雅星、时海围等的研究成果进行了修改和扩充，第 5 章的内容基于中国科学院计算技术研究所彭燕、周一青、齐彦丽、蔡青、吴义豪、王露、胡佳佳、刘继红等的研究成果进行了修改和扩充。东南大学团队成员主要撰写第 3 章和第 6 章内容，其中，第 3 章的内容基于东南大学张鹏辉的研究成果进行了修改和扩充，第 6 章的内容基于东南大学戴玉琪的研究成果进行了修改和扩充。中国移动通信集团有限公司团队成员主要撰写第 1 章和第 8 章内容，基于中国移动通信集团有限公司陈丹阳、周铖、杨红伟等的研究成果进行了修改和扩充。阿里云计算有限公司团队成员主要撰写第 7 章内容，基于阿里云计算有限公司王超、王野、凌观成、郝文杰、张欢、姚怡东和杨光等的研究成果进行了修改和扩充。

由于 6G 网络资源智能优化调度技术发展迅速，加之编写团队水平有限，书中难免存在不足，恳请读者批评指正。

作者

2023 年 12 月

目　录

第 1 章

移动通信网络演进及其对资源调度的需求

移动通信网络技术的发展，是现代信息技术适应社会发展的结果，也是移动通信事业发展的内在需求。从基于模拟通信的第一代移动通信系统实现人与人之间的通信，到基于数字通信的第二代移动通信系统满足手机上网的需求，再到当前借助高频谱、低能耗等技术优势的第五代移动通信系统开启万物互联时代，每一代移动通信技术的发展都有各自不同的技术特点，同时对网络资源智能调度具有不同的需求。本章将介绍移动通信网络的演进及发展趋势，分析不同阶段移动通信网络对资源智能调度的需求，带动读者探索知识驱动的资源调度方法。

|1.1 移动通信网络的发展 |

每一代移动通信网络技术的发展，都有不同的技术特点。进入 20 世纪以来，移动通信经历着飞速发展：第一代移动通信系统（The 1st Generation Mobile Communication System，1G）基于模拟通信技术，实现了人与人之间的移动通话；第二代移动通信系统（The 2nd Generation Mobile Communication System，2G）使用了数字通信技术，满足了人们对短信、数字语音和手机上网的需求；第三代移动通信系统（The 3rd Generation Mobile Communication System，3G）在 2G 的基础上，以多媒体通信为特征，实现了移动互联网；第四代移动通信系统（The 4th Generation Mobile Communication System，4G）在 3G 的基础上，结合了无线局域网络（Wireless Local Area Network，WLAN）的功能，推动了移动视频业务的发展，可以完成图像以及视频的传输；第五代移动通信系统（The 5th Generation Mobile Communication System，5G）的商用为各行各业赋能相关通信能力，借助高频谱、低能耗的技术优势，开启了万物互联的全新时代。而未来的第六代移动通信系统（The 6th Generation Mobile Communication System，6G）将是人机物三元融合的智能网络，借助大数据、人工智能、云计算等实现万物智联。

1. 2G

2G 网络于 1991 年在芬兰正式商用，但直至 1995 年才逐渐被世界各国引入并真正普及。最初的 2G 网络只有电路域，仅能够为用户提供基本的语音及短信业务。2G 的基本技术包括两种：一种以全球移动通信系统（Global System for Mobile Communications，GSM）为代表，由时分多址（Time Division Multiple Access，TDMA）发展而来；另一种是基于码分多址（Code Division Multiple Access，CDMA）模式。通常来说，2G 网络指的是基于 GSM 的网络，其主要由以下 4 个部分构成。

① 移动台（Mobile Station，MS），主要负责无线信号的收发及处理。

② 基站子系统（Base Station Subsystem，BSS），由基站收发信台（Base Transceiver Station，BTS）和基站控制器（Base Station Controller，BSC）构成，负责无线资源的管理及配置。

③ 网络与交换子系统（Network and Switching Subsystem，NSS），负责用户具体业务处理、移动性管理及用户数据库管理，以及保证用户的安全性及提供接入外部网络的接口。

④ 操作管理系统（Operation Management System，OMS），主要负责网络的建设、状态报告及故障诊断。

在 GSM 中，2G 网络管理包含网络资源和活动的规划、监视、组织、控制与计费，主要功能包括性能管理、配置管理和故障管理[1]。

① 性能管理提供对通信设备的网络单元、网络或性能的有效性评价，一般通过一组性能指标来判断网络是否满足吞吐量需求、是否过载等。性能管理必须实现服务质量监视、业务管理、网络控制和性能监测功能。

② 配置管理使网络管理实现对网络单元（Network Element，NE）的按序标识与控制，并完成从网络单元收集数据及向网络单元提供数据的过程。

③ 故障管理完成对网络环境的异常检测，相关故障管理参数主要有故障类型、级别、原因及时间等。

随着通信技术的快速发展，由于难以满足用户逐渐增长的业务需求，2G 网络逐渐淡出人们的生活，国内外的各个运营商也逐渐停止与 2G 网络相关的服务。

2．3G

为降低布网资源消耗，3G 网络采用与 2G 网络相同的网络架构，即基于 GSM/通用分组无线服务（General Packet Radio Service，GPRS）的核心网（Center Network，CN），主要区别在于声音和数据传输速率的提升。3G 网络将无线通信与国际互联网等多媒体通信方式结合，支持高速数据传输，能够同时传送声音（通话）及数据信息（如电子邮件、即时通信等），提供网页浏览、电话会议、电子商务等多种信息服务。

国际电信联盟（International Telecommunications Union，ITU）确定了 3G 通信的三大无线接口标准，分别是宽带码分多址（Wideband Code Division Multiple Access，WCDMA）、码分多路访问 2000（Code Division Multiple Access 2000，CDMA2000）和时分同步码分多路访问（Time Division-Synchronous Code Division Multiple Access，TD-SCDMA）。其中，TD-SCDMA 标准由我国首次提出，我国基于无线传输技术开展的国际合作对 3G 网络发展做出了贡献。

与 2G 网络管理相比，3G 网络管理增加了对网络的性能分析，提供了操作服务质量评估与报告等。3G 网络管理最基本的功能包括：故障管理、配置管理、账务管理、性能管理和安全管理。由于能够提供比 2G 设备更大的带宽，3G 网络管理具有更加丰富的业务管理能力。3G 网络管理系统在充分借鉴 2G 网络管理系统经验的基础上，面向设备、网络管理以及业务和客户发展，建立了统一的网络和业务资源模型[2]。

相较于前两代移动通信网络技术取得的重大突破，3G 对于通信技术的意义在于定义性质，让网络通信拥有传输速率的概念，属于过渡方案，仅能够完成基础运行。因此，在完成相关技术的研究之后，3G 被具有更高传输速率的 4G 所替代。

3．4G

4G 移动通信网络技术，是现代电子技术与互联网快速发展的重要产物，是现代文明发展的内在需求。4G 在 3G 的基础上融合了 WLAN 技术的优势[3]，实现了更加清晰的图像画面以及视频传输。4G 网络下载速率可以达到过去拨号上网速率的数千倍。

4G 网络不再支持电路域，之前的电路域业务由互联网协议（Internet Protocol，IP）多媒体子系统（Internet Protocol Multimedia Subsystem，IMS）服务代替。4G 核心网的功能相较于传统 GPRS 网络显著增强，实现了端到端全 IP 组网，采用扁平化架构，减少了网络层级，能够支持 IP 宽带业务，为用户提供高速率、低时延的网络服务。4G 网络支持不同的接入系统，支持用户在第三代合作伙伴计划（3rd Generation Partnership Project，3GPP）和非 3GPP 网络间的漫游和切换。

在 4G 网络时代，为了实现相应的网络管控，3GPP 组织提出了策略与计费控制（Policy and Charging Control，PCC）架构，该架构是在移动分组核心网上叠加的一套端到端策略控制架构。PCC 实现了市场策略、网络能力、用户状态等多维度信息的结合，通过差异化服务质量保障、流量控制、差异化计费等技术手段，完成了移动网络资源有效、公平使用和数据流量的差异化、精细化经营，在有限的资源条件下提升了客户感知，提高了流量经营收益。

相较于之前的通信网络技术，4G 网络具有传输速率高、网络频谱宽、多种通信业务相融合、频谱效率高、接口开放及兼容性强等特点。4G 网络极大地便利了人们的生产生活，但随着技术的进一步发展，5G 网络已经正式实现商用，正逐步取代 4G 网络。

4. 5G

随着信息技术的高速发展，人们对网络体验质量提出了更高的要求，期望获得极致化、定制化的网络服务。5G 是基于 2G、3G、4G 移动通信网络技术的拓展和延伸，实现了各方面性能的提升。相较于 2G~4G 网络以服务人的通信需求为中心的核心概念，5G 网络的应用推广到三大场景，包含增强移动宽带（Enhanced Mobile Broadband，eMBB）、高可靠低时延通信（Ultra-Reliable and Low-Latency Communication，URLLC）和海量机器类通信（Massive Machine Type Communication，mMTC）。我国作为 5G 技术的领先研发者，实现了从标准参与者到标准制定者的转变。5G 技术作为一门新兴通信技术，象征着世界通信技术领域的创新变革和重大飞跃。

相较于 4G 网络，5G 网络是基于服务的网络架构，解耦核心网与接入网，分离用户面与控制面，利用网络切片提供个性化、多样化的网络服务。目前，5G 正在逐步渗透到各行各业，助力实现万物互联、相互感知的新时代。从 4G 到 5G，运营商业务从传统的语音和数据业务拓展到各行各业的多种业务，覆盖了智慧医疗、智能电网、智慧城市、车联网等多个垂直行业的业务场景。业务多样性对网络有着差异化的服务需求，如对网络资源需求的差异化。展望未来，6G 网络将支持服务随心所想、网络随需而变、资源随愿共享，并演进为零接触、可交互、会学习、能进化的智能网络。传统的一刀切式的网络资源提供方式，已经越来越难以满足网络新业务的定制化、极致化需求。移动通信网络需要实质性的改变与发展，服务提供模式需要从传统的尽力而为转变为极致化和确定性体验的可保障网络。

|1.2　网络资源智能调度的需求|

　　移动通信的发展旨在满足用户多样化的需求，按需为用户提供服务。这需要对网络资源进行动态最优调度。当前移动终端和网络数据流量呈现爆炸式增长，各类新兴业务不断涌现。为应对这些趋势带来的挑战，由不同网络设备和系统组成、运行在不同的协议上、支持不同的功能或应用的异构网络受到广泛关注。随着边缘计算、人工智能和网络功能虚拟化（Network Function Virtualization，NFV）等技术的发展，未来异构网络将呈现云边协同、内生智能、网络可重构等特征。异构网络中的资源管理对象从单一的通信资源扩展到了由通信资源、计算资源，以及由存储、环境、社会等组成的多维资源，合理设计资源调度策略进而提升系统整体性能将成为未来通信网络达成绿色、高效、智慧网络运维管理的关键。从资源类型的角度，信息通信网络的资源调度可以分为通信资源调度、计算资源调度和多维资源联合调度。

　　① 通信资源调度主要是指对通信网络中带宽、频谱、功率等资源的调度。受限于香农理论，通信系统中的资源呈现时空的有界性。因此，在有限资源下，最大化、最优化地提供目标服务是通信资源调度的关键，需主要解决的问题包括：如何在满足用户最小速率和公平性的条件下，最大化通信系统的总容量；如何设计低复杂度的资源调度算法以提高网络能效；如何在同时考虑时延、服务中断概率、系统总带宽和总功率的约束的情况下进行资源的联合优化；如何在资源约束的情况下，最大化服务的用户数等。

　　② 计算资源调度主要是指对于通信系统中从单核中央处理器（Central Processing Unit，CPU）到多核 CPU，再到 CPU+图形处理单元（Graphic Processing Unit，GPU）+数据处理器（Data Processing Unit，DPU）+现场可编程门阵列（Field Programmable Gate Array，FPGA）等多种计算基础设施和计算能力的调度。首先用户需要将计算任务的输入数据上传到网络节点中，再由网络节点完成运行计算任务，因此计算资源调度通常与计算卸载节点选择和通信资源调度紧密关联。计算资源调度主要解决的问题包括：如何通过有效的任务划分和匹配计算资源的能力，降低总任务的执行时延和设备能耗；如何通过联合优化计算卸载决策和计算资源调度，最大化系统效用；如何在保证用户公平性和最大可容忍时延的前提下，设计有效的调度优化算法来降低时延和能耗的综合加权成本等。

③ 多维资源联合调度是指在通信网络中最重要的通信资源和计算资源之外，还需综合考虑存储资源、环境资源、社会资源等多种资源配置要素，从而提高网络服务能力，在提升用户体验的同时，实现多样资源组合效用最优。多维资源联合调度研究的典型问题包括：在时延、缓存大小和平均功率的约束下如何最小化平均带宽消耗；如何联合优化移动边缘计算（Mobile Edge Computing，MEC）网络中的计算卸载、内容缓存、频谱和计算资源，从而使所有计算任务的总时延最小化；如何在多维资源感知的基础上，实现多维资源的一体化编排和调度，形成融合多维信息的新型路由基础架构和协议；如何在绿色节约发展的要求下，使国家"东数西算"战略下多维资源利用的经济效益和社会效益等最优化。

网络的不断演进体现在两方面：一方面，网络设备数量急剧增长，网络环境愈发复杂；另一方面，业务类型多样，服务水平协议（Service Level Agreement，SLA）需求各异，导致网络资源动态管理变得困难和复杂。除此之外，设备迁移、业务动态传输、带宽动态分配等网络实时变化，使得仅依靠人工管理的传统模式难以满足用户极致化、差异化的需求。随着人工智能技术的发展，智能化的网络资源调度成为演进趋势，其中，智能化的网络资源调度需要新型网络架构做支撑。

软件定义网络（Software Defined Network，SDN）作为新型网络的一种，通过转控分离、控制面集中及接口开发可编程来应对网络的多样化应用需求，使目标网络可扩展并且可以按需提供服务。通过 NFV 技术，实现资源动态管理及业务编排[4]。结合人工智能，SDN 架构可以解决很多网络问题（包括但不局限于网络管理问题），并能够应对很多在网络和其他方面的挑战。值得注意的是，Clark 等[5]在 2003 年提出的知识平面（Knowledge Plane，KP），是 SDN 和人工智能相结合的一种新型网络架构。2017 年 Mestres 等[6]提出由知识平面、SDN 和机器学习（Machine Learning，ML）技术构建的知识定义网络（Knowledge-Defined Network，KDN）框架，通过对知识的灵活运用，能够智能、动态地实现网络资源按需调度。

由于网络覆盖的立体化、网络拓扑的动态化、应用场景的多元化、服务需求的个性化、接入机制的异构化、接入节点的密集化及网络资源的多维化和细粒度化，未来 6G 网络资源调度的复杂性将进一步增加。为了实现 6G 网络复杂资源调度的时效性和精确性，充分发挥模型和数据驱动方法各自的优势，学术界开始将数学模型、通信理论、网络语义特征、专家经验等知识和神经网络方法深度融合，探索知识驱动的资源调度方法。一方面，通过在数据驱动的神经网络方法中引入特定领域知识，增强系统的稳健性和可解释性，降低对训练样本量的依赖。另一方面，通过知识在不同网络间的共享和迁移，让知识在网络中流动起来，增加知识在网络中的复用率，提升资源调度的决策效率。此外，网络自智闭环控制可以自动获取并分析数据、学习知识、做出判断、管理资源、优化运行策略等，因此，网络自智控制系统将成为动态管理未来网络资源的有效方法。

| 1.3　本章小结 |

本章给出了移动通信网络的演进趋势，分析了资源智能优化调度在其中的重要作用和意义，并将信息通信网络的资源调度分为通信资源调度、计算资源调度和多维资源联合调度。随着网络的不断演进和人工智能技术的高速发展，智能化的网络资源调度成为演进趋势。

| 参考文献 |

[1] 张宇, 杨彬, 肖文栋, 等. GSM 移动通信网络管理系统浅析[J]. 甘肃科技, 2005, 21(2): 66-68.

[2] 谷和启. 浅析 3G 网络管理[J]. 当代通信, 2006, 13(7): 61-62.

[3] 贺军华, 马轶群, 杨军杰. 4G 通信技术论述[J]. 中国新通信, 2019, (13): 65-67.

[4] LI Y, MIN C. Software-defined network function virtualization: a survey[J] IEEE Access，
2015(3): 2542-2553.

[5] CLARK D D, PARTRIDGE C, RAMMING J C, et al. A knowledge plane for the Internet[C]//
Proceedings of 2003 ACM International Conference on the Applications, Technologies, Ar-
chitectures, and Protocols for Computer Communication (2003 SIGCOMM). New York:
ACM Press, 2003: 3-10.

[6] MESTRES A, RODRIGUEZ-NATAL A, CANCER J, et al. Knowledge-defined network-
ing[C]//Proceedings of 2017 ACM International Conference on the Applications, Technolo-
gies, Architectures, and Protocols for Computer Communication (2017 SIGCOMM). New
York: ACM Press, 2017: 2-10.

第 2 章

意图与知识联合驱动的内生智能网络架构

面向未来万物智联时代碎片化、极致化的应用需求，6G 将以智能网络为演进形式，具备内生智能、开放性等重要特征。目前，网络智能化采用"外挂式智能"，即采用 AI 技术解决特定场景下的网络优化问题，提升网络智能化水平，而网络本身的架构和协议缺乏相应的智能化。因此，未来网络自身需要向内生智能逐步演进，而外挂式智能采用局部优化网络的模式，将难以全面提升网络智能化和自治水平，如何将智能化根植在网络架构中是实现未来 6G 智能网络需要重点关注的问题。本章面向 6G 智能网络，首先分析智能网络演进的驱动力，然后介绍现有支撑网络智能化的关键技术和网络架构。其中，关键技术主要包含网络功能虚拟化和软件定义网络技术；网络架构主要围绕基于意图的网络和知识定义网络展开，分析目前网络架构存在的问题，提出意图与知识联合驱动的智能网络架构，包含 5 个功能平面和双闭环控制。其中，功能平面分别为意图抽象平面、认知平面、管理平面、控制平面和数据平面；闭环控制分别为知识意图的双闭环流程和意图的多级闭环流程，从而高效支撑未来 6G 网络的智能管控和资源优化调度。

第 1 章中指出未来 6G 需要建立"感知–决策–验证–部署"的资源智能调度机制。其中,资源智能调度需要智能网络作为支撑。因此,本章聚焦智能网络,首先分析智能网络演进的驱动力,然后介绍现有智能网络的关键支撑技术和典型智能网络架构,并分析目前智能网络架构存在的问题,最后提出意图与知识联合驱动的内生智能网络架构。

|2.1 智能网络演进的驱动力 |

6G 智能网络发展的驱动力主要来自全场景业务的碎片化、极致化需求,网络管理和运维的复杂性倍增以及新技术的涌现与变革[1-7]。

首先,未来"人机物"万物智联将持续催生新的应用,现有网络"打补丁""叠加资源"的演进方式将难以满足新业务碎片化、极致化的需求。一方面,由于用户行为、信息环境在时间和空间上不断改变,用户服务需求将动态变化;另一方面,随着数字化、智能化的发展,未来 6G 网络中增强现实(Augmented Reality,AR)/虚拟现实(Virtual Reality,VR)、工业自动化、远程驾驶等新业务场景的需求将呈现极致化的发展趋势。例如,在 AR/VR 中,沉浸式交互体验要求数据速率至少达到 10 Gbit/s、端到端的时延小于 1 ms、随时随地的一致性体验等[8-10]。工业自动化的典型需求是控制面时延小于 0.1 ms、可靠性高达 10^{-9} 级[8]。远程驾驶中要求用户面时延小于 3 ms,同时可靠性达到 10^{-5} 级[11]。

与此同时，一些新的网络性能指标（如机器通信的安全性、触觉通信（如远程医疗）中环境的高精度感知、计算效率等）的引入，要求未来 6G 能够根据业务动态极致的性能需求柔性设计和构建网络，并能够对整网资源进行最优化调度[12]。然而，现有的网络架构单一固定，遵循端到端的网络范式，提供"尽力而为（Best-Effort）"交付服务，将难以应对未来 6G 网络中业务动态化、极致化的性能需求[13]。因此，迫切需要一种灵活简洁、可敏捷调度整网资源的智慧网络，来高效准确地预测业务的动态化需求，如吞吐量、时延、可靠性等；结合业务偏好特征并借助云网融合等技术，弹性构建不同网络形态；通过弹性感知、弹性通信、弹性计算等实现网络的弹性构筑，以适配未来网络智能业务的高度动态性和不确定性；可针对不同业务的极致化需求定义不同的优先级，优化调度整网资源，按需提供最佳的网络服务[14]。

　　其次，现有网络管理和运维的复杂度随着网络节点的异构性和网络动态性的增强急剧上升，而传统基于人工的网络管理效率低，难以支撑网络的持续性发展，亟须发展智能的网络管理。一方面，面向"人机物"三元互联，6G 将向着空天地一体化的方向发展。不同制式的接入技术，如地面蜂窝通信、Wi-Fi、专用短程通信技术、卫星通信等亟须协同融合。但不同的网络节点，如宏基站、微基站和卫星等，其运营商、技术特征、3C（Communication、Computing and Cache，即通信、计算和存储）资源、性能指标等存在显著差异，难以协同。另一方面，网络动态性随着未来空天地一体化网络中无人机、低轨卫星等高移动性设备的引入而增强；同时移动通信频段不断上移，随着毫米波、太赫兹的引入（由于其波束的覆盖范围有限，易受建筑物、人体等障碍物遮挡和阻塞），信道变化的动态性增强[15-16]，这些都为网络资源的优化管控带来了极大的挑战。因此，如何根据业务需求实现跨网协同、如何适配网络和信道的动态变化实现高效管控成为未来 6G 网络面临的重要挑战。然而，目前网络管理仍采用传统人工模式，即人工设计、配置网络参数等，这仅适用于相对简单、静态的网络。面向未来复杂动态的网络，人工管理的成本高，并且性能和用户服务质量也难以保障[17-18]。未来网络需要一个具备自感知、自编排、自配置、自运营能力的智慧自治网络来打破传统人工管理和编排的局限性，这就需要 6G 能够对异构网络进行统一表征，能够实时感知与分析网络动态信息，利用自动化和闭环优化方式对异构、动态网络进行统一管理和协同调度，基于深度融合实现网络快速自动配置，从而满足用户需求。

最后，当前新技术不断涌现与变革，将有可能支撑 6G 网络内生智能愿景的实现。借助 NFV、SDN 和人工智能（Artificial Intelligence，AI）等技术，网络将具有更高的灵活性和可扩展性以支撑更加多样化、精细化的服务。其中，NFV 解耦软硬件，主要提供计算和处理服务。NFV 是在单个物理网络上安装一系列虚拟化网络功能，如路由器、防火墙、域名服务等，从而建立多个逻辑网络。每个逻辑网络具有特定的网络能力和特性，通过启用虚拟隔离机制，在一个物理基础设施上可部署多种网络服务，以减少硬件使用数量，提升网络柔性适变能力，从而提高网络架构的灵活性和可扩展性[19]。SDN 作为 NFV 的互补技术，解耦控制平面和数据平面，主要进行路由和网络操作。在 SDN 中，网络控制可直接编程，并与数据流的转发分离，控制平面定义数据流的路由与资源的调度，从而提升网络管理与编排的灵活性。以 SDN、NFV 等技术为基础，未来 6G 将有可能实现网络的高效柔性可重构，支撑更加灵活多样的网络服务。此外，基于 AI 技术，6G 将智能适应动态变化的网络环境和信道条件。例如，根据实时采集的大量信道数据，采用深度神经网络进行非线性近似，对未知复杂信道进行动态预测与建模，从而获取信道知识，为系统决策和管控提供重要信息[12]。由此可见，网络产生的大数据加快了技术的演进与发展，新技术的创新与变革也推动着网络的智能化转型。

| 2.2　智能网络关键支撑技术 |

随着业务需求的多样化，现有移动通信网络日益复杂化，网络运营成本和硬件设备制造成本逐渐增加。值得注意的是，近年来 NFV 和 SDN 分别通过软件与硬件解耦、逻辑集中式的控制功能，实现网络资源的灵活编排与部署，能够降低网络运营与设备制造成本，有望在网络智能化演进中发挥重要的作用。因此，接下来本节将围绕支撑网络智能化的关键技术——NFV 和 SDN 展开介绍，包含其基本原理、相关研究及发展情况。

2.2.1　NFV

本节首先总结了传统网络设备软硬件耦合的缺陷，其次介绍了软硬件耦合向 NFV 的演进过程，最后介绍了 NFV 架构和 NFV 平台。

1．NFV 简介

传统网络的网络设备（如基带处理设备、路由交换机、负载均衡设备等）通常基于专用硬件实现，网络功能与专用硬件耦合度较高。未来用户需求将更加多样化和差异化，网络需要根据不同的用户需求，如时延、可靠性等，提供不同的网络性能，而传统网络功能与专用硬件紧耦合的特点造成了诸多限制，主要包括以下几个方面。

（1）功能迭代更新慢

将新功能引入网络设备时，需重新设计实现相关网元，然后通过命令行、网管系统等方式手动地更新网络功能模块，这些方式难度高、耗时长，难以适配快速变化的功能需求[20]。

（2）业务拓展受硬件制约

网络设备在部署之初即分配了固定的硬件资源，网络设备所能承载的业务量受限于部署的硬件资源大小。当业务量超过一定规模（例如，交换机存储的路由路径或标签的数量超过了存储资源的上限）后，仅能通过人工更换硬件资源（如 CPU、硬盘）的方式保障业务的服务质量，可能导致短期内网络设备无法快速响应业务需求。

（3）硬件资源的过量配置

由于业务存在明显的时空差异，网络难以预测业务需求[21]。因此，通常情况下，在网络建成之初，需要过量配置硬件资源，保证网络所能支撑的业务量超过业务量峰值。当业务量较低时，过量的硬件资源配置将导致硬件资源浪费，提高了网络运营的成本。

（4）封闭的网络生态

网络设备在完全标准化前，各个厂商通常采用独有的网络功能设计实现方法。例如，不同厂商的网络设备接口采用不同的数据传输协议，导致不同厂商的网络设备封闭程度高，相互之间不具备互操作性[20]。

可见，传统软硬件紧耦合的网络设备和功能限制了网络可扩展性，增加了网络部署成本，降低了网络运维效率，亟须发展新的技术以消除上述局限性。

近年来，NFV 技术快速发展。NFV 可以实现软件与硬件的解耦，将具备特定网络功能的软件搭载在通用硬件上，便于网络的功能升级，降低部署成本，提高运维效率。根据欧洲电信标准组织（European Telecommunications Standards Institute，ETSI）的定义，NFV 旨在使用通用的、标准的高性能服务器、交换机和存储设备构建网络节点，使网络功能可以基于软件实现部署和升级，无须更换新的网络设备，从而改变网络演进的方式[22]。

相比于传统的网络功能与硬件设备紧耦合的方式，NFV 能够在通用的硬件资源上实现多样化的网络功能，实现了软件功能与硬件设备的解耦，使得网络设备开发商可以将更多的精力放在软件功能的开发上，无须过多关注软件和硬件的耦合，为网络功能的灵活扩展提供了便利。

网络采用 NFV 可以实现开放系统互连（Open System Interconnection，OSI）模型中各层的网络功能，例如，NFV 可用于实现用户服务功能（如防火墙、流量检查、入侵检测等）、虚拟化核心网关功能（如防火墙、性能增强代理、调度、网络地址转换、媒体转码等）和无线前端功能（如调制和编码）等[23]。但对于运行速度、能耗效率要求较高的网络功能，FPGA 等专用硬件相比于 NFV 更有优势。

2. NFV 架构

为了将 NFV 标准化，ETSI 定义了统一的 NFV 架构，NFV 架构主要包含网络功能虚拟化设施（Network Function Virtualization Infrastructure，NFVI）、虚拟化网络功能（Virtualized Network Function，VNF）和管理与编排（Management and Orchestration，MANO）3 个部分[24]。ETSI 定义的 NFV 架构如图 2-1 所示。

其中，NFVI 由硬件（如计算硬件、存储硬件和网络硬件）资源以及对硬件资源进行抽象和虚拟化的虚拟化层（如管理程序（Hypervisor）等）组成，负责将硬件资源转化为 VNF 所必需的虚拟资源（如虚拟计算、虚拟存储和虚拟网络）。

VNF 能够在 NFVI 上运行，并且完全基于软件部署，而不依赖硬件。VNF 是对网络功能的虚拟化实现，并且可以根据需要对其进行解构和聚合，例如，将一个 VNF 拆分成多个子 VNF，或者将多个子 VNF 聚合为一个 VNF。此外，VNF 管理系统可以管理和控制多个 VNF，从而形成一个软硬件解耦的网络节点。

MANO 主要负责 NFVI 和 VNF 的编排和生命周期管理，并与运营商的业务和运营支撑系统进行交互，以帮助运营商维护虚拟化资源。

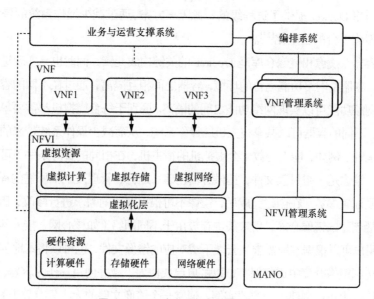

图 2-1　ETSI 定义的 NFV 架构

3. NFV 平台

参考 ETSI 定义的 NFV 架构，业界开发了 VMware、基于内核的虚拟机（KVM）等基于虚拟机的 NFV 平台，以及基于 Docker 的轻量化 NFV 平台等，并广泛应用于实际网络的功能部署。

（1）基于虚拟机的 NFV 平台

基于虚拟机的 NFV 平台使用虚拟化层（如 Hypervisor）管理虚拟机，每个虚拟机都有自己的操作系统、应用程序和支撑文件。为了保证不同网络功能之间的隔离，NFV 平台每运行 1 个网络功能都需要启动 1 台虚拟机，不同的网络功能在不同的虚拟机中运行[25]。然而，NFV 平台的每台虚拟机都需要配备操作系统，即便网络功能只占用 1 MB 的内存空间，虚拟机也需要为网络功能配置数百 MB 的内存空间来用于操作系统的安装[26]。因此，基于虚拟机的 NFV 平台通常需要消耗大量的计算、存储资源，难以用于网络资源受限的场景。

（2）基于 Docker 的 NFV 平台

考虑虚拟机对计算、存储的过度占用主要源于操作系统级的资源隔离方式，虚拟化引擎 Docker 提供了进程级的资源隔离方案，通过减少操作系统的资源占用来实现虚拟化平台的轻量化[27]。

容器、镜像和镜像仓库是 Docker 的关键构成元素，同时也是实现进程级隔离的基础。容器是网络功能运行的环境，容器之间相互隔离，通过在不同的容器中部署不同的网络功能可以实现网络功能之间的隔离。区别于每台虚拟机都需要单独配置操作系统，不同的容器可以共享宿主机的操作系统，从而减少操作系统带来的额外的计算资源消耗。例如，能支持数十个虚拟机的宿主机，在相同的资源条件下可支持数百个容器。镜像是一组只读文件，提供容器创建、运行、管理及维护所需的程序、库、资源以及配置参数。在创建完成后，镜像不可根据容器的需求进行修改，因此，Docker在云端创建的镜像仓库，用来集中存放用于不同网络（如核心网、接入网）的镜像文件。用户可以根据本地需求从云端下载对应的镜像文件，也可以将本地创建的镜像文件上传到镜像仓库中进行保存，以供自己或他人下载并使用。作为容器创建的模板，一个镜像上可以创建多个容器实例。通常一个镜像文件的大小只有数十 MB，便于在网络节点上存储和传输[26]。虚拟机与 Docker 的对比如图 2-2 所示。

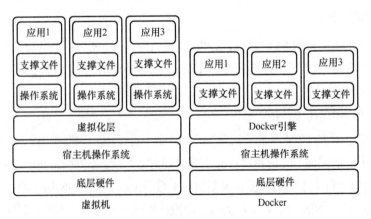

图 2-2　虚拟机与 Docker 的对比

作为一种轻量化的虚拟化平台解决方案，Docker 的优势在于采用了进程级的资源隔离，减少了操作系统对计算资源、存储资源的占用，在相同的硬件能力下可以运行更多的网络功能实例，提高了网络节点资源的利用率。同时，由于不需要额外启动操作系统，Docker 的启动速度可以达到秒级，相较于虚拟机分钟级的启动速度有了明显的提升。此外，Docker 支持对镜像文件和基于镜像文件创建的多组容器进行打包，以便将其迁移到其他网络节点进行部署。

2.2.2　SDN

面向差异化、极致化的用户需求，网络需要提供更加多样化的服务，这使得网络配置的复杂度逐渐增加，而传统软硬件耦合的网络部署相对固定，无法适应快速变化的多样化网络应用[28]。2008 年，Mckeown 等[29]提出 OpenFlow，其核心思想是将传统网络设备的两个功能模块数据平面和控制平面分离，通过集中式控制器，采用标准化接口对各种网络设备进行管理和配置。通过 OpenFlow，网络管理员能够以可编程的方式定义和修改网络流量、指定转发规则以及实施流量策略，从而使网络资源的设计、管理和使用具备更多的可能性。2013 年，Kirkpatrick[30]将"控制、数据分离"的思想进行扩展，提出 SDN 的概念。SDN 是在 OpenFlow 的基础上提出的一种网络架构，其支持多协议、灵活的控制器选择、统一管理、动态适应性等功能，进而实现更加灵活和可控的网络管理，极大地推动了下一代互联网的发展。

1. SDN 架构

SDN 是一种控制平面与数据平面分离的网络，提供一个逻辑上集中的控制平面，借助集中式网络资源视图对全网的分布式网络单元进行管理。在传统网络中，每台设备都包含独立的控制平面和数据平面。不同厂商的设备控制、转发机制也有所不同，控制软件与网络硬件设备具有强耦合特性，因而，传统网络在面向新型网络业务、流量路径或策略调整时，操作复杂，运维难度大，升级速度慢。而 SDN 实现了控制软件和网络硬件设备的解耦，使得控制平面和数据平面可以独立演进。SDN 通过逻辑集中的、开放的、可编程的控制平面以及统一的、标准化的南向接口（Southbound Interface，SBI），可以实现更加自动化、更加高效的网络配置，从而解决传统网络中网络硬件设备间由于协议、接口差异导致的难以灵活管控等问题。SDN 架构如图 2-3 所示，主要包含 3 层，自下而上分别为基础设备层、控制层和应用层。

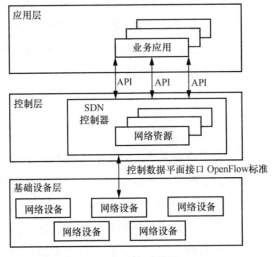

图 2-3　SDN 架构

具体而言，基础设备层是主要由物理交换机、线路连接器等网络设备构成的基础转发网络。该层主要负责用户流量数据的转发，通常基于不同转发流表将流量数据转发到对应的目的地址。其中，转发过程中所需的转发流表由控制层生成，而基础设备层主要关注设备的硬件性能，从而实现数据的高速转发。

控制层主要由 SDN 控制器组成，集中式地控制基础设备层的全部网络设备，负责基础设备层拓扑、带宽等资源的编排以及网络内部交换路径和业务路由的生成，并实时处理网络状态变化事件、更新网络状态，使得运营商能够便捷地进行网络配置和新协议的部署。控制层和基础设备层之间的数据接口一般统称为控制数据平面接口（Control-Data-Plane Interface，CDPI），也可称为南向接口，用于传输数据转发流表和规则。目前，开放网络基金会（Open Networking Foundation，ONF）一直致力于推动发展和统一 OpenFlow 标准，并将其推为 CDPI 的标准接口。其中，OpenFlow 标准给出了交换机，主要用于查找和转发数据的一个或多个流表，并定义了设备按照流表转发的多种匹配规则，如基于时间顺序、基于优先级、基于目的地址等。

应用层位于控制层之上，主要包含面向业务的网络应用或功能，如入侵检测、负载均衡等。其中，网络管理人员只需对网络进行管理和运维，不需要关注基础设备层网络设备的技术细节，通过简单的编程便可实现新网络应用或功能的快速部署。应用层和控制层之间的数据交互接口统称为北向接口（Northbound Interface，NBI）。在用户业务的实现过程中，应用程序可将整体业务服务分解为多个功能模块，按照应用程序接口（Application Program Interface，API）标准传输至控制层；控制层根据 API 功能数据，调度基础设备层，向用户提供网络资源服务。此外，用户可通过不同权限的 NBI 对网络端口、流量或业务进行监控。

综上，一方面，SDN 将控制平面与数据平面分离，实现了独立于底层硬件网络功能的部署、更新。相比传统网络，SDN 摆脱了硬件设备对网络架构的限制，便于更多应用程序的快速部署。网络管理人员通过单个控制设备即可控制所有网络组件，这简化了网络操作，提升了网络管理效率。另一方面，SDN 利用 OpenFlow 标准化接口技术，使得控制层和基础设备层的信息交互，实现转发流表的下发以及网络状态变化的上传，促进了网络流量的可控性，从而满足用户个性化的需求。SDN 屏蔽了复杂的硬件设备代码或实现细节，并基于开放标准向第三方提供了丰富的 API，以及更为便捷、开放的网络应用创新平台。网络管理员可以通过编辑公共 API 来管理多个设备，从而快速开发、部署和更新多样化的网络业务。

由 SDN 架构内容可知，控制平面和数据平面是 SDN 的关键模块。接下来，本书将围绕 SDN 的控制平面和数据平面的具体工作过程和研究进展进行介绍。

2．SDN 控制平面

SDN 控制平面由一个或多个 SDN 控制器组成，承载创建和控制网络所需的数据，即负责在交换机之间创建连接和交换协议数据，控制数据从源主机到目的主机的端到端路径中交换机之间的路由方式。传统网络中，控制平面的路由协议和数据平面的转发功能是紧耦合的，两者在同一个整体中实现，位于同一台路由器中。而 SDN 将控制平面功能作为一项单独的服务，分离了数据平面和控制平面，其控制平面功能通常置于一台远程控制器中，可通过编程控制。

SDN 控制平面提供了数据平面数据处理转发前所必需的各种网络信息和转发

表项。路由信息库（Routing Information Base，RIB）与转发信息库（Forward Information Base，FIB）如图 2-4 所示。控制平面在本地建立了保存全局所有网络路由信息的数据集，即 RIB；数据平面则将 RIB 中的活跃路由（当前正在使用和生效的路由）复制到转发表项，即 FIB，并根据 FIB 指定数据包的目的地址、设备接口以及下一跳信息等。在与网络中其他控制平面通信的过程中，RIB 总是保持其一致性，FIB 则复制 RIB 中的最佳路由信息作为数据包的转发决策，包括目的网络、下一跳信息和转发属性等。RIB 负责决策路由，FIB 负责转发分组：即 RIB 建立的主要目标是实现路由协议和静态路由选择，而 FIB 是由 RIB 中的最优路由条目导入的，是真正指导数据转发的表，包含了路由器在转发报文时所必需的一组最小信息。

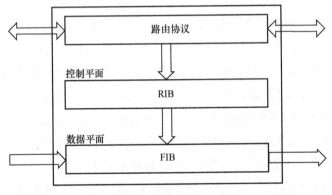

图 2-4　RIB 与 FIB

　　SDN 控制平面是连接基础设备层网络设备与上层应用的桥梁：一方面，通过 SBI 协议对基础设备层的网络设备进行集中管理、状态监测和转发决策，从而处理和调度数据平面的流量；另一方面，通过 NBI 向上层应用开放多个层次的可编程能力，允许网络用户根据特定的应用场景灵活地制定各种网络策略。它负责管理和控制所有网络协议的运行，如生成树协议、虚拟局域网协议、地址解析协议、各种路由协议和多播协议等，需要准确了解整个网络环境的网络设备、连接链路和交互协议等情况，并在网络状况发生改变时及时做出调整，以维护网络的正常运行。

　　SDN 控制平面的研究主要围绕 SDN 控制器设计展开，包括南向网络控制和北向业务支撑[31-32]。南向网络控制，一方面利用上行通道对基础设备层的网络设备上报的信息进行统一的监控和统计，并制定相关策略和下发表项，另一方面利用下行通道对网络设备实施统一控制，主要包括链路发现[33-34]、拓扑管理[35]、策略制定[36]、表项下发等。具体如下。

① 链路发现获得 SDN 全网信息，是实现网络控制的基础。在传统网络中，链路发现是由各网元单独进行的，而 SDN 中的链路发现由控制器统一完成。

② 拓扑管理是为了实时监控和采集 SDN 交换机的信息，从而反馈工作状态和链路连接状态，这是因为 SDN 控制器需要定时更新交换机工作状态和网络拓扑视图。值得注意的是，当网络规模较大时，拓扑管理机制需要收集网络中每个 SDN 交换机的信息，收敛速度较慢，从而影响网络状态的实时反馈，尤其是在节点失效的情况下，原有 SDN 交换机的信息反馈链路中断，拓扑管理机制收敛速度将以几何级数增长。

③ 策略制定是南向网络中的核心技术之一，针对不同层次的传输需求，制定相应的转发策略并生成对应的流表项。流表生成算法是影响控制器优化水平的关键因素。由于 SDN 控制器具有全局的网络资源视图以及集中管控的优势，相比传统网络有可能获得更好的优化性能。策略制定的结果需要通过下发表项来实现。下发表项可分为主动和被动两种模式。主动下发表项是在数据流到达前，预先下发设定的规则，避免每次都需访问控制器，但考虑数据流的多样性，流表项的管理工作变得复杂，难以设置与维护；被动下发表项则在数据流到达后，利用控制器中的存储信息，制定高效的流表转发规则，但会增加流表项的设置时间，在复杂网络中这将导致策略部署和流表项设置延迟等。

北向业务支撑主要是通过 NBI 向上层业务应用或资源管理系统提供灵活的网络资源抽象视图，并以软件编程的形式调度各种网络资源[37]。研究人员从用户角度或运营商角度出发，根据业务应用需求，提出了至少 20 种 NBI 规范，但至今尚未形成统一共识[38]。因此，目前 SDN NBI 研发的关键是标准化。一方面，一些开源平台（如 OpenDaylight、开放网络操作系统（ONOS）等）正在加快 SDN 的部署，尝试通过支持更多网络应用落地，形成相应的标准规范；另一方面，一些标准化组织（如 ONF、因特网工程任务组（IETF）等）通过分析不同的应用领域，推进多层次化 NBI 框架发展，并对 NBI 功能、协议等进行标准化定义[39]。

当前，SDN 控制器还处在研究与发展的阶段，且多由一些开源项目提出。其现有的商用产品主要在开源 SDN 控制器上进一步优化和修改。开源 SDN 控制器的介绍见表 2-1。

表 2-1　开源 SDN 控制器的介绍

名称	编程语言	简介
OpenDaylight	Java	目前最具影响力、活跃度最高的控制器之一，已经在商用领域得到了部署，成效不断
ONOS	Java	一款为服务提供商打造的基于集群的分布式 SDN 控制器，使服务提供商能轻松地采用模块化结构来开发应用和提供服务，具有高扩展性
Floodlight	Java	知名度较高的开源 SDN 控制器之一，具备查询和控制网络的通用功能集，在此控制器上的应用集满足了不同用户所需的各种网络功能
Ryu	Python	基于组件的 SDN 控制器，提供了包含良好的 API 的网络组件，支持多种网络管理协议
NOX	C++	第一款 SDN 控制器，是众多 SDN 研发项目的基础
POX	Python	由 NOX 控制器分割演变出来的纯 Python 版控制器，支持控制器原型功能的快速开发
Mul	C	多线程 SDN 控制器，具有托管应用的多层级 NBI 定义
Beacon	Java	具有很好的跨平台性，并支持多线程，可以通过相对友好的用户界面（UI），进行访问控制、使用和部署，因其高效性和稳定性被应用在多个科研项目实验环境中

3. SDN 数据平面

数据平面也称为转发平面，负责确定传入的数据包的去向并确保其被正确地发送到目的地址[40]。数据包头包含数据包源地址以及目的地址等信息，数据平面利用这些信息来引导网络流量。

传统网络数据平面与 SDN 数据平面如图 2-5 所示。数据平面通过一系列链路层操作来处理到来的数据包。首先需要采集传入的数据包，同时执行基本的数据完整性检测。完成之后，数据平面通过查询从控制平面复制的 FIB（在某些情况中可能是多个 FIB）来处理一个格式正常的数据包，并识别数据包的目的地址。该过程被称为快速数据包处理，除了查询和匹配已编程的 FIB 来识别数据包的目的地址，不需要额外的操作。而当数据包不能匹配已有规则时，例如，当检测到一个未知的目的地址时，数据包会被发送到控制平面，由控制平面利用 RIB 来进一步处理。

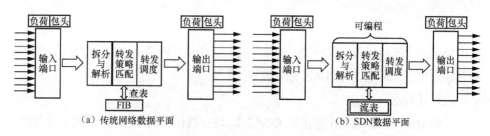

图 2-5　传统网络数据平面与 SDN 数据平面

在数据包处理流程上，SDN 数据平面与传统网络数据平面基本一致，区别主要包括两个方面。

① 传统网络数据平面转发主要与协议相关，仅支持有限的用户配置，不支持编程自定义，但 SDN 数据平面处理流程中的所有模块，包括拆分与解析、转发策略匹配和转发调度，都是可编程的、与协议无关的。

② 传统网络数据平面转发依赖于各设备中保存的二层介质访问控制地址转发表或者三层网际协议地址路由表，但 SDN 数据平面转发则将传统多层转发表抽象成流表，整合了全网各层次的网络配置信息，提供了丰富的数据转发规则。

在 OpenFlow 标准（OpenFlow 协议是 SDN 控制平面与数据平面分离的基础）中，数据以"流"为单位进行处理，根据不同的流执行不同的策略。"流"是在同一时间，经过同一网络中具有某种共同特征（属性）的数据的抽象表示，一般由网络管理员定义。例如，访问同一目的地址的数据可以被视为一个流。流表则是针对特定流的策略表项的集合，负责数据包的查找与转发。OpenFlow V1.0 流表如图 2-6 所示，一张流表包含一系列流表项，主要包括包头域、计数器、动作表，具体如下。

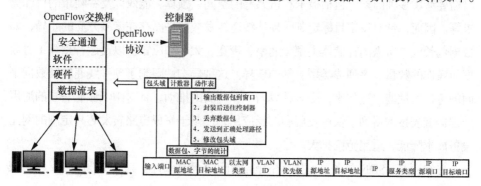

图 2-6　OpenFlow V1.0 流表

（1）包头域

包头域中标明了数据包转发过程中所需的链路层、网络层和传输层标识，如数据包源地址、目标地址、VLAN 优先级等。

（2）计数器

计数器用于统计与数据流量相关的信息，对交换机中的每张流表、每个数据流、每个设备端口及每个转发队列进行维护，如数据包数量、数据包查询次数、数据包匹配次数和错误发生次数等。

（3）动作表

动作表用于指示交换机在收到匹配的数据包后对其进行的下一步操作，如转发、丢弃、修改包头域等。

SDN 交换机接收数据包后，首先在本地的流表上查找是否存在匹配流表项。数据包从第一个流表开始匹配，经过流水线处理，可能会遍历多个流表。流水线处理的好处是允许数据包被发送到接下来的流表中进一步处理，或允许元数据信息在流表中流动。如果某个数据包成功匹配了流表中某个流表项，则更新这个流表项的"计数"，同时执行这个流条目中的"操作"；如果没有匹配成功，则将该数据流的第一条报文或报文摘要转发至控制器，由控制器决定转发端口。

数据平面的查表采用硬件查表和通用处理器查表两种技术。硬件查表技术可以实现高速率、高准确度的数据包转发性能[40]，在网元设备（尤其是高带宽的网元设备）设计中占有重要地位。硬件转发的设计目标主要针对数据包线速转发，在设计时需要考虑多种因素，包括板卡和机架等的空间、预算、能效以及吞吐量的目标需求等。因而，针对特定目标定制的硬件线速转发数据平面存在诸多方面的差异，如数据包长度、所需的存储器类型（速率、带宽、大小和位置）以及运行预算（对数据包操作的数量、序列或类型）等的差异。这种异构性限制了硬件线速转发数据平面的可扩展性能。近年来，受云计算增长和创新的推动，针对中低性能需求的通用处理器查表技术得到了快速发展和广泛应用，使基于集成电路转发芯片定制的网元设备成本降低，适用范围扩大。

总结而言，SDN 具备高度灵活的响应和动态管理策略。其最重要的意义在于减轻了手动配置网络的负担，降低了网络负载调度的成本，实现了网络的自优化。相比于传统网络，SDN 具有更多优势。首先，SDN 分离数据平面和控制平面，使得应用升级与设备更新换代相互独立，优化了新型网络应用的部署过程；其次，SDN 抽象简化了网络模型，极大降低了网络管理中繁杂的手工操作，能够更加灵活地控制网络；最后，控制器的逻辑中心可以通过控制器获取全局网络信息，实时优化网络，提升网络性能。无论是对当前网络环境的分析还是对突发情况的应对，SDN 都能够基于当前网络状态及时做出决策响应。

当前，学术界、产业界和标准化组织共同推动 SDN 的发展，并将 SDN 与其他技术深度融合。例如，大数据及人工智能技术可以通过对网络数据、业务数据、用户数据的精准分析与挖掘，实现对 SDN 的精准控制和对创新业务的开发利用[41]，并对网络环境进行优化以保障网络的稳定性。同时，面向业务灵活开放的云服务平台，尤其是超大规模数据中心，云计算与 SDN 北向接口配合可以实现网络资源的高效调度，以满足不断涌现的移动应用，并相互促进发展[42-43]。此外，光通信技术的发展提高了网络传输速率[44-45]，可以降低网络部署成本和维护成本，有效地支撑了 SDN 落地应用。

长期来看，SDN 与新型信息技术的结合仍具备极大的挑战，但新型信息技术与 SDN 之间的互相融合及互相促进不可忽视。此外，产业界和学术界对 SDN 的研究与分析必须考虑大数据、人工智能等新型信息技术因素，在提高 SDN 性能的同时也需要防止 SDN 架构固化并形成新型信息技术运用的障碍。

2.3　典型智能网络架构

NFV 通过在通用硬件上搭载特定网络功能软件，来提高网络部署的灵活性；SDN 则利用集中式的控制逻辑，获取全局网络状态视图，并向上层应用开放接口，实现对网络的统一管理与控制。这些技术为网络智能化提供了关键技术支撑，促进智能网络的研究发展。接下来，本节将介绍两种典型的智能网络，基于意图的网络和知识定义的网络，主要包含基本原理、研究现状，并分析存在的问题及进一步的研究方向。

2.3.1　基于意图的网络

ETSI、国际电信联盟电信标准化部门（ITU-T）、3GPP 等已启动网络智能化研究，从架构设计、场景描述、关键技术等方面推进智能网络的标准化进展。其中，网络架构的功能设计是未来 6G 网络赋能行业应用的重要基础。

在各种新型网络架构中，意图是未来网络实现智能化的关键之一。2017 年 2 月，ETSI 经验式网络智能（Experiential Network Intelligence，ENI）工作组定义了一个基于意图感知的智能网络架构——ENI 架构，主要包含情景感知、网络大数据分析和策略管理等功能模块。其中，情景感知模块负责接收应用程序意图，然后利用网络大数据分析、策略管理等模块将应用程序意图翻译为网元配置指令，最后通过南向接口下发到底层基础设施中[46]。2019 年 1 月，ITU-T 提出基于机器学习的未来网络统一逻辑架构，包含管理子系统、多层机器学习管道和闭环子系统[47]。运营商借助意图指定机器学习用例，然后借助管理子系统和多层机器学习管道进行编排和实现，并持续进行环境感知和策略优化。2020 年 3 月，3GPP 提出了意图驱动的管理服务闭环自动化机制，其中，用户只需表达自身意图，即希望特定实体达到特定状态，而服务提供者负责将意图转化为网络设备管理需求，进行网络配置，并持续监测意图实现状态，调整网络配置以满足意图要求[48]。

以上网络智能化研究指出了意图对于未来内生智能网络发展的重要性，把自动化、智能化基因根植在通信网络架构中，基于人类意愿自动智能搭建和操作网络，降低网络管理复杂度，提升网络运维效率，保障网络性能体验。接下来将介绍基于意图的网络架构发展及演进趋势。

2015 年，时任美国开放网络基金会北向接口工作组主席 David Lenrow 提出基于意图的网络（Intent-Based Networking，IBN）概念，并将意图定义为 "Intent: Don't tell me what to do！（Tell me what you want！）"，即描述用户想要什么，在 "意图" 模式中，智能软件将决定如何把意图转化为网络配置方案，使得网络以期望的方式运行[49-50]。2016 年，开放网络基金会发布《Intent NBI - Definition and Principles》白皮书，定义了基于意图的网络架构[51]，如图 2-7 所示，包含消费者、服务提供者和映射 3 个部分。其中，消费者是向服务提供者请求服务的实体；服务提供者是为消费者提供服务的

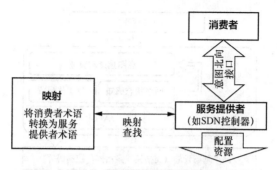

图 2-7　基于意图的网络架构[51]

实体；映射表示一种信息中介机制，负责消费者与服务提供者之间的交互与服务。此外，映射功能也可以被内嵌到服务提供者模块中以降低系统复杂度。其中，对于消费者服务请求中所涉及的术语，可以通过映射查找翻译成与服务提供者直接相关的术语，例如，映射可以将服务请求中的别名、地址等解析为底层系统相关的术语，以弥补消费者和服务提供者之间的理解差距。总之，ONF 定义了简单、抽象的基于意图的网络架构，但缺乏实现基于意图的网络的功能模块与关键技术。2017 年，国际咨询机构 Gartner 发布报告，定义了基于意图的网络系统[52]，如图 2-8 所示，包括网络状态感知、意图翻译和验证、自动化配置、意图保障和自动修复。具体而言，网络状态感知负责实时收集网络状态信息数据；意图翻译和验证负责将获取的用户意图转化为网络参数配置和资源分配目标，并验证配置和设计的正确性；自动化配置负责将生成的配置信息下发到实际的网络基础设施；意图保障和自动修复负责持续监测用户意图的满意度，并在网络出现故障而导致性能下降时采取措施进行修正，即重新进行意图评估和网络参数调整。其中，基于意图的网络将用户意图定义为业务策略（例如，新建一个虚拟机）。该报告定义了网络自动化管理流程，一套基于意图的网络系统的部署预计将减少 50%～90% 的网络基础设施交付时间[52]。2019 年，开放数据中心委员会发布"意图网络技术与应用白皮书"，在 Gartner 提出的基于意图的网络的基础上增加了用户意图输入和网络基础设施两个部分，进一步完善了基于意图的网络的功能模块[53]。此外，该白皮书指出意图网络的重要特征是配置提前验证和意图实时保障。同年，华为发布了《智简网络》白皮书，包含意图引擎、自动化引擎、分析引擎和智能引擎。其中，意图引擎负责接收用户意图，即用户对网络服务的需求，并将用户意图翻译成网络策略，然后进行模拟与验证[54]。

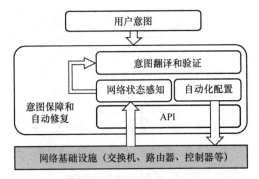

图 2-8 Gartner 定义的基于意图的网络系统[52]

在上述基于意图的网络架构中，SDN 和 NFV 技术起着关键作用。其中，SDN 解耦控制平面与数据平面，允许用户对网络元素（如交换机、路由器等）进行编程，从而提高网络管理与运维效率。目前，SDN 控制器（如 ONOS 控制器）开放基于意图的北向接口，目标是统一用户意图的表达形式，并提供接口供应用调用，屏蔽了底层网络运行的复杂细节。然而，SDN 本质上是采用集中式的控制器来获取网络状态视图，并操作和控制整个网络；基于意图的网络是由用户意图驱动，实现网络管理与运维的自动化。因此，基于意图的网络可以借助 SDN 控制器实现用户意图的获取、转译和部署等，但基于意图的网络不限于 SDN，它更加灵活、智能和自动化，其目标是将意图转化为针对特定基础设施的手段，使网络以期望的方式行事，实现在全生命周期保障用户意图[55]。相较于 SDN，NFV 主要是解耦软件、硬件，使意图匹配的网络策略可以灵活配置在网络基础设置资源上。具体而言，NFV 将网元解耦出多种网络功能，利用相关软件在通用硬件设备上灵活部署各类网络功能模块。在基于意图的网络中，可以借助 NFV 技术，将业务抽象为服务，利用服务接口交互，方便网络进行灵活编排、部署和维护，从而增强网络的可扩展性[18]。

另外，值得注意的是，以上报告和白皮书所提出的基于意图的网络功能架构将用户意图理解为"用户想要网络做什么"，即"What to do"，而不是"用户想要什么"，即"What you want"。意图应与用户自身紧耦合，而与网络松耦合。因此，网络亟须提升智能，从"用户想要什么"中抽象出"用户想要网络做什么"。

目前，学术界关于基于意图的网络的研究集中在网络架构、平台和接口[56-58]。文献[56-57]将基于意图的网络应用在网络切片架构、平台设计中。文献[56-57]提出一种基于意图的网络切片编排框架，包含意图翻译和映射、服务蓝图、资源和意图监测等模块。首先利用 SDN 北向接口接收意图请求（即用户所需服务名称和服务等级），然后提取服务关键字并映射为服务蓝图（即一组有序的 VNF），最后采用 Swarm 管理器分配 CPU、内存和带宽资源完成 VNF 放置，并进行意图监测以实现在全生命周期保障意图请求。不同于文献[56]，文献[57]搭建了基于意图的网络切片生成与管理平台。首先设计图形界面接收用户意图请求，即用户服务质量（Quality of Service，QoS）需求，然后采用基于意图的网络管理器将意图请求转换为切片配置策略，并调度资源以创建切片实例。与非基于意图的机制相比，文献[56-57]中用户只需要对网络提出需求（如连接 H1 和 H2 端点），不需要关注底层如何实现，提升了网络切片生成与管理的自动化程度。不同于文献[56-57]，文献[58]重点设计了一种新的意图接口接收用户意图，并进行网络配置。特别地，针对有线回程网络中的 OpenFlow 控制器，扩展一个名为"意图引擎"的新组件，负责接收用户意图，将其转化为回程规则，以实现转发策略的自动生成与部署。最后，以用户移动性管理为例，验证"意图引擎"的有效性。测试表明，基于意图的网络接口通过借助灵活可编程的应用程序接口快速构建新服务，相较于非基于意图的网络接口，提高了传输吞吐量。文献[56-58]进行网络决策时，采用预先安装的基于意图的网络管理器或控制器，将意图请求转化为预先制定好的若干固定网络配置策略之一，缺乏对网络运行数据的学习与分析，难以应对动态变化的网络环境。此外，当人类进行决策时通常需要结合感知与推理来解决问题，其中，感知可以通过机器学习实现，而推理可以通过逻辑推理（如一阶逻辑）实现[59]。那么未来网络要想实现智能决策，需要融合机器学习和逻辑推理能力，使二者能够协同工作，优势互补。

综上，针对 6G 智能网络的发展目标，现有基于意图的网络研究提出的网络功能架构中强调了自动化能力的必要性，旨在提高网络运维的效率，并将"意图"理解为用户服务需求，其目标是实现"What to do"与"How to configure the network"之间的解耦。然而，意图的本质应是实现"What you want"，因此，实现意图网络需要 3 个重要步骤：

步骤 1　获取"用户想要什么"，即"What you want"；

步骤 2　从"用户想要什么"中获取"用户想要网络做什么"，即"What to do"；

步骤 3 根据"What to do"明确并完成"How to configure the network"。

现有研究集中在步骤 1 和步骤 3，通常认为获取的"What to do"等价于"What you want"，而针对步骤 2，即如何从"What you want"中获取"What to do"，尚未提出明确的解决方案。此外，对步骤 3，即根据"What to do"完成"How to configure the network"的研究中，以知识定义网络为例，缺乏对网络知识（如根据网络数据学习获取的网络模型、人工总结的推理规则等）的学习与应用，难以支撑未来网络的智能管控[60]。因此，未来基于意图的网络一方面需要深入理解并抽象用户意图，降低用户与网络间的耦合度，由"What you want"得到"What to do"；另一方面需要学习获取网络知识，基于知识实现网络智能决策，根据"What to do"完成"How to configure the network"。

2.3.2　知识定义网络

目前，知识定义的网络利用网络遥测、机器学习等技术收集网络数据、挖掘网络知识，可以作为基于意图的网络中的智能管控，即根据"What to do"完成"How to configure the network"，提供重要信息。21 世纪初，Clark 等[61]针对现有网络出现问题时需要大量人工进行配置、诊断和设计，导致管理成本高昂的问题，基于 AI 和认知理论提出知识平面的概念，抽象和隔离高层目标与底层操作，通过学习网络历史配置经验（如配置动作和网络结果等），辅助网络进行自主决策和自动配置。然而，网络是分布式系统，其中的每个节点（如交换机、路由器）只拥有网络的部分视图和控制权，从这些节点中难以学习到全网特性，因此控制整个网络是存在挑战的。

2017 年，Mestres 等[62]考虑利用 SDN 范式中的逻辑集中式控制平面可以查看和操作整个网络的特点，认为 Clark 的愿景可以被实现，进而在传统控制平面、管理平面和数据平面的基础上添加知识平面，提出知识定义网络架构。知识定义网络架构[62]如图 2-9 所示。具体如下。

① 数据平面：主要由线性可编程的网络转发设备组成，负责转发、存储和监测数据包。

② 控制平面：主要由 SDN 控制器组成，负责抽象底层分布式转发平面和资源池，并通过南向接口对数据平面转发硬件进行编程。

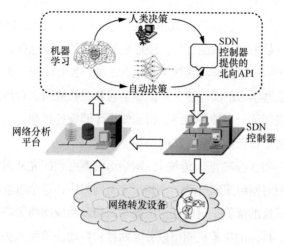

图 2-9　知识定义网络架构[62]

③ 管理平面:主要由网络分析平台组成,利用网络遥测技术收集网络状态信息,如深度包检测信息,另外,管理平面还可以从 SDN 控制器获取全局网络拓扑信息等,提供一些关键的网络分析功能。

④ 知识平面:通过管理平面获得网络丰富视图和网络数据分析结果,并利用机器学习方法(如深度学习、强化学习等)转化为知识(如描述网络流量和网络配置对网络性能影响的网络模型),基于获取的网络知识自动决策或人工决策(如网络路由决策、虚拟化网络功能编排决策)。

知识定义网络借助网络遥测、机器学习模型和 SDN 控制器挖掘网络知识、优化网络操作、降低网络配置和优化的复杂度,从而提升网络智能化水平。具体而言,知识定义网络的运行过程主要分为以下 5 个阶段[62]。

① 网络转发设备和 SDN 控制器→网络分析平台:网络分析平台从网络转发设备和 SDN 控制器收集数据,提供完整的网络视图。其中,数据包括:包传输数据(深度包检测信息、流粒度数据和相关流量特征)、网络状态数据(物理层、逻辑层的网络状态)、控制管理状态(SDN 控制器和基础设施中的所有信息,如控制策略、虚拟拓扑、与应用程序相关的信息)、服务级数据(用于了解应用程序或服务的行为,以及它们与网络性能、负载和配置的关系)和外部信息(与模拟外部事件的影响有关,如社交网络上的活动、天气信息等)。

② 网络分析平台→机器学习：知识平面接收网络分析平台的数据，对网络视图和之前的控制决策数据进行数据分析，通过机器学习算法将这些数据转化成知识，并借助知识来做决策。机器学习算法主要包含 3 种：监督学习、无监督学习和强化学习。知识平面机器学习的实现途径：离线学习和在线应用。利用大量网络的行为数据集，通过离线训练一个神经网络，得到知识（即管控规则，承载在神经网络的参数上），然后将知识在线应用，实时决策。

③ 机器学习→北向控制器：传统上，网络运营商必须研究从网络测量中收集的指标，并决定如何对网络采取行动。在知识定义网络中，这个过程的一部分负担分给了知识层。知识层的优势是可以利用机器学习自动生成网络策略，为运营商管理网络并提出建议。具体的决策机制可以分为两种：自动决策和人类决策。自动决策是指知识平面代表网络运营商自动做出决策，产生的决策结果被直接用来优化现有的网络配置；网络运营商决策（将知识平面的知识作为决策参考，以减轻本身决策任务的难度）是指当使用监督学习时，机器学习的模型可以用于验证自身决策的可行性，例如，在临时对系统进行更改之前查询知识。当使用无监督学习时，在分析数据时发现的相关性可以为网络运营商决策提供建议和参考。

④ 北向控制器→SDN 控制器：北向控制器为应用程序提供通用接口，其中，SDN 控制器提供的北向 API 可以采用命令式语言或声明式语言。网络策略首先通过北向 API 传给控制器，然后由控制器转换成可执行的网络配置。

⑤ SDN 控制器→网络转发设备：控制命令通过控制器的南向协议（如 OpenFlow 协议）下发到网络转发设备。这样数据层就可以根据知识层产生的决策运行。

此外，随着终端和网元数目的提升，网络变得更加复杂、异构，网络部署变得更加密集，而 NFV 技术基于通用硬件，通过利用不同软件，在一个物理平台上安装了不同网络功能，建立了多个专用的、互相隔离的、具备不同特性的网络，实现了网络资源的灵活调度以及网络能力的按需组合。因此，在知识定义网络中，为方便知识平面进行网络知识学习与资源调度策略部署，可以采用 NFV 技术，通过利用相关软件在通用硬件上根据用户需求定制化采集和整理网络运行状态数据、部署多样化网络功能，实现网络设备的高效管理以及网络资源的抽象与隔离，从而更好地满足多样化场景的差异化服务需求。

知识由数据生成，属于数据驱动的高级状态，并具有一定的通用性。以全局视角代替具体案例的局部视角，打通多个网络管控问题域，将按需服务的相关网络规律、机理、策略凝练为知识，从而构建全域资源调度的知识空间。引入外部先验知识来提升单纯数据驱动无法实现的效果，机器学习的神经网络模型也是知识的一种载体。网络知识包含 4 种形式：历史记载、客观现状、主观体验和动作反馈[63]。网络知识的 4 种形式如图 2-10 所示。

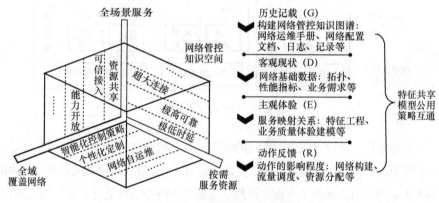

图 2-10　网络知识的 4 种形式

上述 4 种形式包含了人类所能总结的知识库、常识库，以及机器所能理解的知识。从网络运维手册、网络设备手册以及网络配置文档等资料中，通过机器学习、自然语言处理（Natural Language Processing，NLP）等自动化的方式构建网络管控知识图谱。网络管控知识图谱是对网络管控的人类经验知识的抽象，可以用于智能化管控策略的验证与补充，以提升网络管控知识的可用性，从而更好地解决策略生成的可解释性和逻辑推理的问题。同时，为了适配网络场景的多样性，本书首次提出了特征共享、模型共用、策略互通，进一步提升了知识的通用性和普适性，并通过不断学习使得知识空间自我丰富。利用这 4 个方面的素材形成知识空间，通过机器学习、特征工程让知识凝练，把共享的特征输入神经网络使模型可以共用，从而支持不同的任务且进一步形成策略，并作为最终结果被多种管控任务所用。

按照知识的存在形式，上文将知识分为历史记载、客观现状、主观体验和动作反馈 4 种形式。此外，按照可解决的问题类型，知识可以分为：分类与估计、推理和解释以及优化、搜索和执行。知识也可以分为三大类：是什么、为什么和怎么办。对网络知识的理解如图 2-11 所示。

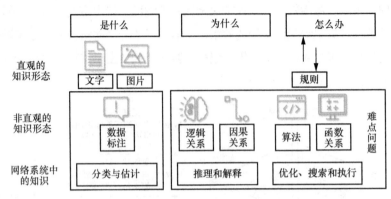

图 2-11　对网络知识的理解

从形态来看，知识可以分为直观的知识形态，如文字、图片、规则等，以及非直观的知识形态，如数据标注、逻辑关系、因果关系、算法、函数关系等。具体的，网络系统中的知识，涵盖了节点、链路、流量性质的分类与估计、模型的推理和解释以及决策的优化、搜索与执行。其中，分类与估计是目前研究得较为成熟的内容，而后两项是仍待解决的问题。

知识是如何生成和表达的呢？一种重要的形式是结构化的语义知识图谱，通过符号描述物理世界中的概念及其相互关系。通过自动化和半自动化方式，可以形成实体间关联性的形式化表达，用于描述物理世界中的概念及其相互关系。其基本组成单位是"实体—关系—实体"三元组，以及实体及其相关属性值对，这些实体之间通过关系相互连接，构成网状的知识结构，以方便应用到智能运维、智能决策、网络自动驾驶等。

若不限制知识的具体形式，机器学习的模型也可以作为承载知识的载体，通过机器学习来生成模型，定义网络策略。虽然已有较多成果利用现有的 AI 算法（如变分自编码器和深度强化学习（Deep Reinforcement Learning，DRL）等）来直接解决网络问题，但其效果往往不是特别理想，因此这并不是终极解决方案。面对更普适的网络场景，只有打开神经网络的黑盒，提出真正适合网络特性的 AI 模型，才能真正实现智能网络自治。

知识定义网络区别于其他网络模式的最大特点是，其可以利用对知识的分析使自己具有"智慧"。因此，确定知识的来龙去脉尤为重要。目前知识定义网络中主流的知识形成与运用方式如图 2-12 所示。

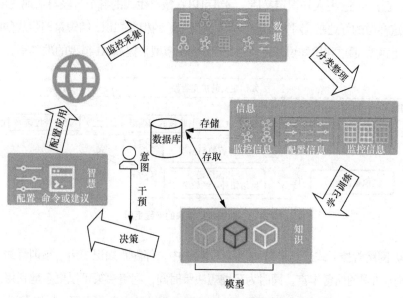

图 2-12　目前知识定义网络中主流的知识形成与运用方式

　　首先，数据通过一定的规则被分类整理成有相关性的信息，这些信息被按需存储在数据库中，以方便调用。接着，系统需要通过人工智能对信息进行学习理解，产生模型化的知识，通常情况下，系统会将知识也存储在数据库中，以便在未来的闭环控制中循环利用，以提升系统效率。然后，根据意图和知识系统进行学习和推理，即通过了解用户、服务等与意图匹配相关的知识模型，经过训练学习后找到满足意图的最优解。最后，网络按照最优解进行调整，新的行为又会产生新的数据，这些数据被系统回收，依次往复。

　　通过知识定义网络实现网络资源智能调度是对网络管控智能性的进一步提升，这种提升主要体现在以下两个方面。

　　① 流程耗时缩短，结果准确度提高。知识定义可以扩充现有的 AI 管控流程，知识定义带来的流程更新如图 2-13 所示。当下，每一个场景都需要"从零开始"实施 AI 技术，首先，人员选择对应的算法，其次训练 AI 模型，最终按照收敛的 AI 模型

生成网络管控策略。一方面，传统的 AI 管控流程通常耗费较多的时间，无法满足当前或未来各类业务对网络管控短时、高效的需求；另一方面，一些 AI 模型的准确率和可信度并不高。引入知识定义后，网络可以在策略生成的各个阶段灵活地使用知识储备。这样做的好处是，网络智能体可以利用先验的相关知识，缩短策略生成的时间，同时，也可以通过利用知识修正算法得到的 AI 模型来提高 AI 模型的准确率。

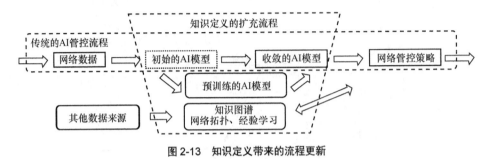

图 2-13　知识定义带来的流程更新

② 网络管控形式进一步自动化。图 2-13 中，伴随着知识图谱、预训练的 AI 模型等各类知识的储备丰富，同时为了缩短决策时间，网络决策可以更多地利用知识，从而减少人员对决策过程的干预程度，提升网络管控的自动化水平，最终发展为网络自治。具体的，首先由机器自主获取知识，例如，采用深度学习技术，由数据驱动资源调度建模，学习资源调度规则、方法和思路，然后基于知识对网络资源调度策略进行控制，并验证策略的有效性。另外，对于全场景资源调度，可以采用在线强化学习和知识推演，学习网络时空变化规律，设计模型与知识联合驱动的全场景资源智能优化调度机制。总体而言，网络自治旨在通过知识定义网络实现网络资源的智能调度，利用人机协同赋能获取知识，提升"网络知识"的可用性，发挥"网络知识"的价值，由知识指导生成资源调度策略，从而保证网络资源智能调度技术的可管可控。

此外，目前关于知识定义网络的研究集中在架构设计、策略生成等方面。文献[64]基于知识定义网络提出知识定义的光电混合网络编排架构，其主要包含两个控制器，分别为编排计算和带宽资源，并设计了 3 个深度神经网络从网络流量数据中获取网络知识（即流量特征和计算任务），协同实现网络流量、虚拟机需求预测，并进行光电混合网络配置（如光路交换机配置）决策。不同于文献[64]，文献[65-66]基于知识定义网络的闭环网络架构，研究了智能路由策略生成机制。其中，文献[65]关注数据包间隔遵循指数分布的流量数据,采用卷积神经网络抽象数据流之间的相互作用特征(如不同数据流间时延和丢包率的相互作用),从而提出确定性策略梯度算法,生成网络流量路由策略,提高复杂网络路由配置性能。文献[66]应用 DRL 技术提升网络流量路由 QoS 满意度:首先,采用深度神经网络从网络运行数据中获取网络知识,即采取的路由动作与链路利用率之间的关系;然后,采用强化学习方法,基于获取的网络知识得到 QoS 满意度最高的路由策略。此外,针对 6G 网络需求增长与资源消耗的矛盾,文献[67]在 6G 管控体系中引入管控知识空间模块,负责收集和抽取网络管控经验和知识,并提出一种基于知识空间的 6G 网络管控体系,通过闭环控制实现网络按需服务。文献[67]中的知识获取主要通过对提取和收集的网络数据进行数据分析。文献[68]在网络架构中将知识驱动与数据驱动相结合,在传统深度学习、强化学习的方式中,引入用户特征和网络参数(如各子网实现的需求流量、传输效率等)知识变量,通过历史大数据支持知识+数据驱动模型的学习,提升网络运行的性能(如提高传输效率)。

综上,知识定义网络面向复杂网络,采用数据驱动的机器学习技术进行网络路由和 VNF 放置决策,可以简化人工管理与操作流程。然而,目前的知识定义网络中,网络管理过程首先通过利用机器学习将分析平台收集的网络运行和配置数据转化为知识,然后基于这些知识进行网络决策,即管理和控制网络。其中,知识定义网络中网络决策的核心是基于数据事实,利用机器学习处理生成的网络知识,然而从人类决策的角度来看,需要结合机器学习和逻辑推理(如一阶逻辑)才能得到最优策略[59, 69]。文献[69]提出了融合机器学习和逻辑推理的智能决策机制,首先采用机器学习从训练数据中学习一个初始模型,网络使用该模型进行决策,然后采用逻辑子句表示决策结果,并输入推理系统;推理系统首先采用逻辑推理规则对求解问题进行形式化,并使用从机器学习获取的逻辑子句,通过诱因性逻辑程序等进行机器推理,若推理结果与领域知识不一致,通过逻辑反绎生成最小化不一致的假设修订,反馈给机器学习,从而重新训练机器学习模型。整个过程采用零阶梯度优化算法进行优化,直到推理结果和领域知识统一。以分类任务为例,在仅利用机器学习的方法中,假设训练数据为 $\{(x_1, y_1), \cdots, (x_m, y_m)\}$,$x_i \in X$ 表示第 i 个训练实例,$y_i \in Y$ 表示其类别标签,目标是学习输入空间 X 到输出空间 Y 的映射 $f: X \rightarrow Y$,该映射可以预测空间 X 中不属于训练实例的数据的类别标签。然而,在结合了机器学习和逻辑推理的方法中,以 $\{(x_1, f(x_1)), \cdots, (x_m, f(x_m))\}$ 为基础的逻辑事实还需要与知识库 K 中的领域知识一致。具体而言,给定一组数据 $\{x_1, \cdots, x_i\}$、一个

知识库 K 和一个分类器 C，目标是寻找一个函数 f 对未知数据进行预测[69]。

$$\{x_1, \cdots, x_i\}, f \triangleright O, \tag{2-1}$$

$$\text{s.t.} K \vDash O, \tag{2-2}$$

$$或者，K \vDash \Delta(O), f \leftarrow \psi(f, \Delta(O)), \tag{2-3}$$

其中，O 是由 x_i 和 f 表示的逻辑事实，$\vDash$ 表示逻辑蕴含。如果 O 如式（2-1）所示，首先通过逻辑反绎生成 $\Delta(O)$，然后根据 $\Delta(O)$ 更新 f。如果 O 与 K 不兼容即（$K \nvDash O$），则不存在 Δ，使得 $K \vDash \Delta(O)$，过程终止，返回 False。在手写等式解密任务中，结合机器学习和逻辑推理的方法相较于传统仅基于机器学习的方法，可以显著提升分类精度[59]。因此，面向未来的 6G 网络，应构建机器学习和逻辑推理协同工作的统一框架，通过动态联合优化实现网络智能管控。

总体而言，目前关于基于意图的网络的研究首先缺乏对意图的理解与抽象，即如何从 "What you want" 中获取 "What to do"，其次在根据 "What to do" 去实现 "How to configure the network" 的过程中缺乏网络智能管控能力，导致网络配置难以满足用户意图。而知识定义网络虽然有一定智能决策的能力，但其在进行网络决策的过程中仅考虑机器学习方式，缺少逻辑推理能力（如一阶逻辑表示），降低了决策的准确性。因此，现有网络架构都难以实现未来 6G 内生智能的目标，亟须提出新型的智能网络架构。

2.4 内生智能网络架构

目前，学术界与产业界对于内生智能的定义和目标正处于讨论阶段，本书认为，6G 内生智能是指 6G 网络支持感知—通信—决策—控制能力，能够自主感知周围环境以及应用服务特性，进行自动化决策与闭环控制，实现网络零接触、可交互、会学习。然而，当前针对智能网络的研究工作还停留在外挂式设计的阶段，仅采用人工智能技术解决特定的网络优化问题，补丁式、增量式地增强现有网络功能，难以满足未来网络动态复杂的业务需求[70]。

2.4.1 功能平面

面向 6G 网络管理与控制的内生智能需求，本书提出意图与知识联合驱动的内生智能网络架构，其融合了基于意图的网络与知识定义网络的优势，首先抽象用户意图和感知网络状态，然后基于网络知识进行管控策略的生成与部署，最终实现内生智能网络的目标。意图与知识联合驱动的内生智能网络架构如图 2-14 所示，包含 5 个平面，分别为意图抽象平面、认知平面、管理平面、控制平面和数据平面。本书首次将意图抽象平面和认知平面引入 6G 网络管控体系，首先，通过意图获取、意图转译、意图映射和意图建模 4 个步骤，实现从 "What you want" 得到 "What to do"。然后，基于知识平面提出了认知平面，包括知识获取和知识应用。其中，知识获取是通过机器学习模型和逻辑推理规则联合动态优化获取网络知识（如网络配置模型）。知识应用是基于网络知识实现策略生成、策略验证等功能，从而根据 "What to do" 实现 "How to configure the network"。5 个平面的具体功能如下。

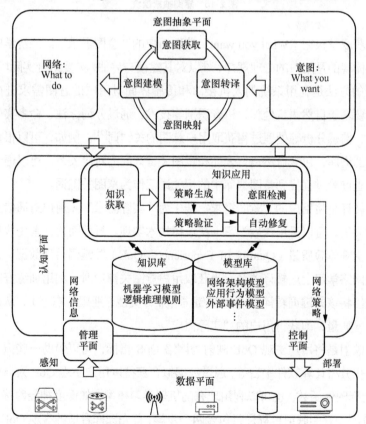

图 2-14　意图与知识联合驱动的内生智能网络架构

1. 意图抽象平面

意图抽象模块如图 2-15 所示，意图抽象平面的目标是从"What you want"获取"What to do"，通过意图获取、意图转译、意图映射和意图建模 4 个步骤运行和实现。接下来将具体描述上述功能模块的实现过程和相关技术。

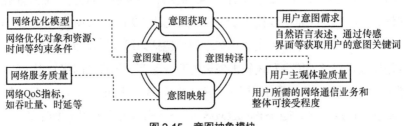

图 2-15　意图抽象模块

意图获取是根据"What you want"获取用户的"意图需求"。经济学中，意图需求主要体现的是用户的心理规律，难以对其建模与评估，需要结合实际场景分析。一种可能的方法是利用系统的人机接口和传感界面对用户的意图需求进行采样提取，其主要基于自然语言处理、语音识别等技术，通过分词标注、命名实体识别、词典查询、情感分析等处理过程获取用户意图的关键词[71]。例如，可以根据专家经验制作意图词库，包含自然语言表述和意图关键词间的对应关系，可以通过语言分词、词典查询等过程找到意图词库中的相关词汇作为意图关键词。

意图转译是将用户的"意图需求"转化为"实际需求"（用户对通信业务期望的体验效果），可以采用深度学习、决策树技术实现。具体而言，首先收集用户意图和用户主观体验质量（Quality of Experience，QoE）关键词转译数据，然后利用深度神经网络学习上述转译关系。当获取用户意图关键词时，利用训练好的意图转译模型直接将该关键词转译为 QoE 关键词（业务类型、期望状态等），从而得到用户主观体验质量，即获得用户的"实际需求"。

意图映射是将用户主观 QoE 映射为网络 QoS 指标，可以借助一些拟合工具，如综合优化分析计算软件平台等，通过数据拟合获得以用户主观 QoE 为自变量的网络 QoS 指标映射函数，也可以利用现有的机器学习模型，如深度神经网络，获得映射模型。其中，意图映射过程通常包含两个步骤：首先选择合适的客观 QoE 指标（如图像视频质量评估，即使用数学模型计算参考图像和评估图像之间像素与整体结构的相似度或差异值），仅考虑业务（如图像、视频）本身特征，将用户主观 QoE 映射为一组客观 QoE 指标[72-73]；然后，选择合适的网络 QoS 指标（如吞吐量、时延、抖动、丢包等）[74]，将上述客观 QoE 指标映射为网络 QoS 指标[74-75]。另外，也可以直接收集用户主观 QoE 和网络 QoS 指标数据，采用深度神经网络学习用户主观 QoE 与网络 QoS 指标之间的映射关系，从而得到意图映射模型。例如，在视频业务中，可以选择视频质量度量（Video Quality Model，VQM）作为客观 QoE 指标，而选择丢包率、抖动性和时延作为网络 QoS 指标，并采集大量视频样本，观察不同网络 QoS 指标对 VQM 值的影响，通过曲线拟合工具 1stOpt 得出网络 QoS 指标与客观 QoE 指标之间的映射函数关系式[76]。此外，以语音业务为例，目前"IQX 假设"给出了平均意见得分（Mean Opinion Score，MOS）与网络丢包率 p_{loss} 的关系[77]，如式（2-4）所示。

$$MOS = 3.0819 \cdot \exp(-4.6446 p_{loss}) + 1.07 \qquad (2\text{-}4)$$

意图建模主要基于网络 QoS 指标，设计目标函数和约束条件，建立网络优化模型，从而得到"What to do"。目标函数可以是通信性能指标，如传输速率、时延、能量效率、频谱效率等，也可以是感知性能指标（如定位精度、感知范围等）和计算性能指标（如计算服务响应时间、计算资源利用率等）[78]。并且目标函数通常是多目标优化函数，例如，研究多目标决策的 QoS 路由算法时，选择时延和丢包率作为优化目标，带宽作为约束条件，建立多目标非线性整数优化模型[79]。此外，意图建模的结果一方面被发送给认知平面，以通过利用网络知识优化得到网络策略；另一方面被传递给意图获取模块，作为先验信息优化意图获取过程。此外，对于"What to do"的精准度的评估，一方面可以在各个功能模块中设计合适的损失函数（如交叉熵损失）定量评估每个功能模块执行的精准度，从而进一步评估"What to do"的精准度；另一方面可以借助数字孪生技术，在虚拟空间构建数字孪生体，通过利用仿真和测试可初步预测由"What to do"优化生成的策略的执行和协同状况，反馈给意图抽象平面，而意图抽象平面根据预测的结果，并结合网络 QoS 指标进一步评估"What to do"的精准度。

2．认知平面

认知平面负责知识获取与表征和知识应用。

（1）知识获取

知识获取是采用机器学习和逻辑推理技术获取网络知识，例如，根据管理平面和控制平面收集到的网络数据（如网络状态数据），利用机器学习方法进行网络学习，将学习的结果表示为逻辑子句，采用逻辑程序进行机器推理，并将推理结论反馈给机器学习模型。整个过程迭代进行，直到机器学习和逻辑推理得到的网络知识统一。以"手写等式解密"（即识别图片中的数学符号并破解等式背后的"异或"法则）任务为例，其神经逻辑机框架如图 2-16 所示，主要包含 3 个部分。上部的卷积神经网络（Convolutional Neural Network，CNN）构成的模型对应反绎学习中的机器学习部分，主要用于识别等式符号。中部的无梯度优化算法主要用于最大化模型与领域知识、样本标记的一致性优化。下部的诱因性逻辑程序对应反绎学习中的逻辑反绎，一方面借助领域知识（如一阶逻辑表达式）和样本标记，根据 CNN 识别结果学习数据中的加法形式（如逻辑异或）；另一方面是存在不一致时推理得到更可能正确的等式符号。

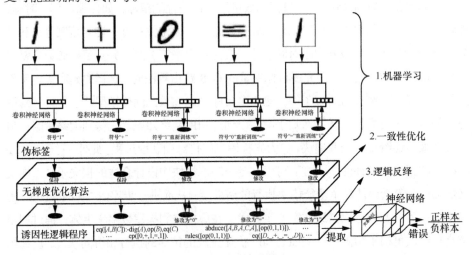

图 2-16　神经逻辑机框架

训练开始时，首先 CNN 尝试识别手写等式图片为伪标签符号"1""+""0"和"="，并根据图片顺序将上述符号输入诱因性逻辑程序。然后，诱因性逻辑程序根据领域知识判断识别符号的最终标记是否和样本标记一致，若不一致，通过无梯度优化算法学习判断错误位置的函数，标记等式中出现识别错误概率较大的位置。诱因性逻辑程序借助领域知识和样本标记对错误进行修改，给出修改依据的加法规则（如 0+1=1），并将修改结果用于重新训练 CNN 模型，直到诱因性逻辑程序和 CNN 得到的结果一致[59]。

值得注意的是，网络知识以知识图谱或 AI 模型的形式存储于知识库中。以知识图谱的形式存储的网络知识来源于网络产生的历史数据，由用户输入的外部知识、预置模板、策略库，以及由控制面探测采集的目标网络的网络状态数据。其中，外部知识又可细分为网络拓扑、运维手册、专家经验等。上述不同知识来源的具体解释如下。

① 历史数据主要是记录网络运维的日志，其关键信息包括网络拓扑变更情况、网络策略变化情况、网络故障及排障信息、用户意图及实现情况等。

② 网络拓扑是指在目标网络以外，各个网域常见的网络拓扑结构，以及相对应的常规网络运维策略集，常见的有故障信息和故障处理方式等。

③ 运维手册是网络设备商、网络运营商针对自身产品推出的指导手册，旨在规范网络运行中使用网络资源的流程，以及常见的软硬件更新流程和故障解决方式。

④ 专家经验是指领域内专家所提供的网络运维的专业经验，具体包含专家对不同网络结构的管控经验，以及对网络故障的理解、分类与处理经验等。

⑤ 预置模板是根据目标网络提前设计的一些意图语言模板。在意图转译过程中，AI 算法根据实体挖掘的结果，以统一的计算机语法来填充这些模板。

⑥ 策略库是指网络中常见的、可执行的网络策略集。策略库的子策略和预置模板的"属性—值"键值对呈映射关系，在意图转译的最后一步配合预置模板，AI 算法通过搜索填充的方式生成网络策略集。

⑦ 网络状态数据是知识定义的意图网络控制面实时采集到的数据面的各类信息，包括时延、带宽、吞吐量等关键网络指标以及网络拓扑结构。

这些数据格式并不统一，可能是高度组织和整齐格式化的结构化数据，也可能是通过不符合关系数据表的形式关联起来的数据模型结构，但包含相关标记，用来分隔语义元素以及对记录和字段进行分层的半结构化数据，也可以是非结构化数据（如声音、图像等）。因此，在存储之前，数据需要按照其结构经知识构建技术处理，最终存储于知识库。

另外，知识表征主要是挖掘网络状态数据的规律性或关联性，形成系统网络知识并做积累存储。为此，知识表征模块包含数据清洗、数据分类、知识构建和知识存储 4 个功能点。

① 数据清洗：利用网络知识和 AI 算法分析所选网络数据，识别并剔除其中的不合理片段，对剩余数据重新整理排列。

② 数据分类：对于结构化数据，模块按照数据中的关键属性对数据进行分类。对于半结构化或非结构化数据，模块利用多重知识提取技术，从海量网络数据中识别关键属性，并对数据分类。

③ 知识构建：模块利用分类整理过的数据对已有的知识图谱进行新建或更新，对于无关联的两个知识点，模块尝试通过推理等手段建立关系。

④ 知识存储：在知识定义的意图网络中，网络知识以知识图谱的形式存储在知识库中。模块利用多种存储技术，完成知识库的构建和维护。

（2）知识应用

知识应用是基于获取的网络知识进行网络策略（如网络转发策略）生成、策略验证、意图检测、自动修复等。其中，策略生成模块利用数据与知识相结合的自驱动机制，通过网络知识和预训练模型缩短 AI 模型训练时间、提高 AI 模型输出策略的准确率。策略生成模块主要实现的功能包括：训练 AI 模型、形成编排与管控策略。策略生成模块的两项功能具有相互依托关系：一方面，AI 模型的输出将指导编排与管控策略的生成；另一方面，训练 AI 模型需要依靠因策略变化导致网络状态变化而收集的网络知识。具体而言，区别于监督学习的从标注中学习，通常采用的强化学习算法主要从环境交互中学习。根据网络优化目标和网络环境信息设计智能体，包含定义智能体动作函数、奖励函数和状态函数，通过最大化累积奖励从而获得最优或次优的一系列网络动作，即网络策略（如计算卸载策略、虚拟化网络功能放置策略）。强化学习执行过程如图 2-17 所示，其中智能体当前状态定义为 $s(t) \in S$ ，然后与环境交互，即采取动作 $a(t) \in A$ ，获得相应的奖励 $r(t+1) = U_r(s(t); a(t))$ ，并转移到下一个状态 $s(t+1)$ ，如此迭代，通过最大化累积奖励，获得最优的网络策略。其中，累积奖励函数可以定义为

$$y(t) = U_r(s(t); a(t)) + \gamma Q(s(t+1), \arg\max_{a(t+1)} Q(s(t+1), a(t+1))) \qquad (2\text{-}5)$$

其中，$\gamma \in [0,1]$ 是折扣率，表示未来奖励相对于当前奖励的重要程度。

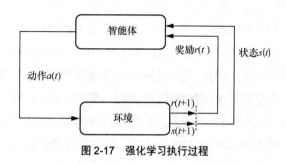

图 2-17　强化学习执行过程

　　策略验证模块主要是验证上述生成的网络策略的可执行性（即网络能否按照用户预期的目标实现），可以基于数据平面实际的网络信息，构建、更新网络的数字孪生验证平台，并借助平台模拟输入策略后的网络行为，验证策略的合理性，及时反馈验证结果。模块会动态、增量式地获取网络信息，调整和保存网络仿真模型，不会遇到实际网络变化或新规则插入便重新建模，提高验证效率。此外，仿真模型将实际数据平面中的不同功能进行逻辑连接，建模为各个节点，而并非将每个实际设备映射为节点。这种做法使模块在面对网络规则、网络拓扑变化等情况时不需要进行复杂调整便可以更新模型。策略验证模块包含网络建模、正确性验证和反馈告警 3 个功能点。

　　① 网络建模：结合数字孪生等技术对实时的物理网络状态进行数字映射，为策略验证提供虚拟验证平台。

　　② 正确性验证：利用 AI 算法等方式在虚拟验证平台仿真待验证策略下发后的网络状态，探测可能出现的网络故障（如黑洞、环路等），最终判断待验证策略的合理性和正确性。

　　③ 反馈告警：若待验证策略未通过策略验证，则生成告警信息。

　　对于网络策略的正确性验证也可以采用模型检测与定理证明方法[80-81]。模型检测的基本原理是，使用状态空间搜索方法，检测一个有限状态系统是否满足一个规范或规约。其优点是自动化程度较高，若系统性质不满足，反馈该性质不满足的原因，根据此原因，系统可以进一步改进；缺点是可能出现状态空间爆炸，由于检测程序需要对整个系统状态空间进行搜索，系统状态图的大小与系统模型的状态数成正比，而系统模型的状态数与并发系统的大小呈指数关系，因此，随着要检测系统规模的增大，所需搜索的状态空间呈指数级增大。定理证明方法的基本原理是通过逐步推导系统性质的表达式来验证系统的正确性。其优点是可以应用于包含无限状态空间的系统；缺点是自动化程度不高，大多数定理证明方法是交互式的，需要数学能力较强的人员引导。

此外，当网络中同时存在多个策略时，需要进一步验证策略间是否会发生冲突，如冗余、覆盖、相关和泛化。其中，冗余是策略 A 和策略 B 包含的操作对象相同，对应的操作结果相同，但是策略 A 拥有更高的优先级；覆盖是策略 A 和策略 B 包含的操作对象相同，但对应对象的操作结果不同，并且策略 A 拥有更高的优先级；相关是策略 A 和策略 B 包含的操作对象不同但存在交集关系，相同对象的操作结果不同，并且策略 A 拥有更高的优先级；泛化是策略 A 和策略 B 包含的操作对象不同但存在子集关系，相同对象的操作结果相同，并且策略 B 拥有更高的优先级[82-83]。若存在冲突，需要进行冲突消解，如设置优先级，即移除低优先级策略，更新高优先级策略的条件限制。

意图检测主要是利用网络信息测量技术检测意图是否发生变化和网络运行是否出现问题。自动修复是根据意图检测的结果，若发现用户意图无法满足，则采取措施进行修复。

3. 管理平面

管理平面主要负责感知网络数据平面状况，收集网络运行状态数据，并传输给认知平面生成网络知识，从而支撑认知平面的策略生成、策略验证等功能。其中，管理平面主要采用网络测量技术，如主动网络测量、被动网络测量和带内网络遥测（In-Band Network Telemetry，INT），来收集网络流量数据、业务分布数据等。具体如下。

① 主动网络测量：首先向目标网络发送探测报文序列，然后根据该报文序列在目标网络传输后发生的变化来推测网络状态和性能参数（如可达性），代表性方案包含 Ping（可测可用性、时延和丢包率）和 Traceroute（可测时延、可达性和丢包）。其优点是部署方便，用户仅在本地发送探测包、观察网络响应即可；缺点是增加了网络负载，可能引起海森伯效应，即额外的流量会干扰网络。

② 被动网络测量：在网络的一个或多个网段上部署测量装置（如嗅探器），捕获流经测量点的数据包，然后汇总各个网段的数据包获得网络性能数据，代表性方案包含 Sting（可测单向丢包率）和 Lan Explorer（可测带宽利用率等）。其优点是不产生额外的网络负载；缺点是只能获得局部网络数据，难以获取端到端的网络信息。

③ INT：考虑主动网络测量和被动网络测量技术分别存在"旁观者效应"和"不精确测量效应"，INT 技术（如可测链路利用率、丢包率等）采用上报模式，即网络设

备主动上报数据信息（如设备级信息、入端口信息、出端口信息和缓冲区信息等），可从物理网元或虚拟网元上远程采集数据，无须注入额外的数据包，并可以获得端到端的网络运行信息，从而解决以上问题[84-85]。相较于主动网络测量和被动网络测量，INT 的优势是不仅获取的探测信息粒度更细，而且当数据包到达网络探测点时，该节点将主动上报位置信息、路由规则、转发时间以及流量信息等，从而实现精确的网络流量跟踪。

此外，管理平面还可以对数据进行预处理，如缺失值处理、重复数据清除等，然后传输给认知平面进行网络知识获取与应用。

4．控制平面

控制平面主要负责将验证后的网络策略转换为网络设备可以识别的配置指令，并部署到实际的网络设备中。目前，广泛使用的策略部署方法主要包含命令行界面（Command Line Interface，CLI）、网络配置协议（Network Configuration Protocol，NetConf）、OpenFlow、可编程的协议无关的数据包处理器（Programming Protocol-Independent Packet Processor，P4）等。其中，CLI 通常根据字符串的标记来采取动作。基于 CLI 的网络编程比较复杂，功能比较匮乏，需要理解每个特定厂商所定义的 CLI 的语法和语义。而 P4 作为一种与协议无关的编程语言，可以对可编程的转发设备（如交换机、网卡等）的转发逻辑进行编程。另外，控制平面可以由 SDN 控制器利用南向接口，对数据平面的网络转发设备进行编程，实现网络策略配置。同时，控制平面也可以给认知平面提供网络配置信息，从而优化网络决策。

5．数据平面

数据平面根据控制平面配置转发规则，对网络数据进行存储、转发等。在 SDN 中，数据平面由线性可编程的转发硬件组成。

2.4.2　闭环控制

意图与知识联合驱动的内生智能网络架构包含两个闭环流程，分别为知识意图的双闭环流程和意图的多级闭环流程，支撑资源智能优化调度。

1．知识意图的双闭环流程

在意图与知识联合驱动的内生智能网络中，网络知识自治、意图处理管控是核心流程。知识意图的双闭环流程如图 2-18 所示，主要包括知识自主闭环和意图管控闭环。

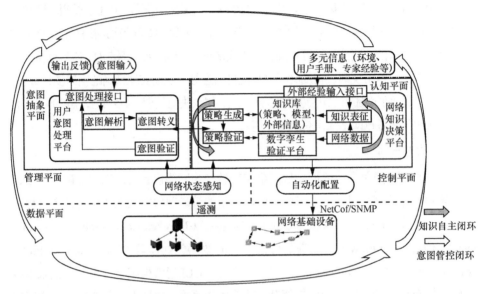

图 2-18　知识意图的双闭环流程

在知识自主闭环中，一方面，网络使用网络知识对网络策略生成算法进行优化和加速，使输出策略达到全局最优；另一方面，网络借助数字孪生验证平台，对待下发的策略进行验证。该闭环中，网络的决策流程围绕知识库和数字孪生验证平台的使用，实现内生智能，释放人工资源，达到智能动态网络管控的自智状态。

在意图管控闭环中，网络通过意图输入、策略生成、自动化配置、策略验证、网络状态感知、输出反馈等步骤构成闭环。该闭环中，网络通过不同的 AI 算法解析不同形式的用户意图输入，并抽取其中的关键实体，转化为网络策略。在策略下发前，网络通过不同阶段的多次验证和校验，确保待下发策略既能满足用户意图，又不妨碍网络正常运行。这使网络可以处理各类形式的意图，进而降低用户操控网络的门槛，更好地实现按需服务。

知识自主闭环与意图管控闭环，这种双闭环的形式极大限度上减少了人力需求，同时又可以保证网络按需服务。

2. 意图的多级闭环流程

意图的多级闭环流程如图 2-19 所示。在知识定义的意图网络中，按照意图需求的作用域不同，意图管控闭环可以被细化为 3 层：终端服务体验层、服务提供层、基础资源提供与网络资源运营层。

① 终端服务体验层的意图是对终端服务的体验需求进行专业化的调整，包括对服务的订阅、退订、需求调整等。终端体验意图的表达形式可能是非专业性的描述语句，也可能是模糊不清的表述语句。知识定义的意图网络能够智能化挖掘其中的需求，并将其转化为服务运营中具体的属性或指标。

② 服务提供层的意图是指为支撑优良的服务运营，针对服务获取与使用网络资源的需求。知识定义的意图网络不仅可以准确地将意图向下传递，更能通过自身知识的积累预测长短期的服务意图，指导下层网络运营提前调整资源分配，使服务提前获得所需的资源，避免 QoS 波动影响服务运营质量。

③ 基础资源提供与网络资源运营层的意图是指为维持网络正常运行，对网络基础资源的需求。在本层，意图又可以细化为资源需求意图和资源调度意图。资源需求意图是满足网络正常运营及网络虚拟资源的分配需求；资源调度意图是为支撑网络资源虚拟化，对网络物理资源的调度需求。知识定义的意图网络能够准确地将两种意图转换为相应的网络策略，达到对资源的正确分配调度。

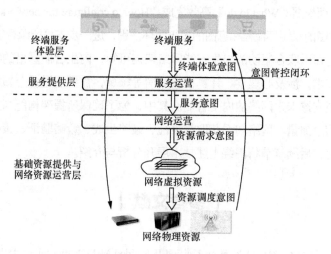

图 2-19　意图的多级闭环流程

| 2.5　本章小结 |

　　为了满足未来新业务的多元化需求，实现网络管理与运维的自组织及自优化，6G 将以智能网络为演进形式，具备智慧内生、开放共享的特征，赋能行业应用。本章首先介绍了智能网络演进的驱动力，其次介绍了支撑网络智能化的关键技术，包含 VNF 和 SDN，然后介绍目前广泛研究的两个网络架构，包含基于意图的网络和知识定义网络，分析它们存在的问题。其中，基于意图的网络将意图理解为"What to do"而非"What you want"，未能实现用户与网络之间的真正解耦。而利用知识定义网络，可在一定程度上根据"What to do"完成"How to configure the network"。但知识定义网络中网络配置决策的核心是基于数据事实，利用机器学习技术处理生成的网络知识，然而从人类决策的角度来看，需要结合机器学习和逻辑推理（如一阶逻辑）才能得到最优的策略。因此，本章提出意图与知识联合驱动的内生智能网络架构，包含 5 个平面，分别为意图抽象平面、认知平面、管理平面、控制平面和数据平面，可根据"What you want"实现"How to configure the network"。值得注意的是，首先，设计意图抽象模块，通过意图获取、意图转译、意图映射和意图建模，从"What you want"准确获取"What to do"；其次，提出认知模块，利用机器学习和逻辑推理联合动态优化获取网络知识，从而根据"What to do"高效完成"How to configure the network"；最后，介绍了知识意图的双闭环流程和意图的多级闭环流程，进一步支撑资源智能优化调度。

　　由意图与知识联合驱动的内生智能网络架构可知，内生智能网络的实现依赖于一系列关键技术，涉及心理学、计算机和通信等领域，需要通过各个领域技术的交叉融合，才能支撑未来网络的内生智能。其中，为了确保所提架构能高效工作，需要攻克网络信息测量、网络知识获取与表征、策略生成、策略验证、策略部署等关键技术。因此，后续章节将围绕上述技术展开分析与介绍。

| 参考文献 |

[1]　GONG S, XING C, ZHAO X, et al. Unified IRS-aided MIMO transceiver designs via majo-

rization theory[J]. IEEE Transactions on Signal Processing, 2021, 69: 3016-3032.

[2]　HUSSAIN B, DU Q, IMRAN A, et al. Artificial intelligence-powered mobile edge compu-ting-based anomaly detection in cellular networks[J]. IEEE Transactions on Industrial Infor-matics, 2020, 16(8): 4986-4996.

[3]　LIU L, ZHOU Y, YUAN J, et al. Economically optimal MS association for multimedia con-tent delivery in cache-enabled heterogeneous cloud radio access networks[J]. IEEE Journal on Selected Areas in Communications, 2019, 37(7): 1584-1593.

[4]　XIA B, WANG J, XIAO K, et al. Outage performance analysis for the advanced SIC receiver in wireless NOMA systems[J]. IEEE Transactions on Vehicular Technology, 2018, 67(7): 6711-6715.

[5]　ZHOU Y, LIU H, PAN Z, et al. Cooperative multicast with location aware distributed mobile relay selection: performance analysis and optimized design[J]. IEEE Transactions on Vehicu-lar Technology, 2017, 66(9): 8291-8302.

[6]　QI Y, ZHOU Y, LIU Y, et al. Traffic-aware task offloading based on convergence of commu-nication and sensing in vehicular edge computing[J]. IEEE Internet of Things Journal, 2021, 8(24): 17762-17777.

[7]　ZHANG Z, XIAO Y, MA Z, et al. 6G wireless networks: vision, requirements, architecture, and key technologies[J]. IEEE Vehicular Technology Magazine, 2019, 14(3): 28-41.

[8]　ZHOU Y, LIU L, WANG L, et al. Service-aware 6G: an intelligent and open network based on the convergence of communication, computing and caching[J]. Digital Communications and Networks, 2020, 6(3): 253-260.

[9]　IMT-2030(6G)推进组. 通信感知一体化技术研究报告[R]. 2021.

[10]　赛迪智库无线电管理研究所. 6G 概念及愿景白皮书[R]. 2020.

[11]　张平, 许晓东, 韩书君, 等. 智简无线网络赋能行业应用[J]. 北京邮电大学学报, 2020, 43(6): 1-9.

[12]　KATO N, MAO B, TANG F, et al. Ten challenges in advancing machine learning technologies toward 6G[J]. IEEE Wireless Communications, 2020, 27(3): 96-103.

[13]　YU Q, REN J, ZHOU H, et al. A cybertwin based network architecture for 6G[C]//Proceedings of 2020 2nd 6G Wireless Summit (6G SUMMIT). Piscataway: IEEE Press, 2020: 1-5.

[14]　欧阳晔, 王立磊, 杨爱东, 等. 通信人工智能的下一个十年[J]. 电信科学, 2021, 37(3): 1-36.

[15]　SHEN X, GAO J, WU W, et al. AI-assisted network-slicing based next-generation wireless networks[J]. IEEE Open Journal of Vehicular Technology, 2020(1): 45-66.

[16]　LIN M, ZHAO Y. Artificial intelligence-empowered resource management for future wireless communications: a survey[J]. China Communications, 2020, 17(3): 58-77.

[17] BARIAH L, MOHJAZI L, MUHAIDAT S, et al. A prospective look: key enabling technologies, applications and open research topics in 6G networks[J]. IEEE Access, 2020(8): 174792-174820.

[18] 周洋程, 闫实, 彭木根. 意图驱动的 6G 无线接入网络[J]. 物联网学报, 2020, 4(1): 72-79.

[19] WIJETHILAKA S, LIYANAGE M. Survey on network slicing for Internet of things realization in 5G networks[J]. IEEE Communications Surveys and Tutorials, 2021, 23(2): 957-994.

[20] HAN B, GOPALAKRISHNAN V, JI L, et al. Network function virtualization: challenges and opportunities for innovations[J]. IEEE Communications Magazine, 2015, 53(2): 90-97.

[21] GUO S, LIN Y, WAN H, et al. Learning dynamics and heterogeneity of spatial-temporal graph data for traffic forecasting[J]. IEEE Transactions on Knowledge and Data Engineering, 2022, 34(11): 5415-5428.

[22] ETSI. Network functions virtualization-introductory white paper[EB]. 2012.

[23] GARDIKIS G, COSTICOGLOU S, KOUMARAS H, et al. NFV applicability and use cases in satellite networks[C]//Proceedings of 2016 European Conference on Networks and Communications (EuCNC). Piscataway: IEEE Press, 2016: 47-51.

[24] ETSI. Network functions virtualization-update white paper[EB]. 2013.

[25] LI L, OTA K, DONG M. DeepNFV: a lightweight framework for intelligent edge network functions virtualization[J]. IEEE Network, 2018, 33(1): 136-141.

[26] 华为. Docker 容器[EB].2021.

[27] 陈家宣. 基于容器的分布式 SDN 网络控制器技术研究[D]. 北京: 北京邮电大学, 2021.

[28] NUNES B A A, MENDONCA M, NGUYEN X N, et al. A survey of software-defined networking: past, present, and future of programmable networks[J]. IEEE Communications Surveys and Tutorials, 2014, 16(3): 1617-1634.

[29] MCKEOWN N, ANDERSON T, BALAKRISHNAN H, et al. OpenFlow: enabling innovation in campus networks[J]. ACM SIGCOMM Computer Communication Review, 2008, 38(2): 69-74.

[30] KIRKPATRICK K. Software-defined networking[J]. Communications of the ACM, 2013, 56(9): 16-19.

[31] HOU L Q. How to realize the smooth transition from traditional network architecture to SDN[C]//Proceedings of 2020 5th International Conference on Mechanical, Control and Computer Engineering (ICMCCE). Piscataway: IEEE Press, 2020: 1948-1952.

[32] MENESES F, CORUJO D, NETO A, et al. SDN-based end-to-end flow control in mobile slice environments[C]//Proceedings of 2018 IEEE Conference on Network Function Virtualization and Software Defined Networks (NFV-SDN). Piscataway: IEEE Press, 2018: 1-5.

[33] TONG H, LI X, SHI Z, et al. A novel and efficient link discovery mechanism in SDN[C]//Proceedings of 2020 IEEE 3rd International Conference on Electronics and Com-

munication Engineering (ICECE). Piscataway: IEEE Press, 2020: 97-101.

[34] TODOROV D, VALCHANOV H, ALEKSIEVA V. Simple routing algorithm with link discovery between source and destination hosts in SDN networks[C]//Proceedings of 2021 International Conference Automatics and Informatics (ICAI). Piscataway: IEEE Press, 2021: 188-191.

[35] ZALI Z, HASHEMI M R, CIANCI I, et al. A controller-based architecture for information centric network construction and topology management[J]. China Communications, 2018, 15(7): 131-145.

[36] YU J, WANG Y, PEI K, et al. A load balancing mechanism for multiple SDN controllers based on load informing strategy[C]//Proceedings of 2016 18th Asia-Pacific Network Operations and Management Symposium (APNOMS). Piscataway: IEEE Press, 2016: 1-4.

[37] ALALMAEI S, ELKHATIB Y, BEZAHAF M, et al. SDN heading north: towards a declarative intent-based northbound interface[C]//Proceedings of 2020 16th International Conference on Network and Service Management (CNSM). Piscataway: IEEE Press, 2020: 1-5.

[38] 姜琳. SDN 控制器北向接口研究与测试[D]. 北京: 北京邮电大学, 2017.

[39] 庞涛, 魏含宇, 武娟. 等. SDN 北向接口发展现状与趋势研究[J]. 互联网天地, 2014(9): 50-56.

[40] KALJIC E, MARIC A, NJEMCEVIC P. A survey on data plane flexibility and programmability in software-defined networking[J]. IEEE Access, 2019(7): 47804-47840.

[41] CHEN H, QIAO Z, FU S. Applying SDN based data network on HPC big data computing-design, implementation, and evaluation[C]//Proceedings of 2019 IEEE International Conference on Big Data (Big Data). Piscataway: IEEE Press, 2019: 6007-6009.

[42] XU S, WANG X, YANG G, et al. Routing optimization for cloud services in SDN-based Internet of things with TCAM capacity constraint[J]. Journal of Communications and Networks, 2020, 22(2): 145-158.

[43] JIANG B, HE Q, LI X, et al. QoS control method based on SDN for mobile cloud service[C]//Proceedings of 2020 IEEE 13th International Conference on Cloud Computing (CLOUD). Piscataway: IEEE Press, 2020: 275-283.

[44] 李德钊, 许鹏飞, 朱科健, 等. 硅基光电子在通信中的应用和挑战[J]. 电信科学, 2021, 37(10): 1-11.

[45] LAI V, STUDENKOV P, FROST T, et al. 1.6 Tbit/s coherent 2-channel transceiver using a monolithic Tx/Rx InP PIC and single SiGe ASIC[C]//Proceedings of Optical Fiber Communication Conference. Piscataway: IEEE Press, 2020.

[46] ETSI. Improved operator experience through experiential networked intelligence (ENI)[R]. 2017.

[47] ITU-T Focus Group on Machine Learning for Future Networks Including 5G (FG-ML5G).

Unified architecture for machine learning in 5G and future networks[R]. 2019.

[48] 3GPP. Telecommunication management; study on scenarios for Intent driven management services for mobile networks: TR 28. 812[S]. 2020.

[49] 温卫真. IBN 驱动网络智能化[EB].2020.

[50] LENROW D. Intent: don't tell me what to do! (tell me what you want) [EB]. 2015.

[51] ONF. Intent NBI - definition and principles[R]. 2016.

[52] LERNER A. Intent-based networking[EB]. 2022.

[53] 开放数据中心标准推进委员会. 意图网络技术与应用白皮书[R]. 2019.

[54] 华为. 智简网络[R]. 2019.

[55] 李福亮，范广宇，王兴伟，等. 基于意图的网络研究综述[J]. 软件学报, 2020, 31(8): 2574-2587.

[56] AKLAMANU F, RANDRIAMASY S, RENAULT E. Intent-based 5G IoT application network slice deployment[C]//Proceedings of 2019 10th International Conference on Networks of the Future (NoF). Piscataway: IEEE Press, 2019: 141-143.

[57] ABBAS K, KHAN T A, AFAQ M, et al. Network slice lifecycle management for 5G mobile networks: an intent-based networking approach[J]. IEEE Access, 2021(9): 80128-80146.

[58] SUBRAMANYA T, RIGGIO R, RASHEED T. Intent-based mobile backhauling for 5G networks[C]//Proceedings of the 2016 12th International Conference on Network and Service Management(CNSM). Piscataway: IEEE Press, 2016: 348-352.

[59] DAI W, XU Q, YU Y, et al. Tunneling neural perception and logic reasoning through abductive learning[J]. arXiv preprint arXiv:1802. 01173, 2018.

[60] 朱近康. 知识+数据驱动学习：未来网络智能的基础[J]. 中兴通讯技术, 2020, 26(4): 46-49.

[61] CLARK D D, PARTRIDGE C, RAMMING J C, et al. A knowledge plane for the Internet[C]//Proceedings of 2003 ACM International Conference on the Applications, Technologies, Architectures, and Protocols for Computer Communication (2003 SIGCOMM). New York: ACM Press, 2003: 3-10.

[62] MESTRES A, RODRIGUEZ NATAL A, CANCER J, et al. Knowledge-defined networking[C]//Proceedings of 2017 ACM International Conference on the Applications, Technologies, Architectures, and Protocols for Computer Communication (2017 SIGCOMM). New York: ACM Press, 2017: 2-10.

[63] 王敬宇，周铖，张蕾，等. 知识定义的意图网络自治[J]. 电信科学, 2021, 37(9):1-13.

[64] LU W, LIANG L, KONG B, et al. AI-assisted knowledge-defined network orchestration for energy-efficient data center networks[J]. IEEE Communications Magazine, 2020, 58(1): 86-92.

[65] PHAM Q T A, HADJADJ-AOUL Y, OUTTAGARTS A. Deep reinforcement learning based

QoS-aware routing in knowledge-defined networking[C]//Proceedings of International Conference on Heterogeneous Networking for Quality, Reliability, Security and Robustness. Berlin: Springer, 2018: 14-26.

[66] SUAREZ-VARELA J, MESTRES A, YU J, et al. Feature engineering for deep reinforcement learning based routing[C]//Proceedings of 2019 IEEE International Conference on Communications (ICC). Piscataway: IEEE Press, 2019: 1-6.

[67] 朱近康, 柴名扬, 周武旸. 面向 B5G/6G 的三三三网络体系架构和优化学习机制[J]. 通信学报, 2021, 42(4): 62-75.

[68] 廖建新, 付霄元, 戚琦, 等. 6G-ADM: 基于知识空间的 6G 网络管控体系[J]. 通信学报, 2022, 43(6): 3-15.

[69] ZHOU Z. Abductive learning: towards bridging machine learning and logical reasoning[J]. Science China Information Sciences, 2019, 62(7): 1-3.

[70] 李琴, 李唯源, 孙晓文, 等. 6G 网络智能内生的思考[J]. 电信科学, 2021, 37(9): 20-29.

[71] ZEYDAN E, TURK Y. Recent advances in intent-based networking: a survey[C]//Proceedings of 2020 IEEE 91st Vehicular Technology Conference (VTC2020-Spring). Piscataway: IEEE Press, 2020: 1-5.

[72] VAN DER HOOFT J, VEGA M T, TIMMERER C, et al. Objective and subjective QoE evaluation for adaptive point cloud streaming[C]//Proceedings of 2020 Twelfth International Conference on Quality of Multimedia Experience (QoMEX). Piscataway: IEEE Press, 2020: 1-6.

[73] ABAR T, LETAIFA A B, ASMI S E. Objective and subjective measurement QoE in SDN networks[C]//Proceedings of 2017 13th International Wireless Communications and Mobile Computing Conference (IWCMC). Piscataway: IEEE Press, 2017: 1401-1406.

[74] ALRESHOODI M, WOODS J. Survey on QoE/QoS correlation models for multimedia services[J]. International Journal of Distributed and Parallel Systems, 2013, 4(3): 53.

[75] GRAMAGLIA M, DIGON L, FRIDERIKOS V, et al. Flexible connectivity and QoE/QoS management for 5G networks: the 5G NORMA view[C]//Proceedings of 2016 IEEE International Conference on Communications Workshops (ICC). Piscataway: IEEE Press, 2016: 373-379.

[76] WANG T, ANJUM P, ZOU H, et al. VQM-based QoS/QoE mapping for streaming video [C]//Proceedings of 2010 3rd IEEE International Conference on Broadband Network and Multimedia Technology (IC-BNMT). Piscataway: IEEE Press, 2010: 1-4.

[77] REICHL P, EGGER, SCHATZ R, et al. The logarithmic nature of QoE and the role of the weber-fechner law in QoE assessment[C]//Proceedings of 2010 IEEE International Conference on Communications. Piscataway: IEEE Press, 2010: 1-5.

[78] 中国通信学会. 通感算一体化网络前沿报告[R]. 2022.

[19] 汪泽焱. 一种基于多目标优化的 QoS 路由交互式算法[J]. 国防科技大学学报, 2002(4): 37-41.

[80] LI Y, YIN X, WANG Z, et al. A survey on network verification and testing with formal methods: approaches and challenges[J]. IEEE Communications Surveys & Tutorials, 2019, 21(1): 940-969.

[81] LIU Y, HE C. A heuristics-based incremental probabilistic model checking at runtime[C]// Proceedings of 2020 IEEE 11th International Conference on Software Engineering and Service Science. Piscataway: IEEE Press, 2020: 355-358.

[82] HU H, AHN G J, KULKARNI K. Detecting and resolving firewall policy anomalies[J]. IEEE Transactions on Dependable & Secure Computing, 2012, 9(3): 318-331.

[83] PANG L, YANG C, CHEN D, et al. A survey on intent-driven networks[J]. IEEE Access, 2020(8): 22862-22873.

[84] TAN L, SU W, ZHANG W, et al. In-band network telemetry: a survey[J]. Computer Networks, 2020, 186.

[85] BAREFOOT, ARISTA, DELL, et al. In-band network telemetry (INT)[R]. 2016.

第 3 章

知识增强的全场景流量感知技术

对于网络资源的智能优化调度，无论采用哪种管理方式，都要建立在全网情况清晰可知的基础上，特别是在应用极丰富的网络时代，从应用层对网络进行深入分析是网络管理的重要基础。全场景流量感知技术的目的是从网络设备中收集各种网络信息（如时延、吞吐量等），其主要借助一些网络测量方式（如主动网络测量、被动网络测量、网络遥测等）实现。随着可编程数据平面技术的发展，现在常用的网络测量技术无须控制层的协助就可以在基础设备层中完成网络数据采集任务。在意图与知识联合驱动的内生智能网络架构中，网络测量技术承担着感知模块的主要功能，使网络能够自主感知周围环境以及收集提取网络流量数据。因此，本章对不同的网络测量技术进行全面的调研分析，并设计了一种低开销、低时延的路由机制方案及探测路径生成方案。

目前的网络测量技术难以满足未来智能网络感知模块的性能需求，原因主要包含以下两个方面：一方面，智能网络认知与决策的过程需要收集和挖掘大量不同种类的网络知识，这使得网络测量需要收集的数据种类和数据量显著增加，会导致较大的传输带宽开销；另一方面，6G 中不断扩大的网络规模进一步增大了网络遥测的开销。在探测时延方面，由于目前的网络测量技术忽视了网络数据从数据平面到控制平面所需要的时间成本，进而难以保障数据的实时性；在探测范围方面，由于现有的网络测量系统仅定义了如何使用探测包提取设备内部状态，而无法主动决定探测哪条路径，从而使网络测量的探测路径完全不受控制平面的控制，进而很难制定出有目的的策略来优化生成多条探测路径以实现全网遥测。上述困难都为未来智能网络的构建带来了较大的阻碍。

本章对不同的网络测量技术进行了全面的调研分析，主要分为 3 个部分。第 3.1 节对网络测量技术概况进行了简单介绍。根据现有的网络测量技术的特点分别阐述了 4 种网络测量技术的原理，包括主动网络测量、被动网络测量、混合网络测量以及网络遥测，并且详细介绍了 INT 的关键技术以及运用场景。第 3.2 节设计了服务于知识定义的网络感知技术。首先分析了 INT 现有的挑战与难题，然后设计了一种低开销、低时延的路由机制方案以及探测路径生成方案。第 3.3 节重点介绍了 INT 技术为网络测量和管理带来的机遇、技术挑战和未来的研究方向。

| 3.1　网络测量技术概况 |

网络测量是各种网络管理应用程序（如网络健康监控[1]、拥塞控制[2]、负载平衡[3-4]、路径追踪[5]等）的基础。网络测量对于了解网络性能并诊断网络故障是不可或缺的。面向智慧交通、精准医疗等领域的 6G 研发为网络测量技术的发展提供了新的驱动力，同时也提出了新的要求。在 6G 网络中，通过对数据流量进行感知和分析，及时识别和处理网络中出现的问题，并根据实时的网络情况调整网络策略，以保证网络中的数据传输和服务质量。其中，SDN 测量技术是 6G 网络中流量感知技术的基础架构并扮演着重要的角色，通过实时获取网络状态信息，辅助 6G 网络对流量进行感知和管理。

6G 网络面临着许多挑战和问题。其中包括：高速率，6G 网络的设计目标在于提供比 5G 网络更高的通信速率和更低的时延，因此需要克服高频信号传输中的困难；能源消耗，6G 网络需要大量的计算能力和通信资源，因此需要解决能源消耗的问题；安全，由于 6G 网络的高速率和大容量，使得网络安全问题越发突出，需要采取有效的网络安全措施来保护网络和用户数据。6G 网络中的流量感知技术主要需要感知数据传输速率、网络时延、数据质量和可靠性、网络拓扑以及设备位置和状态等。本节接下来将会介绍现有网络测量技术及其关键技术和应用场景。

3.1.1　现有网络测量技术介绍

网络测量对于现代网络管理和控制至关重要[6]。2008 年后，由于 SDN 和可编程数据平面技术的出现，传统的网络测量技术已经和开放控制平面和数据平面的编程功能紧密结合。

SDN 可以在不更改网络 IP 的情况下重建网络控制平面和数据平面。这项技术的出现对于网络测量来说具有重要意义，其在提升网络测量体系结构的灵活性的同时，保留了传统网络测量技术中使用的流量和采样方法[7]。

SDN 测量按照测量对象可分为网络状态测量、网络性能测量、网络流量测量 3 类。网络状态测量需要获取的网络状态信息主要包含网络链路的状态信息和网络的拓扑结构。获取网络状态信息的主要目的是监测网络运行时的相关指标和行为，并及时地发现网络异常和故障，以确保网络在正确状态运行。网络性能参数包括链路吞吐量、链路丢包率、链路时延等，其对测量的实时性要求较高，能够反映网络的瞬时运行状态。网络流量参数一般通过对一定周期内的网络流量进行采集分析获得，是一个统计参数，如报文数量统计、流长统计等。对网络流量参数进行深入挖掘和分析并发现网络中潜在的问题，可以作为指导网络管理和安全工作的重要依据。

目前 SDN 测量技术已经得到相当大的发展。按照技术特点，SDN 测量技术的分类如图 3-1 所示，大致可以分为以下 3 种。

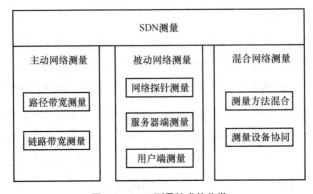

图 3-1　SDN 测量技术的分类

① 主动网络测量：指主动地向待测网络发送特定的网络探测包，然后通过传输结果获取网络信息，常用于路径带宽测量和链路带宽测量等。

② 被动网络测量：指在不注入新流量的情况下监测网络流量的过程，可以通过网络探针测量、服务器端测量、用户端测量等来实现。

③ 混合网络测量：宽泛地说，混合网络测量包括测量方法混合和测量设备协同，例如，灵活地组合主动网络测量系统和被动网络测量系统设计的混合遥测方案就是混合网络测量的代表性技术。

随着 SDN 和可编程数据平面技术的开发，网络遥测应运而生。网络遥测采用上报模式，即网络设备主动上报数据信息（如设备级信息、入端口信息、出端口信息等），可从物理网元或虚拟网元上远程采集数据，无须注入额外的数据包，并可以获得端到端的网络运行信息。由于使用数据平面直接推动网络测量过程，网络遥测颠覆了将网络交换设备视为"中间黑匣子"的传统网络测量的研究思想。网络遥测具有灵活的编程能力、强大的实时性、更小的噪声和更强的网络可见性等优点，相较于传统的网络测量技术，已成为网络测量技术的新兴代表，受到学术界和工业界的广泛关注。接下来，本节将对 3 种 SDN 测量技术和网络遥测进行介绍。典型的网络测量技术分类如图 3-2 所示。

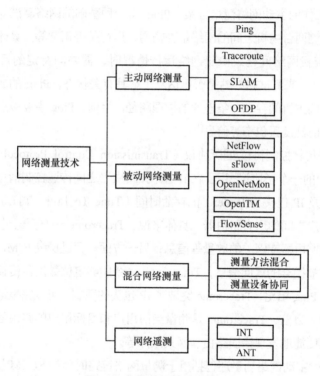

图 3-2　典型的网络测量技术分类

1. 主动网络测量

主动网络测量是一种主动向所需测量的网络发送特定探测包的网络测量技术。它的主要原理是利用主动发送的探测包在目标网络传输中导致发生的变化来推断网络的整体性能。通过分析这些探测包在网络中的传输结果，可以得到待测网络状态，并以此来构造网络拓扑图，或者分析当前网络性能和网络变化情况，评估网络特征等。

主动网络测量一般由测量用户发起，相较于其他软件定义测量技术可以更方便灵活地进行网络测量。因此，主动网络测量技术非常适合端到端的网络测量，网络管理员只需要在本地发送测试包，然后观察网络响应即可。目前，主动网络测量的经典方案有 Ping[8]和 Traceroute[9]等。

文献[8]是一种基于互联网控制报文协议（Internet Control Message Protocol，ICMP）进行工作的主动网络测量方案。Ping 是一种基础的网络测试与诊断工具，经常被用于检测两台主机之间的网络是否畅通、运行是否正常等。具体来说，使用 Ping 命令来查找网络问题或检验网络运行情况时，需要向特定的目的主机发送 ICMP 请求报文，来测试目的站是否可达及了解其有关状态，Ping 的成功可以保证当前主机与目的主机间存在一条连通的物理路径。目前，Ping 主要被运用于测量网络的连通性、时延及丢包率等信息[10]。

文献[9]是传输控制协议/网际协议（Transmission Control Protocol/Internet Protocol，TCP/IP）的一个子协议，用于在 IP 主机、路由器之间传递控制消息。Traceroute 利用了 ICMP 及 IP 包头（Header）的存活时间（Time To Live，TTL）来定位当前用户和目标用户之间的所有路由器。具体来说，Traceroute 一方面通过 TTL 来获取数据包经过的路由器或网关的数量等信息；另一方面，通过操纵 ICMP 报文的 TTL 和观察该报文被抛弃的返回信息，Traceroute 命令能够定位数据包传输路径上的所有路由器。与 Ping 相比，Traceroute 突破了 IP 包头的限制，可以完整地记录下所有经过的路由器。目前，Traceroute 是测量当前用户和目标用户的路由信息的最重要的工具，可以便捷地发现错误路由、网关故障等。

除此之外，主动网络测量还包括用于测量网络链路时延的 SLAM 技术[11]，获取网络拓扑信息的 OFDP（Odette 文件传输协议）[12]等。总体来说，对有效探测包的注入、数据包的离开及到达时间等的精确测量都需要在操作系统的内核中实现，所以需要一定的系统支持才能实现主动网络测量，需要特定的系统文件库和系统接口以满足主动网络测量的需求。此外，主动网络测量向待测网络中不断注入的探测包也会增加待测网络的潜在开销，进而对其他网络行为产生影响。

2．被动网络测量

被动网络测量又被称为非侵扰式测量，是不会向待测网络中注入新的探测包的网络测量技术。与主动网络测量相比，被动网络测量的网络测量过程不会引入新的流量。被动网络测量可以根据不同的实际需求部署在网络中合适的位置上，被动网络测量可以通过以下 3 种方法实施。

① 网络探针测量：利用网络探针获取待测网络传输状态信息，通过分析所获取的网络信息来满足相关业务的测量需求。

② 服务器端测量：将网络测量功能安装在服务器端，并且在服务器端进行实时的网络性能监控。

③ 用户端测量：将网络测量功能安装在用户端中，并且实时获取特定用户的相关网络业务信息。

其中，网络探针由于可以被更灵活地部署在不同类型的网络来获取不同类型的消息而被学术界和工业界广泛研究。被动网络测量的经典方案有 NetFlow[13]、sFlow[14]、OpenNetMon[15]、OpenTM[16]和 FlowSense[17]等。

NetFlow 和 sFlow 都是抽样测量的代表性技术案例。NetFlow 是由美国思科（Cisco）公司研发，被嵌入在路由器及交换器等产品上的网络监测技术。NetFlow 系统包括 3 个主要部分：探测器、采集器和报告系统。探测器用来监听网络数据；采集器用来收集探测器传来的数据；报告系统利用从采集器收集的数据产生易读的报告。与 NetFlow 类似，sFlow 也是一种嵌入在路由器或交换机内的、基于抽样的流量监测技术。sFlow 的采样过程可以采用两种采样方式，针对用户数据报协议可以使用报文采样方案，针对简单网络管理协议（Simple Network Management Protocol，SNMP）可以采用计数器采样方案。NetFlow 和 sFlow 方案更加方便和快捷的特点使得它们成为重要的网络安全管理手段，在复杂的大型网络中可以发挥独特的优势。目前，NetFlow 和 sFlow 都可以被运用于网络监控、流量计费等网络功能。

OpenNetMon 是基于 OpenFlow 协议进行设计的，能够在 SDN 中对指定流的丢包率和吞吐量进行监控。在网络测量的过程中，OpenNetMon 需要先按照固定频率轮询交换机，并通过特定格式的查询消息来获取网络信息。值得一提的是，当轮询频率提高时，获取的统计信息的准确性越高，但是网络的开销也越大。因此，OpenNetMon 还提出了一种可变频率的流量信息采样方法，以便在测量准确性和网络开销之间取得平衡。这种可变频率的流量信息采样方法，其主要思想是根据对应时间段内所需采集的流的统计信息有没有显著变化，来提高或者降低轮询频率。针对当时对链路利用率没有显著贡献的流量，可以保持较低的轮询频率。当这些流量的贡献增加时，轮询频率将根据算法进行自适应调整。当需要获取流级别的网络信息时，OpenNetMon 可以被运用于测量更为细粒度的网络丢包率和吞吐量。

OpenTM 是基于 OpenFlow 协议提供的 Flow-Stats 消息设计的流量矩阵（Traffic Matrix，TM）测量系统。TM 表示网络中每一对源宿节点之间的流量大小。许多网络管理和安全任务都建立在 TM 的基础上，如路由协议配置、负载均衡、异常检测等。在网络测量过程中，OpenTM 会持续追踪待测网络中所有的活跃流，然后从控制器的路由应用中获取这些流的传输路径，并对传输路径上的交换机周期性地发送 Flow-Stats 消息，以轮询交换机获取流字节数和包数。获取路由提供的网络信息后，OpenTM 将具有相同源宿节点的流的统计信息进行累加从而构造 TM。除此之外，OpenTM 针对不同场景进一步设计了不同的查询策略，如轮询、负载最小交换机查询、最后一跳查询等。多种查询测量的制定使得 OpenTM 可以在更多的场景中发挥优势。目前，负载均衡、路由协议配置等网络管理和安全任务所需要的流量矩阵均可以通过 OpenTM 来构建。

FlowSense 是一种基于推送的链路吞吐量测量方法。具体来说，通过使用带有特殊话语标记和特殊话语占位符的语义解析器，FlowSense 被推广到不同的数据集和数据流图中。它可以明确地向用户展示公认的数据集和图表特殊话语，以感知数据流上下文。通过使用 FlowSense，用户可以更加方便地拓展和调整数据流图。相比于通过 OpenFlow 协议主动查询来测量吞吐量，FlowSense 能够进一步降低测量产生的开销。

总而言之，SDN 中的被动网络测量通常是在网络中若干个预先设定的节点采集数据，一般由交换机根据采集规则主动地向测量服务器转发测量流量。被动网络测量的优点是不产生额外的网络负载，缺点是一般情况下只能获得局部网络数据，难以获取端到端的网络信息。且被动网络测量受交换机性能的影响较大，通常采用的采样和压缩机制在一定程度上会降低网络测量的精度。

3．混合网络测量

混合网络测量主要包括测量方法混合和测量设备协同。

测量方法混合的主要思路是灵活组合主动网络测量和被动网络测量，根据实际网络环境和应用需求设计网络测量机制。在设计网络测量机制时，混合网络测量需把握主动网络测量和被动网络测量各自的优点缺点来让测量系统满足管理应用的需求。

测量设备协同主要是指在较大规模的 SDN 中，采用多控制器分布式部署网络测量任务。在这种部署方案下，网络的测量架构需采用多控制器分布式协同测量的测量机制来完成测量任务的调度、策略配置的同步、测量结果的合并等网络测量任务。

混合网络测量的设计需要综合考虑网络设备和管理应用之间的差异性以及各种网络测量技术的优势，从而在更低的网络测量开销下获得更符合网络管理需求的测量结果。

4．网络遥测

学术界和工业界已经提出了许多网络测量方案，这些方案支持网络性能测量和功能测量，如可用带宽、数据包丢失、吞吐量、时延、路径、路径跟踪、数据平面规则一致性验证、长流量检测、故障位置等。传统网络测量方案由于部署简单，已经被广泛运用于网络管理领域。但是传统网络测量方案不可避免地会影响网络运行状态，并且传统网络测量机制本身的缺陷会导致测量结果不准确。这些影响被总结为"旁观者"效应和"不精确测量效应"[18]。

如今，基于可编程交换机的网络遥测技术[19]已经发展成用来收集网络数据的热门技术。它通过在数据包转发的过程中查询并收集设备内部状态信息来完成网络测量。INT 是网络遥测技术的典型代表[20]，它将数据包转发与网络测量结合。INT 通过切换节点将元数据插入数据包中，从而收集网络状态信息。通常情况下，INT 在网络测量的过程中会不断向转发的数据包注入遥测信息，并在转发路径的最后一跳发送遥测数据信息到控制平面，进行集中存储和分析。INT 流程如图 3-3 所示，可以看出，INT 可以直接通过数据平面收集和报告网络状态，而不需要控制平面的干预。INT 系统利用交换机设备来转发和处理包含遥测指令的数据包。当数据包通过设备时，遥测指令指示 INT 设备收集和插入网络信息。具体来说，INT 系统由 3 个实体组成：INT 源路由、INT 转发路由和 INT 接收路由。其中，INT 源路由可以是网络应用程序、网络接口卡（Network Interface Card，NIC）等，其主要负责将遥测指令嵌入普通业务数据包或遥测业务数据包中；INT 转发路由根据数据包的指示填充遥测元数据到数据包中；INT 接收路由提取并报告遥测数据。

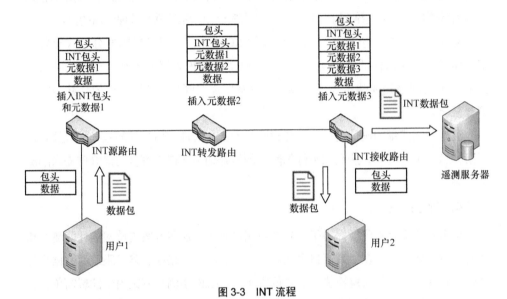

图 3-3　INT 流程

虽然 INT 系统相较于传统网络测量方案有着高可见性、部署灵活、噪声小等优点，但是，同样具有一些缺点。首先，遥测指令和元数据的封装，导致普通数据包的有效载荷比降低。随着路径上各个交换机不断地添加信息，数据包所携带的遥测信息不断增加，特别是在转发路径较长的情况下，数据包携带的数据量随着转发而不断增大，导致原来数据包中有效数据的占比逐步降低，进而导致后面交换机之间的转发产生大量的遥测开销。其次，遥测指令和元数据的构造、封装、填充和提取增加了交换机的处理负担。此外，INT 方案仅在数据包头下存储遥测数据，这可能导致当网络中的数据包丢失时遥测数据也随之丢失。最后，由于 INT 方案获取网络数据离不开携带遥测数据的数据包，因此，如果数据包在遥测过程中丢失，INT 将无法获取网络的状态信息，也无法诊断数据包是否丢失。同时，随着 SDN 的不断发展，控制平面越来越需要获取整个网络拓扑的可见性，因而全网可见性的需求也成为 INT 系统发展的重要方向之一。

为了提高网络遥测的全网可见性以及稳定性，主动网络遥测（Active Network Telemetry，ANT）是基于主动网络测量而开发的遥测机制。其基本思想是主动构建遥测探针以遍历所需的遥测路径，是一种主动将源路由嵌入网络流量探测，并允许指定探测包通过网络路由的 INT 方案[21]。因为探测路径可以有目的地规划部署，所以 ANT 能够稳定地为控制平面保证全网可见性。但是因为 ANT 需要主动生成探测流来完成流量信息采集，所以各个探测流的路径部署是影响感知系统性能的重要因素。

3.1.2　网络测量技术运用场景

随着网络规模的不断扩大，结构和功能的日趋复杂对传统网络的管理提出了新的要求。近年来，SDN 经过不断发展可以很好地适应各种网络应用需求，而在 SDN 中实时获取网络状态信息的需求使得网络测量成为网络管理的基础。从不同的测量目的出发，本节将从网络性能测量和网络功能应用两个方面来介绍网络测量技术的运用场景，如图 3-4 所示。具体如下。

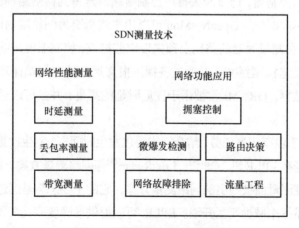

图 3-4　网络测量技术的运用场景

① 网络性能测量：网络性能测量的目的是测量和具象化部分网络性能指标，如时延测量、丢包率测量、带宽测量等。网络性能测量是量化网络行为最基本的手段，也是进行网络管理的基础。

② 网络功能应用：网络遥测技术最初主要运用于网络性能测量，现在已扩展到多项网络管理领域，如微爆发检测、网络故障排除、拥塞控制、路由决策、流量工程等。

1. 网络性能测量

由于大规模数据中心、虚拟云计算等服务的不断发展，SDN 的网络性能测量在网络管理领域扮演的角色越来越重要。网络测量技术对于网络性能的测量主要包括时延测量、丢包率测量以及带宽测量。本节将从上述 3 个方面具体阐述网络性能测量的相关技术。

针对 SDN 时延测量任务，OpenFlow 协议的标准化为动态高效地测量网络时延提供了帮助。影响 SDN 时延的因素有很多，包括硬件因素、数据结构因素以及网络负载因素等。其中，硬件因素包括网络设备转发处理性能、物理层传输介质等；数据结构因素包括报文协议、报文长度和发送频率等；网络负载因素则与网络当前流量负载相关。现存的用于测量网络时延的网络技术有 SLAM[11]、OpenNetMon[15]以及 GRAMI[22]等。SLAM 是一种主动网络测量技术，其从控制器发送探测报文，经过待测路径再回到控制器，通过减去首尾控制链路时延得到待测路径的时延。SLAM 主要用来测量单向时延。OpenNetMon 可以用来测量更为细粒度的网络时延信息。GRAMI 则需要在测量时延的路径上预先设定监控点，控制器设定路由路径及转发规则，监控点发送探测报文，并通过各探测报文返回的时间戳计算得出路径中所有链路的时延数据。GRAMI 常被用于往返时延的测量，并且可以适用于不同的网络拓扑结构。

针对 SDN 丢包率测量任务，结合网络丢包发生时间短、发生次数也相对较少的特点，目前已经有 EPLE[23]、CP[24]、LossRadar[25]等网络测量方案。EPLE 是一种为了避免造成过度测量而被提出的网络测量方案，它的主要思想是通过聚合流中的端到端待测流描述符来减少测量开销。EPLE 可以提供准确度高且拓展性强的轻量级测量方案。CP 是一种基于数据中心网络设计的主动丢包检测机制，它的主要思想是在遇到丢包情况时，主动选择丢弃报文中的数据部分，保留数据包头信息，并根据包头信息通知发送端丢包情况，以便后续重传。通过这种方式，CP 可以在一定程度上保护网络的性能。LossRadar 是一种服务于小规模、轻量级待测网络的网络测量方案，它可以在合适的时间尺度上捕获整个网络中单个丢失的数据包及其详细信息，从而判断网络的状态并制定相应的策略。

第 3.1.1 节中介绍的 OpenNetMon[15]和 FlowSense[17]等方案都是 SDN 带宽测量的常用策略。面对不同的待测网络状态以及网络管理任务需求，合理选择上述网络测量方案可以更好地在测量开销和测量精度之间取得平衡。

2．网络功能应用

随着网络管理技术的不断发展，网络测量技术现在已扩展到多项网络管理领域。本节接下来简要列举网络测量技术在功能遥测应用程序设计方面的目的及案例。

首先，微爆发是指某端口在很短的时间内接收大量毫秒级突发数据。微小数据包程序（Tiny Packet Program，TPP）[5]作为基于 INT 系统设计的微爆发检测机制，通过在数据包转发时记录开关队列的长度，从而检测网络内毫秒级数据量变化。

然后，在典型的网络故障排除系统中，NetSight[26]和 KeySight[27]都利用网络测量技术来获取大量的网络数据，在这些数据的基础上，NetSight 和 KeySight 已经接近满足实时故障排除的技术要求。

接下来，在拥塞控制技术[28]的设计方面，网络测量技术同样有着有广泛的应用。网络管理员可以使用 INT 提供的丰富网络状态信息来设计新的拥塞避免和控制协议。例如，现有的基于网络测量技术的拥塞控制方案有 HPCC[2]和 RCP*[29]等。

在路由决策方面，网络测量技术还提供了更详细的网络状态参数用于路由决策，如连接时延、丢包率、网络拥塞和链路利用率等。因此，基于这些网络状态参数，研究员们开发了新的路由决策方案来提高各种情况下的路由性能，如 CLOVE[4]与 SPIDER[30]。

最后，在流量工程方面，CLOVE[4]系统是网络测量在流量工程领域运用的典型例子，包含流量信息获取、网络负载平衡等机制。

由于网络状态信息的重要性，网络测量已成为众多网络管理应用的必不可少的组成部分。在不久的将来，网络管理应用的网络测量将使网络测量技术进一步发展。

| 3.2 服务于知识定义的网络感知技术 |

6G 内生智能是指 6G 网络支持"感知—通信—决策—控制"能力，能够自主感知周围环境和应用服务特性，进行自动化决策与闭环控制。然而现存的网络感知技术难以胜任其中的感知模块的性能需求。一方面，知识定义网络的构建需要收集和挖掘大量不同种类的网络知识，这使得 INT 需要收集的数据种类和数量显著增加，进而导致高昂的带宽开销。另一方面，6G 网络规模的不断扩大使得网络遥测的开销进一步激增，并且实时性难以保证的遥测数据以及覆盖范围不稳定的遥测系统也为知识定义网络的构建带来了新的困难。6G 网络需要更高级的网络感知技术，需要在现有网络感知技术的基础上做出相应的创新。其中，最重要的挑战之一就是如何在获取全网遥测视野的前提下进行网络感知，并且防止遥测开销和遥测时延的激增。

在 6G 网络规模和搭载服务激增的情况下，为了满足低开销、低时延和全网络覆盖的联合优化需求，需要构建一个低开销、低时延路径规划的 INT（Inband Network Telemetry with Low-Overhead and Low-Latency Path Planning，INT-LLPP）。针对知识定义网络为 INT 带来的新挑战，本节首先建立一个数学模型来分析 INT 系统的遥测开销和时延，然后采用一种基于贪婪算法的路径规划算法来完成覆盖整个网络的探测流路径规划。这种路径规划算法可以在保证全网络覆盖的前提下减少 INT 的开销和时延。结果表明，INT-LLPP 实现了全网络范围的遥测。与现有的 INT 系统相比，提出的 INT-LLPP 可以显著减少遥测开销，并可以控制遥测系统时延以获取实时网络信息。本节将首先分析介绍网络遥测技术设计面临的挑战和难题，然后具体阐述 INT-LLPP 的路由机制设计和路径生成方案，最后对仿真结果进行分析。

3.2.1 网络遥测设计的挑战与难题

尽管 INT 技术已经开始在数据中心网络中实现，但是由于逐渐扩大的网络规模和构建知识定义网络需要的网络流量数据种类远大于单个应用所需的，现有的网络遥测框架在遥测负载、遥测范围和遥测时延 3 个方面仍存在一些问题。

1．遥测负载

由于每个路由器都会在探针数据包中添加网络流量信息，INT 将产生额外的网络开销。当网络规模扩大或每个路由器需要上传更多种类的遥测数据时，INT 的开销将会变得更高。如何减小遥测开销一直是 INT 的重要研究方向，特别是在构建知识定义网络的过程中，需要收集的网络状态信息的数据量远远大于单一的网络管理应用。网络状态信息主要由数据传输速率、网络时延、数据质量和可靠性、网络拓扑以及设备位置和状态等组成。因此，在大规模网络中，如果无法有效减少遥测开销，将会产生因为遥测占据了大量网络带宽而导致网络性能降低[31]的情况。

2．遥测范围

网络遥测覆盖范围是指 INT 系统可以获取的网络流量信息的范围[32]。在知识定义网络中，INT 的覆盖范围会对知识定义网络的性能造成很大的影响，因为知识定义网络需要通过学习网络历史配置经验（如配置动作和网络结果等），来辅助网络进行自主决策、自动配置。然而，6G 网络中每个节点（如边缘计算节点、骨干路由器以及基站）只拥有部分网络视图和控制权，如果只从这些节点中学习，则知识定义网络难以学习到全网特性，进而对控制整个网络产生不良影响。因此，遥测覆盖范围应当可以稳定地覆盖所有网络设备，以避免潜在的网络故障出现。

3．遥测时延

INT 的遥测时延与遥测系统的最大路径长度呈正相关。在大规模数据中心网络中，不受限制的路径长度往往会带来无法接受的遥测时延，进而影响网络管理应用程序的及时性和准确性[2,7]。为了获取实时的网络信息，系统时延不应随着网络拓扑的扩展显著增加，也就是说 INT 系统需要具有良好的可拓展性以适应 6G 网络中配置了边缘计算、异构网络的复杂网络拓扑。

3.2.2　路由机制设计

本节主要描述 INT-LLPP 的路由机制设计，包括探测包头设计、路由机制等。随着源路由（Source Routing，SR）技术的开发[33]，INT-LLPP 可以不依赖协议而根据用户指定的路径转发数据包[34]。在 6G 网络中，包结构设计和交换机行为设计等技术被广泛应用，以满足高速率、低时延和高可靠性的通信要求。现有的 6G 网络中的包结构设计技术包括分层包结构、特定应用包结构和自适应包结构等。本节将针对面向 6G 网络的网络遥测系统设计探测包格式、交换机操作和遥测应用，从而详细介绍 INT-LLPP 的路由机制设计。

1．探测包格式

探测包格式如图 3-5 所示，探测包头部分由 Ethernet 包头、IP 包头和 UDP 包头组成。探测包包含两个标签堆栈：SR 标签堆栈和 INT 数据标签堆栈。具体来说，SR 标签堆栈是一个固定长度的 UDP 数据包中的堆栈。每个 SR 标签（1 byte）代表用户指定路径上的 1 个端口，探测包被转发到 SR 标签指定的端口。INT 数据标签堆栈是一个可变长度的堆栈，每个 INT 标签都包含交换机 ID、数据位图信息和遥测数据值等内容。具体而言，交换机 ID 表示路由器的端口编号，并且由数据位图信息确定需要将哪种网络状态信息添加到探针数据包中。

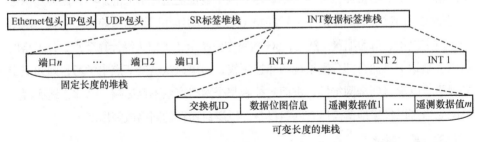

图 3-5　探测包格式

值得注意的是，基于此，INT-LLPP 可以使用一组探针收集各种网络信息，从而减少探针数据包的数量。

2．交换机操作

INT-LLPP 可以通过一组探测包收集所有遥测项目的信息，源路由路径探测机制如图 3-6 所示。

交换机可以分为 INT 生成器、INT 转发器和 INT 收集器 3 种。首先，由于数据平面无法直接生成数据包，INT-LLPP 会通过连接 INT 生成器的终端主机来定期生成空探针。然后，INT 生成器根据图 3-6 的包头格式重写数据包头，并将其本地网络状态信息添加到数据包中。接下来，INT 转发器检查接收的数据包是否是探测包：如果不是探测包，则 INT 转发器正常处理并转发该数据包；否则，INT 转发器将自己的交换机 ID 与 SR 标签堆栈中的交换机 ID 进行比较，并根据数据位图信息将本地网络状态信息添加到探测包中。然后，INT 转发器根据用户指定的探测包转发路径将数据包转发到下一个交换机端口。最后，当探测包到达路径中的最后一个路由器（INT 收集器）时，INT 收集器将本地的网络状态信息添加到数据包，再将探测包转发到控制平面并存储，然后由控制平面进行远程分析处理。

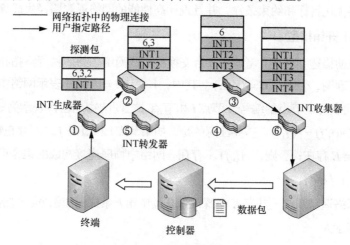

图 3-6　源路由路径探测机制

3．遥测应用

遥测应用程序的目的是根据动态网络环境更新 INT-LLPP 的探测包路径。在路径规划的过程中，需要获取各种网络信息，如交换机的端口和每个物理连接的时延。整个数据中心需要支持遥测应用程序，每个交换机应将遥测应用程序所需的信息插入探测包中，然后 INT-LLPP 将使用实时网络数据进行探测流路径规划。

3.2.3　路径生成方案

INT-LLPP 是一种主动网络遥测机制，需要主动构建遥测探针并规划探测流路径来遍历整个网络拓扑[22]。目前常用的探测流路径规划方案采用的是欧拉路径部署算法，虽然可以通过根据拓扑网络奇数顶点的个数生成最小数量的探测流的方法来覆盖整个探测网络，但是没有考虑各个探测流路径上的时延差距，导致在实际遥测过程中产生了巨大时延，从而影响了控制平面的集中控制。此外，欧拉路径部署算法在部署的过程中忽略了不同路由设备搭载的服务不同而导致被遥测的数据种类和数据量不同的问题，从而在流量感知的过程中造成了不必要的开销，导致了网络系统的性能下降。

本节将针对 INT-LLPP 的遥测路径规划问题建立 INT 开销模型，明确路径规划问题的最终优化目标和约束条件，并且设计高性能的网络遥测路径生成算法。

1．INT 开销模型

为了方便描述和表达，考虑由 n 台交换机构成网络拓扑。将网络拓扑定义成一个无向的物理图，表示为 $G = (V, E)$。其中，$V = \{i \mid i = 1, \cdots, n\}$ 表示网络中的物理节点，$i \in V$ 代表物理节点的编号。节点 i 和节点 j 之间的物理连接表示为 $e(i, j)$，显然可以得出 $e(i, j) = e(j, i)$。需要注意的是，如果节点 i 和节点 j 之间存在物理连接，那么 $e(i, j) \in E$ 存在；否则，$e(i, j)$ 不存在。网络中物理连接构成的集合可以表示为 $E = \{e(i, j) \mid i, j \in V\}$。

假设网络遥测系统一共有 K 条探测流，其中第 k 条探测流需要经过的端口路径信息可以表示为

$$l_k = \left[a_1^k, a_2^k, \cdots, a_i^k, \cdots, a_{N_k}^k \right], k = 1, \cdots, K \tag{3-1}$$

其中，$a_i^k \in V$ 表示第 k 条探测流需要经过的第 i 个节点的编号。$N_k = |l_k|$ 表示第 k 条探测流需要经过的节点总数量。由于在探测包中，SR 标签堆栈的长度是固定的，因此每一跳探测流的路径长度不能超过 SR 标签堆栈容纳能力的限制。SR 标签堆栈的最大容量表示为 $N_{\max}$，每一个 SR 标签需要占用 1 byte。因此，N_k 应该满足

$$N_k \leqslant N_{\max}, k = 1, \cdots, K \tag{3-2}$$

第 k 条探测流中的第 i 条物理连接可以表示为 $e\left(a_i^k, a_{i+1}^k\right)$。为了表示方便，第 k 条

探测流经过的物理连接集合表示为 $L_k = \left\{ e(a_i^k, a_{i+1}^k) \,\middle|\, i = 1, \cdots, N_k - 1 \right\}, L_k \subseteq E$。在完成所有 K 条探测流路径部署后，整个网络遥测系统覆盖的所有网络链路集合可以表示为

$$L = \bigcup_{i=1}^{K} L_i \tag{3-3}$$

由于服务于知识定义的 INT 系统需要确保探测流覆盖网络拓扑中的所有链路，需要满足以下条件

$$E = L \tag{3-4}$$

事实上，因为链路传输功能和路由器处理能力[35]的限制，时延是在数据包转发过程中不能忽略的因素。在 INT-LLPP 系统中每个连接的时延信息可以通过上一个周期的网络遥测获得。定义网络链路的时延函数为 $t : E \rightarrow T$。一个数据包从节点 i 转发到节点 j 所需要的时延可以表示为 $t(i, j)$。如果节点 i 无法直接转发到节点 j，那么 $t(i, j)$ 的值无限大。根据第 k 条探测流经过的网络节点信息 l_k，可以得到每个网络遥测周期中第 k 条探测流从离开 INT 生成器到到达 INT 收集器的时延 T_k 为

$$T_k = \sum_{i=1}^{N_k - 1} t\left(a_i^k, a_{i+1}^k \right) \tag{3-5}$$

其中，$t\left(a_i^k, a_{i+1}^k \right)$ 表示数据包经过第 k 条探测流中第 i 条物理连接所需的时延。对于整个 INT 系统来说，需要等每个探测周期中的所有探测包都被存储到控制平面后才算完成一次网络遥测任务。因此，整个系统的每个周期探测时延 T 由最大的探测流路径时延来决定，可以表示为

$$T = \max\left\{ T_k \right\}, k = 1, 2, \cdots, K \tag{3-6}$$

为了保证网络管理应用的性能，INT 系统必须保证收集的数据的实时性。假设对于网络拓扑来说，网络管理应用可以接受的最大时延限制为 $T_{\max}$。为了确保控制平面及时获得网络信息，可以将遥测系统的时延约束表示为

$$T \leqslant T_{\max} \tag{3-7}$$

INT 系统的开销主要由转发、存储、处理等行为引起。网络中的路由器可以分为控制平面和数据平面（也称为转发平面）两部分。在数据平面上，每个交换机将

INT 标签插入探测包中，并将探测包转发到探测路径的下一跳。在这个过程中，INT 产生的开销主要是由探测包的转发引起的。第 k 条探测流在数据平面产生的转发开销 c_f^k 为

$$c_f^k = \sum_{j=1}^{N_k} \sum_{i=1}^{j} b\left(a_i^k\right) + N_k b_0, \forall k \tag{3-8}$$

其中，b_0 表示探测包的包头大小，$b(i)$ 表示节点 i 需要插入的 INT 标签的大小。因此，$b\left(a_i^k\right)$ 指第 k 条探测流路径上第 i 个节点所需要插入的 INT 标签的大小，不同节点的 INT 标签的大小由该节点支持的网络应用所决定，网络应用所需要的网络状态数据越多，INT 标签越大。

INT 还会在控制平面上生成控制开销。探测流的控制开销主要取决于上传到控制平面的探测包数据大小。因此，第 k 条探测流的控制开销 c_c^k 为

$$c_c^k = \sum_{i=1}^{N_k} b\left(a_i^k\right) + b_0, \forall k \tag{3-9}$$

由于系统分配给数据平面和控制平面的资源是不同的，所以以平衡这两部分网络遥测开销是非常重要的。为了表示转发开销 c_f^k 和控制开销 c_c^k 对于整体系统性能的影响，分别定义转发开销权重 w_f 和控制开销权重 w_c。因此，第 k 条探测流每周期所需要的总开销为

$$C^k = w_c c_c^k + w_f c_f^k, \forall k \tag{3-10}$$

根据式（3-10），整个 INT 系统的 K 条探测流在每个周期产生的总开销为

$$C = \sum_{k=1}^{K} C^k \tag{3-11}$$

借助网络拓扑的节点信息，可以进一步规划探测包的转发路径。具体来说，在保证全网络覆盖和不超过系统最大时延需求的前提下，每个周期的整体遥测开销要尽可能少。因此，INT 路径规划的数据模型为

$$\min_{f_k} C \tag{3-12}$$

$$\text{s.t.} \quad T \leqslant T_{\max} \tag{3-12a}$$

$$E = L \tag{3-12b}$$

$$N_k \leqslant N_{\max}, \forall k \qquad (3\text{-}12c)$$

其中，约束 $T \leqslant T_{\max}$ 表明，网络遥测的时延不应超过系统可接受的最大时延；约束 $E = L$ 确保探针流覆盖整个网络拓扑；约束 $N_k \leqslant N_{\max}$ 确保路径长度不超过 SR 标签堆栈的容量。

INT 的路径规划存在以下难以解决的问题：一方面，网络遥测的探测流路径规划是一个独特的整数规划问题，这一类问题的复杂性随着网络规模的大小而不断增大；另一方面，整个系统的路径数量和每个路径的长度是不确定的，这使得问题进一步复杂化，因此，在寻找最优路径规划方案的过程中，难以直接求解，这会带来极大的开销。

2．INT-LLPP 算法

在本节中，基于 INT 开销模型提出了一种 INT-LLPP 算法。然后，进一步提供了该算法的复杂性分析。

（1）INT-LLPP 算法设计

考虑 INT 低开销、低时延的需求，INT-LLPP 算法必须解决探测流路径的规划问题。在解决路径规划问题的过程中，基于 INT 的贪心算法能以较低的复杂度完成路径部署。

在路径规划的过程中，当添加任何节点后，需要选择一个连接的节点。为了减少遥测开销并且满足时延和全覆盖的要求，并不是所有节点都是可选择的。为了方便表述，以部署第 k 条探测流路径 l_k 为例，当添加节点 $a_{m-1}^k, m = 2, \cdots, N_k$ 后，第 k 条探测流路径 l_k 为

$$l_k = \left[a_1^k, a_2^k, \cdots, a_{m-1}^k \right] \qquad (3\text{-}13)$$

与节点 a_{m-1}^k 相连的节点集合 $N\left(a_{m-1}^k\right)$ 为

$$N\left(a_{m-1}^k\right) = \left\{ i \mid \exists e\left(a_{m-1}^k, i\right) \right\} \qquad (3\text{-}14)$$

其中，符号 $\exists$ 表示链路存在。此外，需要保证节点 a_{m-1}^k 和节点 a_m^k 之间的链路没有被覆盖，计算式为

$$e\left(a_{m-1}^k, a_m^k\right) \notin L' \qquad (3\text{-}15)$$

其中，集合 $L' = \bigcup\limits_{i=1}^{k} L_i$ 表示 INT 系统已经覆盖的链路集合。在选择节点 a_m^k 的过程中，需要考虑约束式（3-15）从集合 $N\left(a_{m-1}^k\right)$ 中选取。节点 a_m^k 需要向探测包中插入数据量为 $b\left(a_m^k\right)$ 的 INT 标签，然后将探测包转发 $N_k - m$ 次直至到达 INT 收集器。为了减小 INT 系统的开销，在选择节点 a_m^k 时应该优先选择需要插入数据量少的节点，选择规则为

$$a_m^k = \arg\min_i b(i), i \in N\left(a_{m-1}^k\right) \tag{3-16}$$

其中，节点 a_m^k 应当满足约束式（3-15）。通过将带有较小 INT 标签的节点添加到需要更多转发次数的位置，可以有效地减少路径 l_k 的遥测开销。为了进一步理解节点选择规则（即式（3-16）），以仅有 3 个节点的网络拓扑为例，为其进行路径部署。为了方便表述，将 3 个节点分别表示为 i、j、k，并假设节点的数据大小的关系为 $b(i) < b(j) < b(k)$。如果按照数据量从小到大的顺序逐个加入路径 l_k，则路径 l_k 为 $l_k = \{i, j, k\}$。路径 l_k 的转发开销为 $c_f^k = 2b(i) + b(j)$。与其他添加方案相比，按照选择规则添加的策略开销显然是最小的。在完成节点 a_m^k 的添加后，继续按照选择规则向探测流 l_k 中添加节点 a_{m+1}^k。值得一提的是，当向探测流 l_k 中添加第一个节点时，需要从所有还存在未被覆盖链路的节点中选择，此时的选择规则为

$$a_1^k = \arg\min_i b(i), i \in V \tag{3-17}$$

其中，节点 a_1^k 需要与不属于集合 L' 的链路连接。

在以下 3 种情况中，集合 $N\left(a_{m-1}^k\right)$ 中的节点不能被添加入路径 l_k：第一种情况是节点 a_{m-1}^k 所连接的所有链路均已被覆盖；第二种情况是在添加节点 a_m^k 之后，探测流路径 l_k 的探测时延超过了系统最大时延 T_{max}；第三种情况是在添加了节点 a_m^k 之后，SR 标签长度超过了分配的堆栈容量。当遇到这些情况时，需要放弃节点 a_m^k 的添加并完成探测流路径 l_k 的部署，然后判断 INT 系统是否完成全网络覆盖，如果未完成，则开始探测流路径 l_{k+1} 的部署直至网络拓扑中所有路径均被探测流覆盖。

（2）算法描述和典型案例

为了进一步理解和描述所提出的 INT-LLPP 算法，本小节将对之逐步描述。

① 初始化：初始化算法参数，并创建邻接矩阵 A，该矩阵 A 用来存储网络拓扑结构。为了方便算法设计，使用变量 v 表示所选节点的索引，t 表示当前路径时延，b 表示数据大小。创建第一个探测流路径，然后根据选择规则选择第一个节点。

② 路径构建：根据选择规则不断向探测流路径中添加新的节点。具体而言，添加的节点与当前节点的连接不应该是已经被覆盖的，并且节点的数据大小应尽可能小。

③ 创建新路径：初始化全局变量 flag =1 来控制新路径的创建。在以下 3 种情况下，需要将 flag 的值更改为 0：当前节点所连接的链路均已被覆盖、探测流路径时延超过最大系统时延以及路径长度已经达到最大值。如果 flag 为 0，则完成当前路径并创建新路径。

④ 终止测试：如果满足终止条件，则停止并完成所有路径计划任务；否则，继续更新路径信息，然后继续添加节点。其中，终止条件可能是 INT 系统涵盖整个网络拓扑，或者达到最大运行时间。

INT-LLPP 算法示例如图 3-7 所示，其中与交换机相连的方框中的数字是设备需要插入的 INT 标签的大小。假设拓扑网络中的每个路径具有相同的时延，并将最大时延限制设置为 3 跳。首先，遍历所有交换机并找到具有最小数据量的节点 6。然后，创建第一个探测流路径，即 $l_1 = \{6\}$。节点 6 是第一个探测流路径的开始节点。在连接节点 6 的节点中，节点 2、节点 4 和节点 5 的 INT 标签大小分别为 20 bit、8 bit 和 16 bit。由于节点 4 的 INT 标签大小最小，因此应将节点 4 添加到路径 l_1 中。再然后，可以更新路径信息，即 $l_1 = \{6,4\}$。以同样的方式，根据选择规则选择与节点 4 连接的节点 1，然后将节点 1 添加到 l_1，即 $l_1 = \{6,4,1\}$。最后，在添加节点 3（即 $l_1 = \{6,4,1,3\}$）之后，如果继续将其他节点添加到 l_1 中，则 l_1 的总路径时延将超过最大时延。因此，不能再次将其他节点添加到 l_1 中。完成 l_1 的路径规划后，再次遍历网络拓扑中的物理连接没有被全部覆盖的所有节点。之后，选择节点 6 作为第二条探测流路径的起点，即 $l_2 = \{6\}$。通过与 l_1 相同的操作，节点 5、节点 4 和节点 2 依次被添加到 l_2 中，即 $l_2 = \{6,5,4,2\}$。在节点 2 上，如果继续向 l_2 添加节点则会不满足时延限制。因此，完成对 l_2 的探测流路径部署。同样，再次搜索连接其余物理链路的节点并选择节点 6 作为第三条探测流路径的起点。依次将节点 2 和节点 1 添加到 l_3，即 $l_2 = \{6, 2, 1\}$。由于探测流路径已经覆盖了整个网络拓扑，因此 INT 的所有探测流路径部署已经完成。最后，INT-LLPP 算法规划了 3 个非重叠的 INT 探测路径（即 l_1，l_2 和 l_3）。

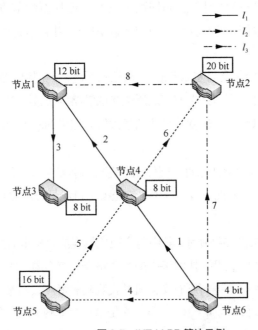

图 3-7　INT-LLPP 算法示例

（3）复杂度分析

　　相同的问题可以通过不同的算法解决，算法的质量会影响程序的效率。如果该算法需要过多的资源（如运行时间和存储空间），则在实际系统中很难实施，因此，算法的计算复杂度对于其能否实施至关重要。通常，算法的评估是基于运行时间复杂度和空间复杂度考虑的。具体而言，运行时间复杂度描述了算法运行所需的时间，空间复杂度描述了算法在其操作过程中暂时占据的存储空间。本小节分析了 INT-LLPP 算法的复杂度。

　　INT-LLPP 算法在执行过程中不需要额外的存储，是一种具有空间效率的算法。简单起见，运行时间复杂度的分析只考虑与数据处理相关的操作，其他操作（如分配）都没有考虑在内。找到节点所需的时间取决于网络拓扑的结构。具体来说，设计算法时使用的网络拓扑邻接矩阵 A 直接影响了算法的时间复杂度，邻接矩阵 A 可以由对称矩阵表示

$$A = \begin{bmatrix} e(1,1) & e(1,2) & \cdots & e(1,n) \\ e(2,1) & e(2,2) & \cdots & e(2,n) \\ \vdots & \vdots & \ddots & \vdots \\ e(n,1) & e(n,2) & \cdots & e(n,n) \end{bmatrix} \tag{3-18}$$

访问每个节点的时间取决于节点的数量，访问每个节点后找到连接节点所需的时间也取决于节点的数量。因此，生成路径所需的总时间是 $O(V^2)$。此外，为了确保整个网络被覆盖，需要额外验证 $L' = E$，所需的额外的时间为 $O(VE)$。因此，综合考虑两部分的时间需求，INT-LLPP 算法的时间复杂为 $O(V^2 + VE)$，是一种相对耗时较少的算法。

3.2.4　仿真结果分析

本节在 Python 3 平台上进行 INT-LLPP 算法的仿真分析。使用 Intel (R) Core (TM) i7-7700k CPU @4.20 GHz 的计算机，并配备 8 GB 内存。本节将 INT-LLPP 算法与深度优先搜索（Depth-First Search，DFS）算法和欧拉路径部署算法的性能进行了比较。为了评估不同算法的性能，本文在构建的随机网络拓扑结构中实现了 INT-LLPP 算法、DFS 算法和欧拉路径部署算法。其中在随机网络拓扑结构中，节点之间存在连接的概率为 0.5。值得一提的是，DFS 算法和欧拉路径部署算法可以确保探测流覆盖整个网络拓扑结构。此外，欧拉路径部署算法可以通过减少部署探测流的数量有效地降低遥测系统的控制开销。

考虑随机网络拓扑的情况，实验中节点之间的连接是随机产生的。实验产生了 5 套随机网络拓扑结构，节点数量从 10 个变化到 90 个。通过对结果进行平均化，以减少随机性的影响。接下来，本节分析了遥测开销、系统时延以及 3 种算法的其他特征。

1．随机拓扑下各方案的遥测开销

随机拓扑下各方案的遥测开销如图 3-8 所示。很明显，3 种算法的遥测开销

随着随机拓扑结构大小的增加而增加。与 DFS 算法和欧拉路径部署算法相比，INT-LLPP 算法大大降低了每个周期的遥测开销。INT-LLPP 算法改善了遥测开销的原因有以下几个方面：第一，由于选择规则的限制，大尺寸的探测包的转发频率被大大降低了；第二，有效地限制路径长度可以防止数据包携带过多的网络数据和被多次转发；第三，INT-LLPP 算法可以通过一组探测流完成不同的网络遥测项目，而且这种方案不会因为复杂的网络管理要求而大幅增加探测流的数量。然而，INT-LLPP 算法减少了每条路径的覆盖范围从而增加了探测流的数量，这可能导致额外的控制开销。因此，设置一个更合理的遥测时延门限对于减少遥测开销是很重要的。

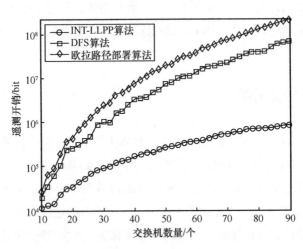

图 3-8　随机拓扑下各方案的遥测开销

2．随机拓扑下各方案的系统时延

随机拓扑下各方案的时延如图 3-9 所示，INT-LLPP 算法的系统时延明显减少了。此外，INT-LLPP 算法可以将时延控制在最大时延之内，而 DFS 算法和欧拉路径部署算法的系统时延随着网络拓扑结构的大小呈指数级增长。特别是在叶脊拓扑或胖树拓扑中，DFS 算法和欧拉路径部署算法极有可能部署一个极长的探测路径来覆盖大部分网络拓扑中的节点，这将大大增加系统时延。因此，INT-LLPP 算法更适合部署在大规模网络中。

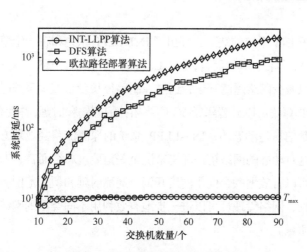

图 3-9　随机拓扑下各方案的系统时延

3.3　本章小结

综上，INT 虽然相较于传统网络测量方案有着高可见性、部署灵活、噪声小等优点。但是，INT 的一些固有缺点使得它在 6G 网络中的运用受到限制。首先，由于遥测指令和元数据的封装，普通数据包的有效载荷比降低了，所以，6G 网络需要更高的通信速率和更低的时延。现存的网络遥测技术中，随着路径上各个交换机不断地添加信息，数据包所携带的遥测信息也不断增加，特别是在转发路径较长的情况下，数据包携带的数据量随着转发而不断增大，这给 6G 网络带来了很大的负担。其次，由于 6G 网络中无线资源、计算资源、存储资源等网络资源的需求量剧增，这给网络设备造成了极大的负担，然而 INT 的遥测指令和元数据构造、封装、填充和提取额外占用了 6G 网络设备的计算资源和存储资源。此外，INT 仅在传输结束时导出遥测数据，可能出现由于网络中的数据包丢失而导致遥测数据丢失的情况，这不仅降低了 6G 网络中网络测量的稳定性，还可能造成用户隐私泄露等问题。最后，INT 无法测量和诊断数据包丢失的情况。同时，随着 SDN 的不断发展，控制层面越来越需要获取整个网络拓扑的可见性，全网可见性的需求同样成为 INT系统发展的重要方向之一。

针对现阶段 INT 系统的缺陷，提出了 INT-LLPP 系统和在一定范围内用于网络遥测的 INT-LLPP 算法。具体而言，INT-LLPP 算法考虑每个路由器支持的网络应用程序的差异，以减少网络遥测开销，通过控制路径长度来减少系统时延。数值结果表明，INT-LLPP 算法可以显著降低 6G 网络拓扑的开销和时延，并使系统时延受益。此外，由于时延信息是动态的，INT-LLPP 系统的探测流路径规划方案可以定期更新路径部署，这对动态的网络拓扑环境来说至关重要。总结而言，INT-LLPP 在 6G 网络感知领域可以有效地联合优化网络开销、遥测时延和覆盖范围。基于实时可靠的 6G 网络数据，网络管理员可以进一步地有效利用不同类型的网络资源，提高网络性能和服务质量。

▌参考文献▐

[1] TAFFET P, MELLOR CRUMMEY J. Understanding congestion in high performance Inter-connection networks using sampling[C]//Proceedings of the International Conference for High Performance Computing, Networking, Storage and Analysis. New York: ACM Press, 2019: 1-24.

[2] LI Y, MIAO R, LIU H H, et al. HPCC: high precision congestion control[C]//Proceedings of the ACM Special Interest Group on Data Communication. New York: ACM Press, 2019: 44-58.

[3] ALIZADEH M, EDSALL T, DHARMAPURIKAR S, et al. CONGA: distributed congestion-aware load balancing for datacenters[C]//Proceedings of the 2014 ACM Conference on SIGCOMM. New York: ACM Press, 2014: 503-514.

[4] KATTA N, GHAG A, HIRA M, et al. Clove: congestion-aware load balancing at the virtual edge[C]//Proceedings of the 13th International Conference on Emerging Networking Experiments and Technologies. New York: ACM Press, 2017: 323-335.

[5] JEYAKUMAR V, ALIZADEH M, GENG Y, et al. Millions of little minions: using packets for low latency network programming and visibility[J]. ACM SIGCOMM Computer Communication Review, 2014, 44(4): 3-14.

[6] TAN L, SU W, ZHANG W, et al. In-band network telemetry: a survey[J]. Computer Networks, 2021, 186: 107763.

[7] SU Z, WANG T, HAMD M. COSTA: Cross-layer optimization for sketch-based software defined measurement task assignment[C]//Proceedings of 2015 IEEE 23rd International

Symposium on Quality of Service (IWQoS). Piscataway: IEEE Press, 2015: 183-188.

[8]　GUO C, YUAN L, XIANG D, et al. Pingmesh: a large-scale system for data center network latency measurement and analysis[C]//Proceedings of the 2015 ACM Conference on Special Interest Group on Data Communication. New York: ACM Press, 2015: 139-152.

[9]　AGARWAL K, ROZNER E, DIXON C, et al. SDN traceroute: tracing SDN forwarding without changing network behavior[C]//Proceedings of 3rd Workshop on Hot Topics in Software Defined Networking. New York: ACM Press, 2014: 145-150.

[10]　GREENBERG A G, HAMILTON J R, JAIN N, et al. VL2: a scalable and flexible data center network[C]//Proceedings of ACM SIGCOMM 2009 Conference on Data Communication (SIGCOMM '09). New York: ACM Press, 2009: 51-62.

[11]　YU C, LUMEZANU C, SHARMA A, et al. Software-defined latency monitoring in data center networks[C]//Proceedings of International Conference on Passive and Active Network Measurement. Berlin: Springer, 2015: 360-372.

[12]　AZZOUNI A, TRANG N T M, BOUTABA R, et al. Limitations of openflow topology discovery protocol[C]//Proceedings of 2017 16th Annual Mediterranean Ad Hoc Networking Workshop (Med-Hoc-Net). Piscataway: IEEE Press, 2017: 1-3.

[13]　SOMMER R, FELDMANN A. NetFlow: information loss or win?[C]//Proceedings of 2nd ACM SIGCOMM Workshop on Internet Measurement. New York: ACM Press, 2002: 173-174.

[14]　PHAAL P, PANCHEN S, MCKEE N. InMon corporation's sFlow: a method for monitoring traffic in switched and routed networks[R]. 2001.

[15]　VAN A N L M, DOERR C, KUIPERS F A. OpenNetMon: network monitoring in openflow software-defined networks[C]//Proceedings of 2014 IEEE Network Operations and Management Symposium (NOMS). Piscataway: IEEE Press, 2014: 1-8.

[16]　TOOTOONCHIAN A, GHOBADI M, GANJALI Y. OpenTM: traffic matrix estimator for OpenFlow networks[C]//Proceedings of International Conference on Passive and Active Network Measurement. Berlin: Springer, 2010: 201-210.

[17]　YU B, SILVA C T. FlowSense: a natural language interface for visual data exploration within a dataflow system[J]. IEEE Transactions on Visualization and Computer Graphics, 2019, 26(1): 1-11.

[18]　MOHAN V, REDDY Y R J, KALPANA K. Active and passive network measurements: a survey[J]. International Journal of Computer Science and Information Technologies, 2011, 2(4): 1372-1385.

[19]　YU M. Network telemetry: towards a top-down approach[J]. ACM SIGCOMM Computer Communication Review, 2019, 49(1): 11-17.

[20]　KIM C, SIVARAMAN A, KATTA N, et al. In-band network telemetry via programmable

dataplanes[C]//Proceedings of ACM SIGCOMM. New York: ACM Press, 2015: 15.

[21] PAN T, SONG E, BIAN Z, et al. INT-path: towards optimal path planning for in-band net-work-wide telemetry[C]//Proceedings of IEEE INFOCOM 2019-IEEE Conference on Computer Communications. Piscataway: IEEE Press, 2019: 487-495.

[22] ATARY A, BREMLER-BARR A. Efficient round-trip time monitoring in OpenFlow net-works[C]//Proceedings of IEEE INFOCOM 2016-The 35th Annual IEEE International Conference on Computer Communications. Piscataway: IEEE Press, 2016: 1-9.

[23] FU C, JOHN W, MEIROSU C. EPLE: an efficient passive lightweight estimator for SDN packet loss measurement[C]//Proceedings of IEEE Conference on Network Function Virtualization and Software Defined Networks. Piscataway: IEEE Press, 2017: 192-198.

[24] CHENG P, REN F Y, SHU R, et al. Catch the whole lot in an action: rapid precise packet loss notification in data centers[C]//Proceedings of 11th USENIX Conference on Networked Systems Design and Implementation. Berkeley: USENIX, 2014: 17-28.

[25] LI Y, MIAO R, KIM C, et al. LossRadar: fast detection of lost packets in data center net-works[C]//Proceedings of 12th International on Conference on Emerging Networking Experiments and Technologies. New York: ACM Press, 2016: 481-495.

[26] HANDIGOL N, HELLER B, JEYAKUMAR V, et al. I know what your packet did last hop: using packet histories to troubleshoot networks[C]//Proceedings of 11th USENIX Symposium on Networked Systems Design and Implementation (NSDI 14). Berkeley: USENIX . 2014: 71-85.

[27] ZHOU Y, BI J, YANG T, et al. KeySight: troubleshooting programmable switches via scalable high-coverage behavior tracking[C]//Proceedings of 2018 IEEE 26th International Conference on Network Protocols (ICNP). Piscataway: IEEE Press, 2018: 291-301.

[28] TAFFET P, MELLOR-CRUMMEY J. Lightweight, packet-centric monitoring of network traffic and congestion implemented in P4[C]//Proceedings of 2019 IEEE Symposium on High-Performance Interconnects. Piscataway: IEEE Press, 2019: 54-58.

[29] JEYAKUMAR V, ALIZADEH M, KIM C, et al. Tiny packet programs for low-latency net-work control and monitoring[C]//Proceedings of Twelfth ACM Workshop on Hot Topics in Networks. New York: ACM Press, 2013: 1-7.

[30] CASCONE C, SANVITO D, POLLINI L, et al. Fast failure detection and recovery in SDN with stateful data plane[J]. International Journal of Network Management, 2017, 27(2): 1957.

[31] BARBETTE T, SOLDANI C, MATHY L. Fast userspace packet processing[C]//Proceedings of 2015 ACM/IEEE Symposium on Architectures for Networking and Communications Systems (ANCS). Piscataway: IEEE Press, 2015: 5-16.

[32] LIN Y, ZHOU Y, LIU Z, et al. NetView: towards on-demand network-wide telemetry in the data center[J]. Computer Networks, 2020, 180: 107386.

[33] SUNSHINE C A. Source routing in computer networks[J]. ACM SIGCOMM Computer Communication Review, 1977, 7(1): 29-33.

[34] BOSSHARTY P, DALY D, GIBBY G, et al. P4: programming protocol-independent packet processors[J]. Computer Communication Review: A Quarterly Publication of the Special INTerest Group on Data Communication, 2014, 44(3): 87-95.

[35] ARINS A. Latency factor in worldwide IP routed networks[C]//Proceedings of 2014 IEEE 2nd Workshop on Advances in Information, Electronic and Electrical Engineering (AIEEE). Piscataway: IEEE Press, 2014: 1-4.

第 4 章

可增量学习的网络知识获取与表征技术

由于感知到的全场景信息存在体量巨大、模态多样、真伪难辨、价值密度低等特点，难以指导全域资源调度策略生成，因此需要进行网络知识的表征与获取，由知识定义生成资源智能调度策略后才能支撑差异化、极致化的服务需求。因此，本章首先分析用户行为知识、业务需求知识和网络状态知识的获取与表征，然后以移动通信中的基站切换为例，面向用户的移动行为，提出可增量学习的网络知识获取与表征技术，挖掘用户个人及相似用户的轨迹数据，从而实现目标基站的高精度预测。

| 4.1 目前的知识获取与表征技术 |

针对用户行为、业务需求、网络状态等网络属性信息，本节介绍现有的知识获取与表征技术，分析现有方法存在的不足及潜在的研究方向。

4.1.1 用户行为知识

移动通信网络中的用户数量激增，并且各个用户的行为通常不同，使得用户行为具有多样性、复杂性等特征。通过分析移动网络下的用户行为，制定符合用户行为特征的分析和预测模型，掌握用户行为特点和规律（如用户移动地点和移动速度），从而提供差异化、个性化的网络服务（如根据用户的移动性优化连接的基站和网络切换方案），提升用户体验质量（QoE）。目前，用户行为包含移动网络环境中用户的移动行为、通信行为、消费行为和交往行为等，其中移动行为（即用户轨迹）是影响用户 QoE 的关键之一[1]，因此本节重点关注用户轨迹知识的获取与表征。首先介绍用户轨迹知识获取与表征的概念，然后综述现有用户轨迹知识的获取与表征方法，分析其存在的问题及未来研究方向。

根据现有研究，用户轨迹数据主要包含全球定位系统（Global Positioning

System，GPS）轨迹数据和用户签到轨迹数据[2]。其中，GPS 轨迹数据包括用户轨迹的时间戳、经纬度、海拔高度、速度和方向信息，用户签到轨迹数据主要包括用户的位置信息、时间戳、用户标识及签到方式等。由于移动网络的高速发展和定位技术的演进，相应的轨迹数据量呈爆炸式增长，轨迹数据蕴含被研究对象的时空特性和移动行为特性。轨迹数据背后所蕴含的信息可以应用于交通疏导、城市应急响应、位置估计与预测、群体感知、社交行为分析等领域。

用户轨迹知识获取与表征是挖掘轨迹数据主要的学习方法。具体而言，用户轨迹知识获取与表征是指构造分类器或者预测器以从数据中提取有用信息，从而学习用户轨迹知识，通过表征用户轨迹数据从而实现预测服务，进而促进轨迹跟踪、轨迹用户匹配、位置预测、相似度计算、轨迹聚类、到达时间预估等下游任务的应用。

在用户轨迹获取方面，随着移动电话的广泛使用，从各种应用中获取用户的轨迹数据变得很方便。通过具有地理标记功能的社交媒体应用，如微信、QQ 等平台，以及基站来收集用户轨迹数据成为重要的轨迹数据获取方式。作为用户签到轨迹数据的一种方式，用户生成的地理标识通常只占整个地理区域的一小部分。同时，信号在传输过程中可能会受到干扰或出现信号衰减，导致信号强度降低或信号丢失，从而使轨迹数据更加不完整。因此，获取完整的轨迹数据比较困难，得到的轨迹数据比较稀疏。

针对不规则采样导致的轨迹数据稀疏问题，文献[3]引入了轨迹生成对抗网络（Trajectory Generative Adversarial Network，TGAN），其由两个对抗训练的神经网络组成：一是作为兴趣点（Point of Interest，POI）序列生成器的长短期记忆（Long Short Term Memory，LSTM）网络；二是扮演判别器角色的 CNN。其中生成器通过对轨迹进行学习，生成具有内在不变性和全局连贯性的合成轨迹，保留 POI 的长期依赖型，解决了轨迹数据稀疏的问题。判别器负责区分轨迹，并指导生成器的训练。两个联合训练的神经网络通过博弈迭代优化，学习个体的轨迹运动模式和时空分布，直至收敛。此外，文献[4]提出了基于变分自动编码的轨迹用户连接（Trajectory-User Linking via Variational AutoEncoder，TULVAE）方法来解决轨迹数据稀疏的问题，主要思想是通过自适应半监督变分自动编码器[5]，利用大量的未标记数据来提高轨迹用户连接任务的性能，从而缓解数据稀疏的问题。

在用户轨迹表征方面，通过电子设备获取的轨迹数据同时具有坐标内部特征和坐标语义特征两种特性，传统的实空间嵌入方法（如自然语言处理）已经不适用于具备两种特性的轨迹数据的表征。

针对 NLP 不适用于处理具有坐标内部特征和坐标语义特征的轨迹数据问题，文献[6]提出了基于 Skipgram 的复空间轨迹表征学习方法，在给出目标单词的情况下，预测其上下文窗口内的单词。轨迹语境通过图形来表示，目的是解决不规则取样的问题。其中图的节点代表坐标，边的权值与两个相连节点同时出现的频率成正比。同时，轨迹被嵌入复空间中，可以既表现坐标语义特征又表现坐标内部特征。文献[7]提出了一种基于嵌入和循环神经网络的轨迹用户连接（Trajectory-User Linking via Embedding and RNN，TULER）半监督学习模型，利用时空数据来捕捉用户移动模式的潜在语义，将轨迹中的签到数据嵌入低维空间中。

尽管文献[3-4, 6-7]所提方法在解决轨迹数据稀疏和语义特征等问题上提供了一定的改进和探索，但仍然存在一些限制和挑战。TGAN 仍然依赖于规则的采样间隔和稠密的 POI 序列数据，无法对真实世界中的不规则采样和稀疏轨迹数据进行有效的处理。TULVAE 方法会受未标记数据的质量和可用性限制，而且在应对高度稀疏的轨迹数据时无法保证准确性和鲁棒性。基于 Skipgram 的复空间轨迹表征学习方法在给定目标单词的情况下预测上下文窗口内的单词，当轨迹数据存在较大的间隔或缺失时，基于 Skipgram 的复空间轨迹表征学习方法会受不规则采样和稀疏数据影响，导致模型无法准确捕捉轨迹的上下文信息。TULER 半监督学习模型在解决轨迹数据稀疏问题时会面临与文献[3-4, 6]中方法相似的挑战，尤其是在处理高度稀疏的轨迹数据时，会导致预测的准确性和鲁棒性下降。

在用户轨迹知识获取与表征研究方面，轨迹数据语义缺失、轨迹点序列的表征方式不完备、数据稀疏和噪声、位置轨迹预测模型的精度和实用性不高等依然是需要重点关注的问题，解决上述问题是未来用户轨迹知识获取与表征的重要研究方向。通过优化用户轨迹知识获取与表征方法，可以更好地理解和预测用户行为，实现个性化的网络服务和优化移动网络运行模式。

4.1.2　业务需求知识

当下，随着无线通信技术的快速演进和各类终端设备的不断升级，用户可以随时随地获取各式各样的移动服务，以满足个体差异化的业务需求。截至 2024 年上半年，中国手机网民的规模已接近 11 亿人，其中短视频和即时通信应用是用户增加的主要推动力。在移动互联网的接入流量方面，中国移动设备的平均月度使用量也稳定增长。据统计，2024 年上半年，中国移动互联网的独立设备数量均值达到了 14.06 亿台[8]。

然而，移动业务流量爆炸式的增长给用户的信息获取带来了极大挑战。具体而言，当前手机用户经常会接到推销电话，收到广告邮件、推送短信等，并且大部分内容与用户需求不符。此外，当用户主动通过网络搜索相关内容时，会搜索到海量无关信息。这种现象被称作"移动信息过载"[9-13]，极大影响着用户体验。解决上述问题的一种关键方法是移动个性化服务，即根据不同用户的个性化需求，准确、智能地筛选相关信息，实现精准化推送，保障用户所获取的都是其需要且感兴趣的，减少冗余内容的接收。在提升用户体验感的同时，个性化的服务进一步对整个移动网络业务进行了整理，使信息的整合、存储、发放等流程更加有序，进而提升网络存储能力和传输能力[14]。

实现高质量移动个性化服务的基础条件是准确地获取和表征用户业务需求知识，即通过技术手段，对移动用户的相关数据进行获取，进而对其行为、兴趣、偏好等特征进行建模。从个体角度而言，获取其业务需求知识有助于全方位了解该用户的兴趣爱好，从而为其"量身定制"各类服务，提升个体用户体验；从集体角度而言，获取不同人群的业务需求知识，有助于服务商分析市场结构和规模，根据特定需求开发相应服务或产品，满足市场的多元化特性，进而加强企业与用户间的互动，提高市场收益。

基于以上描述，与业务需求知识相关的技术可分为"获取"和"表征"两个层面，下面分别对其进行阐述。

1. 业务需求知识获取

业务需求知识获取主要是指在复杂、融合的移动网络环境下，通过跟踪记录用户数据，从中提取包含用户需求的相关信息的过程。业务需求知识获取需要明确待获取的"信息类型"和"获取技术"两个方面。

（1）业务需求知识获取信息类型

与业务需求知识相关的信息主要包含以下 3 种类型。

① 移动用户上下文信息：包括用户基本信息（如性别、职业、年龄、文化程度、专业知识等）、用户生活信息（如偏好、情绪、社会关系等）及用户行为信息（指用户与移动业务之间的交互、反馈等）。

② 移动环境上下文信息：涵盖时空信息（如时间、位置等）、周围环境实体（如同伴、餐馆等）、实时自然因素（如温度、噪声、光线等）及环境活动等。

③ 移动计算上下文信息：包括设备能力（如信号接收能力、显示屏分辨率等）、终端业务、终端环境（如网络流量、信号强度等）等。

（2）业务需求知识获取技术

业务需求知识获取技术可分为显式获取和隐式获取两类技术。显式获取是指用户主动提供信息或系统引导用户提供信息，而隐式获取则是通过挖掘用户的人口统计学特征、行为、标签及项目特征等来识别用户需求[15]。鉴于移动终端的屏幕小和输入/输出能力差等因素，显式获取业务需求可能会严重影响用户体验，因此，目前通常采用隐式获取技术来获取业务需求。

隐式获取业务需求的技术主要有两种思路：定量分析和定性分析[16-18]。基于定量分析的技术利用数学模型、机器学习和数据挖掘技术（如余弦相似性、最近邻算法、聚类、Rocchio 方法、决策树、神经网络和贝叶斯分类器等），实现量化表示和计算。这样可以方便进行排序和推荐，并在各个具体移动用户偏好之间形成全序关系。但缺点是该技术不允许偏好之间的弱序表示，不能直观描述两个具体移动用户偏好之间的关系和推理逻辑。基于定性分析的技术使用形式化的数学统计模型和严格偏序模型来实现。该技术有利于描述那些不一定满足全序关系的移动用户偏好，方便处理偏好之间的弱序关系，并可以表示任何两个移动用户偏好实例之间的关系。但缺点是不能用数字量化表示，从而无法反映数据程度关系。在实际应用中，需要基于具体的应用场景，灵活考虑定性和定量两种获取技术，从而精准提取与业务需求知识相关的数据信息。

2. 业务需求知识表征

业务需求知识表征主要是指基于获取的业务知识数据，通过技术手段抽取其中共同的特点及模式，以对多样化的数据信息进行统一建模表示，进而抽取其中的隐式关系的过程。常见的业务需求知识表征方法主要包括 4 类：基于邻域的表征方法[19-21]、机器学习表征方法[22-25]、基于图谱的表征方法[26-27]和基于筛选的表征方法[28-30]，如图 4-1 所示。

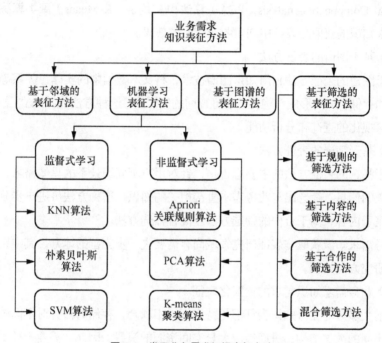

图 4-1 常见业务需求知识表征方法

各类表征方法的主要思想概括如下。

（1）基于邻域的表征方法

基于邻域的表征方法为每个用户建立一个有序列表，该列表存储该用户在移动应用上所关注的所有其他用户，形成"邻域关系"表。不同的"邻域关系"表可以进一步整合，按照不同的业务需求标签来划分完备的用户群体，从而实现对具有相同兴趣点的用户的聚类，形成完整的业务需求知识框架。

（2）机器学习表征方法

机器学习表征方法通过学习训练数据，可以抽取并保存其中的特定模式和连接关系，对数据进行有效特征提取和归类，进而形成对类似任务的特定提取模式。该方法可分为监督式学习和非监督式学习两种，其中监督式学习包括 K 近邻（K-Nearest Neighbor，KNN）算法、朴素贝叶斯算法和支持向量机（Support Vector Machine，SVM）算法等；非监督式学习包括 Apriori 关联规则算法、主成分分析（Principal Component Analysis，PCA）算法和 K 均值（K-Means）聚类算法等，在业务需求知识的获取与表征中均可收获较好的效果。

（3）基于图谱的表征方法

基于图谱的表征方法利用知识图谱技术，将文本数据中的实体、关系等信息进行建模和存储，从而形成结构化的、可查询的知识库。这种方法能够建立语义关联，并提供可视化的查询和分析功能。

（4）基于筛选的表征方法

基于筛选的表征方法的主要思想是，针对用户不同场景下的具体需求，移除与用户无关的信息，筛选出与业务需求直接相关的知识。这种方法可进一步分为基于规则、基于内容、基于合作的筛选方法及混合筛选方法。

业务需求知识获取与表征研究领域尚有需要进一步完善的地方，其中，具有代表性的研究方向如下。

（1）业务需求知识需求的一般化表征

目前大多数的业务知识表征都与特定领域相耦合，存储时需针对不同的表征方法采用不同的数据结构，进而造成大量空间资源的浪费。因此，需要一种更为一般化的业务需求知识表征方法，在节省存储空间的同时，可以适用于不同的应用场景，也能够便于多种不同知识的融合操作。

（2）动态业务需求知识获取

业务需求知识可以分为静态和动态两种形式。静态业务需求知识不随时间改变，一旦获取便永久固定。而动态业务需求知识会随着用户需求、所处环境、时间等条件的改变而变化。例如，用户在工作时间会更侧重于接收专业知识方面的服务推送，而在下班时间更倾向于兴趣爱好、生活相关的服务推送。因此，如何准确、及时地识别用户所处的环境条件，动态地获取其业务需求知识，以更好地满足其需求，是业务需求知识获取与表征领域需要继续探索的研究方向。

（3）安全保障问题

为了保证某些业务需求知识学习的准确性，在数据收集的过程中，经常需要记录用户的位置、权限、行为、账户等信息，这会产生用户隐私泄露风险。因此，需要研究面向业务需求知识获取的安全保障机制，以提高用户数据的保密性，防止网络攻击者的相关恶意操作。

4.1.3　网络状态知识

从广泛应用的互联网、4G/5G 蜂窝网络到如今快速发展的物联网技术，通信网络在当代社会中无处不在，网络数据呈爆炸式增长，每天都有数以亿计的网络数据产生，通信网络规模不断扩大。目前，全球约有 67.5%的人口可以接入互联网。这意味着全球大约有 5.52 亿的互联网用户，数字采用率持续增长，特别是在发展中国家，由于移动连接和基础设施的改善，增长率往往更高[31]。

在通信网络中，准确有效地监控和了解网络当前状态对于网络管理和操作至关重要。网络状态知识是指在任何给定时间内存在于网络基础设施中的各种组件、配置和条件的信息。这些知识在网络故障排除、性能优化、资源调度、安全分析和决策等任务中发挥着关键作用[32]，例如，关于设备配置、连接状态、网络协议和流量模式的知识有助于确定网络故障的根本原因并促进问题的解决。

用户需求的动态化、多样化，使得网络发展更加具有动态性、复杂性，获得准确的网络状态知识是一个挑战。传统的网络监控技术往往不能捕获网络状态的整体情况，因为它们主要关注单个组件或特定的度量。然而，全面了解网络状态对于确保网络高效可靠地运行至关重要。另外，有效的网络管理也在很大程度上依赖网络状态知识来维护网络的稳定性和安全性等性能。通过收集和分析关于网络设备、拓扑结构、链路、流量模式和性能指标的实时数据，网络管理员和运营商可以主动识别和解决问题，优化资源调度，并就网络策略和配置做出合适的决策。

目前，深度学习已被广泛用于通信网络中，采用深度神经网络可以从复杂通信网络中准确地提取网络状态知识，利用这些知识可以进一步优化网络设计、流量预测、资源调度等操作[32]。接下来，本节将介绍一些能够获取与表征网络状态知识的深度学习方法，包括多层感知器（Multilayer Perceptron，MLP）、自编码器

（Auto-Encoder，AE）、CNN、循环神经网络（Recurrent Neural Network，RNN）、生成对抗网络（Generative Adversarial Network，GAN）、DRL 和图神经网络（Graph Neural Network，GNN）等[33]。最后，结合目前网络动态性、复杂性的特征，总结了获取与表征网络状态知识所面临的挑战及潜在的研究方向。

1. MLP

MLP 是一种由多层神经元互联组成的人工神经网络，通常用于有监督学习任务，如分类或回归。具有 2 个隐藏层的 MLP 结构如图 4-2 所示。MLP 主要包含 3 个部分，分别为输入层、隐藏层和输出层，每层之间的神经元都采用全连接的方式。其中，输入层负责接收输入数据并将其传递给后续层，隐藏层则允许神经网络从输入数据中学习和提取更高级的表示或特征，输出层负责产生神经网络的最终输出。

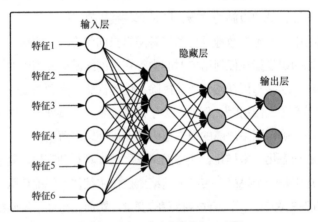

图 4-2　具有 2 个隐藏层的 MLP 结构

通常情况下，在使用 MLP 获取网络状态知识时，可以将网络状态信息作为输入数据，训练 MLP 来学习网络状态与期望输出之间的映射关系。该映射关系的学习需要一个带标签的数据集，其中数据样本为特定的网络状态信息，相应的标签为该状态信息样本所对应的期望输出。接下来，通过一个例子，即基于网络状态信息来判断网络的性能优劣，介绍利用 MLP 获取与表征网络状态知识的过程。

首先，通过收集各种通信网络状态信息，如通信网络中的节点数量、平均连接程度和平均时延等属性，标记各网络样本所对应的标签（即网络是"优"或者"劣"），来制作数据集。然后，创建一个 MLP，设置合理的神经网络层数、各层神经元个数、使用的激活函数等。其中，输入层负责接收通信网络状态信息，输出层给出通信网络性能优劣的预测结果，隐藏层则使得网络能够学习到输入和输出之间复杂的函数关系。在标记的数据集上训练 MLP，采用梯度反向传播算法，使其学会将通信网络状态信息映射到相应的网络性能优劣判断信息。训练完成后，该 MLP 可以根据采集到的网络状态信息，判断网络性能优劣。

在表征网络状态知识方面，MLP 在训练过程中学习到的模型参数可以被视为一种网络状态知识的表征形式。这些学习到的参数可以捕捉输入（网络状态信息）和输出（性能优劣）之间的关系，进而衡量不同网络状态信息对性能优劣判断的不同贡献值。

总体而言，通过在标记的网络状态数据集上训练 MLP，可以获得网络性能优劣与网络状态信息之间的函数关系，进而使用 MLP 中学习到的模型参数来表示它，这种表示可用于预测网络性能、分析特征重要性及进行一些网络参数优化，如基于通信网络状态信息进行体验质量预测[34]。

2．AE

AE 主要应用于非监督学习任务，旨在学习输入数据的低维度等效表征形式，经常用于数据降维。

AE 的主要思想是从压缩或编码的数据表征中对输入数据进行重构，使 AE 能够捕获数据中的基本特征和模式，实现对原始数据的低维表征，从而节省存储和计算资源。AE 的工作原理如图 4-3 所示，从输入层到隐藏层的部分称为编码器，主要用于获取输入数据并将其映射到低维表示形式，从而有效地压缩数据；从隐藏层到输出层的部分称为解码器，负责接收编码器传递的数据压缩表示并重建原始输入数据。如此，以最小化 $\|x - x'\|^2$ 为目标，利用数据对 AE 进行训练后，可以利用编码器实现对输入数据的有效降维。

在使用 AE 获得网络状态知识时，可以采用类似的方法捕获和表示网络状态信息的等效低维表征。其中，AE 的输入数据是网络状态信息，如网络中的设备状态、连接性、流量模式等。通过在网络状态数据集上训练 AE，AE 可以学习将网络状态信息编码成一个低维表示，以捕获基本信息并节省存储和计算资源。

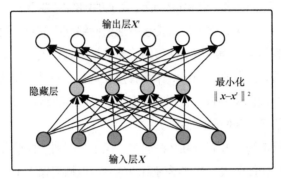

图 4-3　AE 的工作原理

当 AE 训练完成时，可以使用从编码器获得的网络状态信息的压缩表征作为知识表征。该压缩表征形式可以被存储、分析，并应用于网络优化、异常检测或不同实例的网络状态对比等。

文献[35-37]证明了 AE 检测各种异常情况的有效性，AE 可用于解决网络安全问题，具体方法是利用正常网络流量数据对 AE 进行训练以学习数据的压缩表示，然后使用经过训练的 AE，通过识别与所学习的正常网络流量模式的偏差，来实时检测异常或恶意活动。另外，AE 可以从未标记的移动数据中提取模式，这些模式随后可以应用于各种有监督的学习任务，如路由[38]、移动活动识别[39-40]和基站用户数预测[41]。

3. CNN

CNN 不是使用层之间的完全连接，而是使用一组局部连接的滤波器（卷积核）来捕获不同数据区域之间的相关性。CNN 一般用于分析和处理具有网格状结构的数据，如图像。它使用卷积层，在输入数据上应用滤波器来捕获局部模式，然后使用池化层对数据进行下采样。这种分层结构允许神经网络自动学习输入数据的分层表示，使其能够提取有意义的特征并做出准确的预测。

二维卷积层的工作原理如图 4-4 所示。具体来说，二维卷积层的输入是具有不同通道的多个 2D 矩阵（如图像的 RGB 三维表示）。CNN 利用两个重要的思想（即稀疏连接和参数共享）来改进传统的 MLP。其中，稀疏连接指的是只将卷积核与部分输入进行连接，参数共享则是指允许在输入图形的不同位置使用相同的卷积核进行卷积计算。图 4-4 中，卷积层使用在不同位置共享的卷积核，"扫描"输入数据并进行卷积运算以产生输出映射。这样，CNN 可以有效减少模型参数的数量，并保持仿射不变性（即 CNN 输出结果对输入数据的仿射变换是稳健的）。

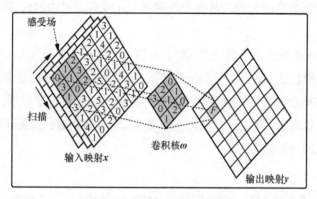

图 4-4   二维卷积层的工作原理

在使用 CNN 获取网络状态知识时，需要将网络状态信息用类似网格数据的格式进行表示，一种常见的方法是以类似图像的形式表示，即将网络状态信息的不同方面编码为输入图像中的像素值或通道，例如，将网络各节点的流量数据归一化为网络图像中的像素值。

假设某网络状态信息中包括各网络节点的平均流量和时延，可以将这种网络状态信息表示为类似图像的张量。一旦网络状态以期望的格式表示，就可以在标记的数据集上训练 CNN，其中输入是网络状态图像，输出表示关于网络状态的期望知识。而鉴于图像和空间移动数据之间的高度相似性（如移动交通快照、用户移动性等），基于 CNN 的模型在网络状态知识的获取和表征上具有巨大的潜力。

4. RNN

RNN 是一种适用于处理序列数据的深度学习模型，如时间序列或文本。与传统的前馈神经网络不同，RNN 在处理序列数据时具有循环的连接，允许信息从一个时间步传递到下一个时间步，从而捕获序列中的时间依赖性，这使得 RNN 非常适用于捕获网络状态的变化。

RNN 通过时间反向传播（Back-Propagation Through Time，BPTT）算法进行训练。然而，在传统的 RNN 中经常出现梯度消失和爆炸问题，这使得它们特别难以训练。为了解决这些问题，LSTM[42]网络被提出。LSTM 网络是一种特殊类型的 RNN，通过引入门控机制来有效地捕获长序列中的依赖性，通过遗忘门、输入门和输出门来控制信息的流动，从而允许网络记住或忘记过去的状态、决定输出的内容。

在使用 RNN 获得网络状态知识时，可以将网络状态表示为输入向量序列，其中每个向量对应着给定时间步长的特定状态。网络状态的顺序性使 RNN 可以成功捕获不同状态间的依赖关系和模式。移动网络会产生海量的时序数据，如数据流量、移动网络用户轨迹和应用时延演变等，探索 RNN 系列网络有望提升对移动网络中时间序列数据的分析能力。

5. GAN

GAN 是一个训练框架，它使用以下对抗过程来训练生成式模型。GAN 同时训练两个模型：生成器 G 主要从训练数据中得到近似目标数据分布，判别器 D 用于估计样本来自真实训练数据的概率[43]。G 和 D 通常都是深度神经网络，G 的训练目标是最大化 D 出错的概率，D 的训练目标是更准确地判别数据是否来自真实数据。给定真实数据分布 $x \sim P_r(x)$ 和噪声的分布 $z \sim P_n(z)$，GAN 的训练可以形式化为极大极小问题，表达式如下

$$\min_G \max_D \mathbb{E}_{x \sim P_r(x)}[\log \mathcal{D}(x)] + \mathbb{E}_{z \sim P_n(z)}[\log(1 - \mathcal{D}(\mathcal{G}(z)))] \qquad (4\text{-}1)$$

其中，$\mathcal{D}$ 为判别器的模型函数，$\mathcal{G}$ 为生成器的模型函数，$\mathbb{E}$ 表示计算期望，$\mathcal{D}(x)$ 表示判别器对真实数据 x 的输出，$\mathcal{D}(\mathcal{G}(z))$ 表示判别器对生成器生成数据的输出，$\mathcal{G}(z)$ 表示生成器对随机噪声 z 的输出。

在使用 GAN 获得网络状态知识时，可以将真实网络状态作为训练数据集，并训练 GAN 输出类似于真实网络状态的生成网络状态。在这种情况下，GAN 的生成器负责学习输出类似于真实网络状态的生成网络状态样本，而判别器则负责学习如何区分真实样本和生成样本。

通过在真实网络状态的数据集上训练 GAN，可以获得关于网络状态的知识，并通过 GAN 生成器的学习能力和权重参数来表示它，这种表示可以用于数据扩充、

模拟或网络状态空间探索，例如，可以实现利用 GAN 生成合理的通信网络架构模型。另外，在生成用于仿真实验的人造移动数据或协助移动网络应用中特定的监督任务时，GAN 的无监督学习能力是很有潜力的。因为运营商通常不愿意共享其网络数据，这在缺乏适当数据集的任务中变得更加重要。

6. DRL

DRL 是一种机器学习方法，其中智能体通过与环境的交互来学习行为策略。典型的 DRL 架构如图 4-5 所示，智能体基于环境的状态选择行动，环境返回奖励信号作为行动的反馈。智能体通过优化策略，逐渐调整行动以最大化累积的奖励信号，从而实现在给定环境中学习最优策略的目标。DRL 非常适合具有大量可能状态的问题，有代表性的 DRL 包括深度 Q 网络、深度策略梯度方法等。

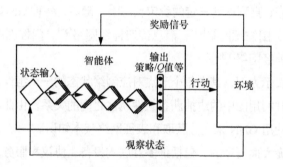

图 4-5　典型的 DRL 架构

在使用 DRL 获得网络状态知识时，可以设计一个模拟网络行为并将网络状态表示为观测值的环境。随后，配备了深度神经网络的智能体与该环境交互，观察网络状态，并根据学习到的策略采取行动，进而给出更好的决策。

移动通信中的很多问题可以表示为马尔可夫决策过程（Markov Decision Process，MDP），其中强化学习扮演了重要角色（如基站关断切换策略[44]、路由[45]和自适应跟踪控制[46]）。然而，其中涉及的高维输入问题，会限制传统强化学习算法的适用性。DRL 提高了传统强化学习算法在传统的难以处理的场景中处理高维数据的能力。因此，使用 DRL 有望解决复杂、多变和异质移动环境下的网络管理和控制问题。

7. GNN

大多数传统深度神经网络都是针对欧几里得（下文简称欧氏）结构数据而设计的，网络信息中的拓扑结构没有得到充分的利用。针对传统神经网络难以处理非欧氏结构数据这一缺陷，近年来提出了以 GNN 为代表的基于图的深度学习方法[47-49]。由于它们具有很强的学习能力，能够捕捉网络拓扑中隐藏的空间信息，并且在网络是动态的情况下，可以推广到看不见的拓扑结构中，因此适用于解决通信网络中的各类问题，如网络功能虚拟化、无线网络资源调度、网络建模与性能分析等。在文献[50]中，基于 GNN 的解决方案对不同网络场景中的各种问题都是有效的，值得在未来进行更深入的探索。

GNN 作为一项开创性的研究在文献[51]中被提出，它将神经网络的应用从欧氏结构数据扩展到非欧氏结构数据。GNN 采用消息传递机制，每个节点通过交换信息来更新自己的状态，直到达到一定的稳定状态[52]。随后，各种 GNN 的变体被提出，如图卷积网络[53]、图注意网络[54]、消息传递神经网络[55]、门控图序列神经网络[56]和扩散卷积循环神经网络[57]等。

将网络状态表示为图，其中每个节点对应网络状态的一个组件，节点特征可以表示组件属性，并利用图中的边捕获各组件属性之间的关系。由此，可以借助图模型的拓扑结构，使用 GNN 来充分获取和表征网络状态知识。

现代网络是庞大而复杂的，包括许多互联的设备、协议和服务。由于网络数据具有动态性和异构性，利用深度学习技术来获取和表征网络状态知识的研究面临着巨大的挑战和机遇。该领域目前存在一些问题和潜在的研究方向，具体如下。

① 可解释性：深度学习模型通常被认为是黑匣子，很难解释学习到的表征并理解其背后的推理。未来可以致力于研发在网络状态知识背景下提供可解释性的技术。这将使网络管理员和研究人员深入了解影响网络行为和性能的潜在因素。

② 数据可用性和质量：由于现实世界网络数据集的可用性有限，获取标记的网络状态数据用于训练深度学习模型可能具有挑战性。此外，网络数据可能有噪声、不完整或有偏差。未来可以致力于研发解决数据稀缺问题、提高数据质量以及处理网络状态数据集中缺失的或有偏差的信息的方法。

③ 迁移学习和泛化：在一个网络或一组网络状态上训练的深度学习模型可能无

法很好地泛化到不同的网络或新的网络状态。可以探索迁移学习技术，以利用预先训练的模型中的知识，并使其适应新的网络场景。跨不同网络架构和状态表示的泛化是将深度学习技术应用于各种网络环境的重要研究方向。

④ 时间动力学和长期依赖性：网络状态通常表现出时间动力学特性，其中当前状态取决于过去的状态，而未来状态受当前状态影响。捕获长期依赖关系和时间模式对于准确表示网络状态知识至关重要。未来的研究可以集中在开发深度学习架构上，如 RNN 和转换器，它们可以有效地建模和利用网络状态序列中的时间信息。

⑤ 图表示和图神经网络：网络可以表示为图，其中节点表示网络组件和边捕获的关系。扩大 GNN 的使用、开发新的基于图的深度学习技术，可以增强网络状态知识的表示和分析。未来的研究方向包括设计适用于不同类型网络数据的 GNN 架构，以及探索处理动态图和变化网络拓扑的技术。

⑥ 模型鲁棒性和对抗性攻击：深度学习模型容易受到对抗性攻击，即恶意行为者操纵网络状态来欺骗模型或降低其性能。开发能够抵御此类攻击的强大深度学习技术，以及研究检测和缓解网络状态知识的对抗性操纵的方法，是一个重要的研究方向。

⑦ 组合多个数据源：可以通过组合多个数据来源（如日志、流量数据或性能指标）来增强网络状态知识。探索可以集成异构数据源的技术，并利用多模式深度学习方法来获得网络状态及其对网络行为影响的全面表示，是一个重要的研究方向。

⑧ 领域特定的网络状态知识：不同的网络领域，如无线网络、社交网络或生物网络，可能有各自特定的特征和要求。未来可以专注于开发特定领域的深度学习技术，在这些专业背景下有效地捕捉和表征网络状态知识。

总体而言，网络状态知识是网络有效管理和运行的关键因素。推进使用深度学习技术来获取和表征网络状态知识需要解决与可解释性、数据可用性、迁移学习、时间动态、图表示、鲁棒性、多模态数据集成及特定领域考虑因素相关的挑战。这些领域的持续研究和创新将有助于加强对复杂网络系统的理解、优化和管理，进而提高网络的性能、可靠性和安全性，最终建成更有效和更具弹性的网络基础设施。

|4.2　网络知识获取与表征技术 |

在网络知识获取机制中，通过收集用户轨迹数据、业务需求数据、网络状态数据等，采用数据挖掘与分析方法提取知识，从而发现用户行为规律、业务需求规律和网络运行规律等。考虑网络状态（如网络拓扑）和用户行为等信息会随着时间推移发生变化，知识获取应适应网络、用户等动态变化的特性，因此，需要设计可增量学习的网络知识获取与表征模型，使模型可自动感知、自主适应知识发生的迁移。

本节以车联网为例，面向车联网业务的高通量通信需求，在密集的 6G 网络中，车辆的高移动性导致基站频繁地切换，通信性能下降。传统的基站预测方案，仅在有规律的轨迹中具有较高的预测精度；但是在城市道路，车辆的轨迹具有较强的动态性，导致知识获取困难，预测效果差；面向车联网业务的高通量通信需求，本节提出一种智能预测基站技术，将 AI 引入移动性管理，设计基于内容的混合协同滤波（Content-Based Collaborative Hybrid Filtering，CCHF）预测算法，预测挖掘用户个人及相似用户的轨迹数据，从而实现对目标基站的高精度预测。其中，基于内容的滤波利用用户个人的移动轨迹数据获取与表征用户行为知识，协同滤波利用相似用户的移动轨迹数据来获取与表征相似用户行为知识，整合上述知识，为所有类型的轨迹实现精确预测。此外，采用在线更新算法，自主更新用户轨迹信息，进而动态更新用户行为知识，实现可增量学习的知识获取与表征。接下来，本节将首先介绍 CCHF 预测算法，然后进行性能仿真，以评估其有效性。

4.2.1　基于内容的混合协同滤波预测算法

人们的移动行为蕴藏着一定的规律，人们的出行大部分是由固定事件触发的，如上下班等，因此人们通常花费大量的时间在固定的地点和固定的轨迹上，这就产生了有规律的轨迹[58-59]。文献[60]采用离散时间马尔可夫模型（Discrete-Time Markov Model，DTMM）预测用户切换的目标服务基站（Serving Base Station，SBS），进而设计 DTMM 切换（DTMM-Handover）机制，使目标 SBS 提前进行切换准备。如果预测准确，本次 DTMM-Handover 的切换中断时间缩短，否则，执行传统硬切换。总体来说，DTMM-Handover 可以降低切换中断率（Handover Interruption Ratio，HIR），但是不能改善蜂窝边缘用户的信干噪比。因此，数据包仍会频繁丢失，用户服务质量无法保障。此外，DTMM 预测仅适用于规律轨迹。但是考虑道路日趋复杂、路网密度高、交叉路口数量多，再加上用户出行的目的地具有部分随机性，例如用户可能会去新的地点，或者沿着新的轨迹前往特定的地点，因此用户的出行也会产生非规律的轨迹（即随机轨迹）[61]。在随机轨迹上，用户所访问过的 SBS 是非常少的，当前驻留的 SBS 可能不会存在于其所访问过的 SBS 序列中，这导致 DTMM 预测精度和 DTMM-Handover 性能急剧下降。最近，文献[58]通过大数据分析指出，大量不同用户的轨迹有相似之处，借助特定用户的轨迹数据，可以提高用户随机轨迹[62]的预测精度。

面向用户的高移动性导致的 TCP 吞吐量下降问题，本节提出 CCHF 预测算法，用于切换过程中目标基站的预测。为了实现用户在所有轨迹（随机轨迹和规律轨迹）的高精度预测，本节推荐系统[63]中两个常用的推荐算法（即基于内容的滤波和混合协同滤波）的优点，设计了 CCHF 预测算法。其中，基于内容的滤波利用用户个人的移动轨迹信息进行预测，协同滤波利用相似用户的移动轨迹信息来改善当前用户的预测效果。因此，通过挖掘用户个人及相似用户的移动信息，CCHF 预测算法可以精确地预测用户即将切换的目标 SBS。本节采用用户的历史切换序列（Historical Handover Sequence，HHS）[60]来表示用户移动轨迹信息。HHS 由用户顺序接入的 SBS 编号序列组成。CCHF 预测算法主要包含两个步骤。第一步，基于用户的 HHS，为每个用户构建一个用户个人兴趣驱动（Self-Interest Driven，SID）矩阵和一个用户簇兴趣辅助（Group-Interest Assisting，GIA）矩阵。SID 矩阵是利用用户个人的 HHS 生成的，应用于基于内容的滤波；GIA 矩阵利用该用户的相似用户簇的 HHS 生成，应用于混合协同滤波；第二步，基于预定义的门限值整合基于内容的滤波和混合协同滤波，实现对所有类型轨迹的精确预测。

下面介绍基于内容的滤波。用户 i 利用个人的 HHS 生成 SID 矩阵 $\boldsymbol{T}_{\mathrm{MS},i}$，其表达式为

$$T_{\mathrm{MS},i} = \begin{bmatrix} t_{1,1} & t_{1,2} & \cdots & t_{1,\kappa} \\ t_{2,1} & t_{2,2} & \cdots & t_{2,\kappa} \\ \vdots & \vdots & & \vdots \\ t_{\kappa,1} & t_{\kappa,2} & \cdots & t_{\kappa,\kappa} \end{bmatrix} \tag{4-2}$$

其中，$t_{p,q}$ 表示用户 i 从 SBS_p 切换到 SBS_q 的概率，κ 表示在一个 MBS 覆盖范围内 SBS 的个数。当用户 i 首次进入该 MBS 的覆盖区域时，MBS 对 $T_{\mathrm{MS},i}$ 执行如下初始化操作：用户在每个 SBS 以相同的概率切换到其邻居 SBS，以零概率切换到其他 SBS，即 $t_{p,q} = 1/\eta$ 且 $t_{p,q_{\#}} = 0$，其中 SBS_q 是 SBS_p 的邻居 SBS，$\mathrm{SBS}_{q_{\#}}$ 不是 SBS_p 的邻居 SBS，η 是 SBS_p 的邻居总数。一旦用户 i 从 SBS_p 切换到 SBS_q，本节采用文献 [64] 提出的在线更新算法更新 $T_{\mathrm{MS},i}$，即

$$\begin{cases} t_{p,q} = t_{p,q} + (1 - t_{p,q})R_d \\ t_{p,q_{\mathrm{nei}}} = t_{p,q_{\mathrm{nei}}} - \dfrac{(1 - t_{p,q})R_d}{\eta - 1} \end{cases} \tag{4-3}$$

其中，q_{nei} 表示 SBS_p 除 SBS_q 外的邻居集合；R_d $(0 < R_d < 1)$ 为更新控制因子，由用户移动轨迹的随机性决定，轨迹的随机性越大，R_d 的值越小，即当前轨迹对 $T_{\mathrm{MS},i}$ 更新的影响越小。

接下来，本节采用信息熵 e[64] 描述基于内容的滤波预测的可靠程度。针对用户 i 从 SBS_p 切换到其他 SBS 的预测，预测的可靠性 e 被定义成 $e = -\sum_{j=1}^{\eta} T_{\mathrm{MS},i}(p,j) \log T_{\mathrm{MS},i}(p,j)$。可以看出，在 HHS 中，用户切换到所有邻居基站的概率越接近，信息熵 e 的值越大，则该轨迹的非规则性越强，采用基于内容的滤波得到的预测目标基站的可靠程度越低。如果 e 小于预定义的信息熵门限值 e_{thr}，该轨迹具有较强的规则性，基于内容的滤波预测是足够精确的，否则，用户 i 需要借助相似用户的 HHS，采用混合协同滤波来改善预测效果。

对于混合协同滤波，用户的相似用户簇的定义为基于用户的 HHS，采用调整的杰卡德（Jaccard）系数来表示用户 i 和用户 j 的相似性 $S_{i,j}$[58]，其表达式为

$$S_{i,j} = \frac{|H_i \cap H_j|}{\min\{|H_i|, |H_j|\}} \tag{4-4}$$

其中，H_i 表示用户 i 的 HHS，$H_i \bigcap H_j$ 表示用户 i 和用户 j 的 HHS 的交集，即用户 i 和用户 j 均接入过的 SBS 的集合。$S_{i,j}$ 越大，用户之间的相似性越大。当 $S_{i,j}$ 大于给定的相似度门限值 g_{thr} 时，将用户 j 加入用户 i 的相似簇 J_i 中。基于相似簇 J_i，用户 i 的 GIA 矩阵可表示为

$$T_{\text{group},i} = T_{\text{MS},i} + \sum_{j \in J_i} S_{l,i} T_{\text{MS},j} \tag{4-5}$$

因此，整合基于内容的滤波和混合协同滤波后，用户 i 的转移矩阵为

$$T_{\text{sum},i} = T_{\text{MS},i} \varepsilon(e) + T_{\text{group},i}(1 - \varepsilon(e)) \tag{4-6}$$

其中，$\varepsilon(e) = \begin{cases} 1, & e \leqslant e_{thr} \\ 0, & e > e_{thr} \end{cases}$。给定用户的源基站 p_s，根据 $T_{\text{sum},i}$，预测得到的目标基站为 $q_t = q \mid_{T_{\text{sum},i}(p_s,q)=\max T_{\text{sum},i}(p_s,:)}$，即具有最大切换概率的 SBS（$T_{\text{sum},i}$ 中第 p_s 行最大元素对应的索引）成为预测目标 SBS。

下面分析 CCHF 预测算法的复杂度。对于基于内容的滤波，初始化 $T_{\text{MS},i}$ 和更新 $T_{\text{MS},i}$ 的复杂度分别是 $O(\kappa^2)$ 和 $O(\kappa w)$，其中，w 表示 HHS 的序列长度。此外，计算信息熵的复杂度是 $O(\kappa)$。对于混合协同滤波，计算相似用户簇的复杂度为 $O(fw)$，其中，f 表示在一个 MBS 覆盖范围内的用户数。最后，预测目标 SBS 的复杂度为 $O(\eta)$。因此，CCHF 预测算法的复杂度取决于 $O(\kappa^2)$、$O(fw)$ 和 $O(\kappa w)$ 三者中的较大值，该值与 DTMM 的复杂度取值接近[60]。

4.2.2　性能仿真

本节验证所提出的 CCHF 预测算法的预测性能。首先，应确定信息熵门限值 e_{thr} 和相似度门限值 g_{thr} 的取值，其中信息熵门限值用于整合基于内容的滤波和混合协同滤波，相似度门限值用于确定混合协同滤波的相似用户簇。CCHF 预测精度随着信息熵门限值 e_{thr} 和相似度门限值 g_{thr} 的变化趋势如图 4-6 所示，该图显示了不同类型用户（选择 0% 随机用户、40% 随机用户和 100% 随机用户作为示例）的预测精度随着信息熵门限值 e_{thr} 和相似度门限值 g_{thr} 的变化情况。首先，评估信息熵门限值 e_{thr} 对预测准确率的影响。可以看出，给定 e_{thr} 时，随着用户随机性提高，预测精度降低。对于 0 随机用户（即 100% 规律

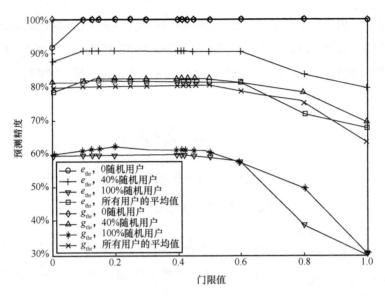

图 4-6　CCHF 预测精度随着信息熵门限值 e_{thr} 和相似度门限值 g_{thr} 的变化趋势

用户），预测准确性会随着 e_{thr} 的增加而提高。对于 100%随机用户，预测准确性会随着 e_{thr} 的增加而降低。对于其他类型的用户，当 e_{thr} 从 0 增大到 0.13 时，预测精度提高；当 e_{thr} 在[0.13,0.4] 内时，预测精度保持稳定，随着 e_{thr} 进一步增加，预测精度降低。这是因为当 e_{thr} 较小时，更多的预测采用混合协同滤波，导致规律轨迹的预测精度较低；当 e_{thr} 较大时，更多的预测采用基于内容的滤波，导致随机轨迹的预测精度较低。总体而言，当 e_{thr} 在[0.13,0.4] 内时，所有类型的用户都具有较好的预测性能。因此，在下面的仿真中，将 e_{thr} 设置为 0.3。其次，分析相似度门限值 g_{thr} 对 CCHF 预测精度的影响。可以看出，对于不同类型的用户，给定 g_{thr} 时，随着用户轨迹随机性的增加，预测精度降低。对于 0 随机用户，预测性能与 g_{thr} 无关，因为在这种情况下仅采用基于内容的滤波。对于 100%随机用户，当 g_{thr} 从 0 增加时，预测精度最初略有提高；当 g_{thr} 在[0.2,0.3] 内时，预测精度保持稳定；最后随着 g_{thr} 的进一步增加，预测精度降低。这是因为当 g_{thr} 过小时，相似性低的用户可能加入相似用户簇，导致混合协同滤波的预测准确性降低；当 g_{thr} 太大时，仅能得到一个用户数目较少的相似用户簇，可能会导致相似用户的数量不足，此时混合协同滤波性能下降。总体而言，当 g_{thr} 在[0.2,0.3] 内时，所有用户都具有良好的预测精度。因此，在下面的仿真中，将 g_{thr} 设置为 0.25。

CCHF 预测算法和 DTMM 的预测精度如图 4-7 所示。可以看出，对于具有不同随机性的所有用户，CCHF 预测算法的性能明显优于 DTMM，并且 CCHF 预测算法和 DTMM 之间的性能差距随着用户随机性的增加而增加。对于 100% 随机用户，与 DTMM 相比，CCHF 预测算法的预测精度提高了一倍。考虑所有用户，CCHF 预测算法和 DTMM 的平均预测准确率分别为 82% 和 67%，这是因为借助相似用户的 HHS，用于预测的数据集规模增大、多样性提高，CCHF 预测算法可以获得对随机轨迹更准确的预测。

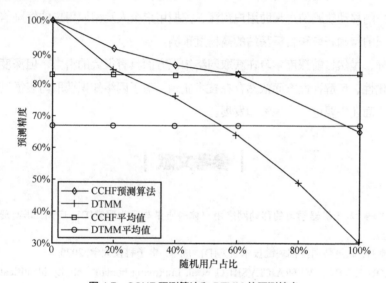

图 4-7　CCHF 预测算法和 DTMM 的预测精度

4.3　本章小结

在意图与知识联合驱动的网络中，知识获取与表征的作用主要是对管理平面和控制平面收集到的网络信息进行处理，挖掘所获取信息的规律性或关联性，形成网络知识库和网络模型库，从而支撑未来网络的智能决策。随着移动通信网络中用户数量和通信业务的激增，网络表现出越来越丰富的属性，且随着时间的推移发生变化。随着 ML 技术的发展，针对网络知识获取与表征问题的研究成果层出不穷。

第 4.1 节首先针对用户行为、业务需求、网络状态等网络属性信息，系统性地介绍和总结了近年来的知识获取与表征技术，分析了在知识获取与表征方面所面临的挑战及潜在的研究方向。现有的知识学习模型一般会存在"灾难性遗忘"的问题，即训练新任务时在旧任务上的表现通常会显著下降。增量学习能够处理连续的信息流，在吸收新知识的同时具有对旧知识进行保留、整合或优化的能力。针对车联网的高移动性导致的通信性能下降问题，第 4.2 节提出了基于智能预测的基站切换机制，其中，基于内容的滤波利用用户个人的移动轨迹信息进行预测，混合协同滤波利用相似用户的移动轨迹信息帮助用户预测，挖掘用户个人及相似用户的轨迹信息来实现对知识的精确获取和目标基站的高精度预测。

此外，虽然目前深度学习在获取网络知识方面具有很大的潜力，但深度学习模型在泛化性、可解释性方面依然存在技术瓶颈，对于网络知识获取与表征过程的可解释性方面还需要进一步探索和发展。

┃ 参考文献 ┃

[1] 张志洁. 基于机器学习的移动网络用户体验质量与行为研究[D]. 广州: 华南理工大学, 2017.

[2] 吴睿智. 轨迹数据挖掘关键技术研究[D]. 成都: 电子科技大学, 2020.

[3] ZHOU F, YIN R Y, TRAJCEVSKI G, et al. Improving human mobility identification with trajectory augmentation[J]. GeoInformatica, 2021, 25(3): 453-483.

[4] ZHOU F, GAO Q, TRAJCEVSKI G, et al. Trajectory-user linking via variational AutoEncoder[C]//Proceedings of 27th International Joint Conference on Artificial Intelligence (IJCAI). California: IJCAI Organization, 2018: 3212-3218.

[5] KINGMA D P, WELLING M. Auto-encoding variational Bayes[J]. arXiv preprint, 2013: arXiv:1312.6114.

[6] HU X, HAN Y M, GENG Z Q. Novel trajectory representation learning method and its application to trajectory-user linking[J]. IEEE Transactions on Instrumentation and Measurement, 2021, 70: 2511309.

[7] GAO Q, ZHOU F, ZHANG K P, et al. Identifying human mobility via trajectory embeddings[C]//Proceedings of 26th International Joint Conference on Artificial Intelligence (IJCAI). California: IJCAI Organization, 2017: 1689-1695.

[8]　艾瑞咨询. 2024H1 中国移动互联网流量半年报告[EB]. 2024.

[9]　CHEN Y, CHANG C. Examining the antecedents and consequences of mobile information overload on social networking sites: from the perspective of push-pull-mooring framework[J]. Telematics and Informatics, 2016, 33(1): 32-42.

[10]　CHEN Y, CHANG C. Mobile information overload: a systematic literature review[J]. Telematics and Informatics, 2017, 34(7): 1180-1193.

[11]　DUTTA-BERGMAN M J. Complementarity in consumption of news types across traditional and new media[J]. Journal of Broadcasting and Electronic Media, 2004, 48(1): 41-60.

[12]　LIN Y H, CHIANG Y H, LIN C Y. Effects of mobile device use on information overload and decision quality in tourism[J]. Journal of Hospitality and Tourism Technology, 2016, 7(3): 297-309.

[13]　NAQSHBANDI M M. Mobile information overload: a systematic review and research agenda[J]. International Journal of Information Management, 2019, 49: 343-355.

[14]　FU Y R, YANG H H, DOAN K N, et al. Effective cache-enabled wireless networks: an artificial intelligence-and recommendation-oriented framework[J]. IEEE Vehicular Technology Magazine, 2021, 16(1): 20-28.

[15]　ZHANG Y J, WANG L C. Some challenges for context-aware recommender systems[C]//Proceedings of the 2010 5th International Conference on Computer Science and Education. Piscataway: IEEE Press, 2010: 362-365.

[16]　GUPTA A, KALRA A, BOSTON D, et al. MobiSoC: a middleware for mobile social computing applications[J]. Mobile Networks and Applications, 2009, 14(1): 35-52.

[17]　JEMBERE E, ADIGUN M O, XULU S S. Mining context-based user preferences for m-services applications[C]//Proceedings of the IEEE/WIC/ACM International Conference on Web Intelligence. Piscataway: IEEE Press, 2007: 757-763.

[18]　LIU D R, TSAI P Y, CHIU P H. Personalized recommendation of popular blog articles for mobile applications[J]. Information Sciences, 2011, 181(9): 1552-1572.

[19]　SUGIYAMA K, HATANO K, YOSHIKAWA M. Adaptive web search based on user profile constructed without any effort from users[C]//Proceedings of the 13th International Conference on World Wide Web. New York: ACM Press, 2004: 675-684.

[20]　CHEN J P, LIU Y, ZOU M. Home location profiling for users in social media[J]. Information Management, 2016, 53(1): 135-143.

[21]　JURGENS D. That's what friends are for: inferring location in online social media platforms based on social relationships[C]//Proceedings of 7th International AAAI Conference on Weblogs and Social Media (ICWSM). Cambridge: AAAI Press, 2013: 273-282.

[22]　XIE Z P, ZHANG Q. A study of selective neighborhood-based naive Bayes for efficient lazy learning[C]//Proceedings of 16th IEEE International Conference on Tools with Artificial In-

telligence (ICTAI). Piscataway: IEEE Press, 2004: 758-760.

[23] SHI Z Z, HUANG Y P, ZHANG S L. Fisher score based naive Bayesian classifi-er[C]//Proceedings of the 2005 International Conference on Neural Networks and Brain. Pis-cataway: IEEE Press, 2005: 1616-1621.

[24] MOAWAD I F, TALHA H, HOSNY E, et al. Agent-based Web search personalization ap-proach using dynamic user profile[J]. Egyptian Informatics Journal, 2012, 13(3): 191-198.

[25] CELEBI M E, AYDIN K. Unsupervised learning algorithms[M]. Berlin: Springer, 2016.

[26] GIARETTA P, GUARINO N. Ontologies and knowledge bases towards a terminological clar-ification[J]. Towards Very Large Knowledge Bases: Knowledge Building and Knowledge Sharing, 1995, 25(32):307-317.

[27] HAN L X, CHEN G H, LI M. A method for the acquisition of ontology-based user profiles[J]. Advanced in Engineering Software, 2013, 65: 132-137.

[28] CHOI O, HAN S Y. Personalization of rule-based Web services[J]. Sensors, 2008, 8(4): 2424-2435.

[29] PARK Y J, CHANG K N. Individual and group behavior-based customer profile model for personalized product recommendation[J]. Expert Systems with Applications, 2009, 36(2): 1932-1939.

[30] AYSE C. User profiling - a short review[J]. International Journal of Computer Applications, 2014, 108(3): 1-9.

[31] DATAREPORTAL. Internet use in 2024[EB]. 2024.

[32] ZHANG C Y, PATRAS P, HADDADI H. Deep learning in mobile and wireless networking: a survey[J]. IEEE Communications Surveys and Tutorials, 2019, 21(3): 2224-2287.

[33] JIANG W W. Graph-based deep learning for communication networks: a survey[J]. Computer Communications, 2022, 185: 40-54.

[34] CORTES C, GONZALVO X, KUZNETSOV V, et al. AdaNet: adaptive structural learning of artificial neural networks[J]. arXiv preprints, 2016: arXiv: 1607.01097.

[35] SAKURADA M, YAIRI T. Anomaly detection using autoencoders with nonlinear dimension-ality reduction[C]//Proceedings of the MLSDA 2014 2nd Workshop on Machine Learning for Sensory Data Analysis. New York: ACM Press, 2014.

[36] CAO V L, NICOLAU M, MCDERMOTT J. A hybrid autoencoder and density estimation model for anomaly detection[C]//Proceedings of International Conference of Parallel Problem Solving from Nature. Berlin: Springer, 2016: 717-726.

[37] THING V L L. IEEE 802.11 network anomaly detection and attack classification: a deep learning approach[C]//Proceedings of 2017 IEEE Wireless Communications and Networking Conference (WCNC). Piscataway: IEEE Press, 2017: 1-6.

[38] MAO B M, FADLULLAH Z M, TANG F X, et al. Routing or computing? The paradigm shift

towards intelligent computer network packet transmission based on deep learning[J]. IEEE Transactions on Computers, 2017, 66(11): 1946-1960.

[39] RADU V, LANE N D, BHATTACHARYA S, et al. Towards multimodal deep learning for activity recognition on mobile devices[C]//Proceedings of the 2016 ACM International Joint Conference on Pervasive and Ubiquitous Computing. New York: ACM Press, 2016: 185-188.

[40] RADU V, TONG C, BHATTACHARYA S, et al. Multimodal deep learning for activity and context recognition[J]. Proceedings of the ACM on Interactive, Mobile, Wearable and Ubiquitous Technologies, 2018, 1(4): 1-27.

[41] LI J, WANG J Y, XIONG Z. Wavelet-based stacked denoising autoencoders for cell phone base station user number prediction[C]//Proceedings of the 2016 IEEE International Conference on Internet of Things. Piscataway: IEEE Press, 2016: 833-838.

[42] GERS F A, SCHMIDHUBER J, CUMMINS F. Learning to forget: continual prediction with LSTM[J]. Neural Computation, 2000, 12(10): 2451-2471.

[43] GOODFELLOW I J, POUGET-ABADIE J, MIRZA M, et al. Generative adversarial nets[C]//Proceedings of the 27th International Conference on Neural Information Processing Systems. Cambridge: MIT Press, 2014: 2672-2680.

[44] LI R P, ZHAO Z F, CHEN X F, et al. TACT: a transfer actor-critic learning framework for energy saving in cellular radio access networks[J]. IEEE Transactions on Wireless Communications, 2014, 13(4): 2000-2011.

[45] AL-RAWI H A A, NG M A, YAU K L A. Application of reinforcement learning to routing in distributed wireless networks: a review[J]. Artificial Intelligence Review, 2015, 43(3): 381-416.

[46] LIU Y J, TANG L, TONG S C, et al. Reinforcement learning design-based adaptive tracking control with less learning parameters for nonlinear discrete-time MIMO systems[J]. IEEE Transactions on Neural Networks and Learning Systems, 2015, 26(1): 165-176.

[47] WU Z H, PAN S R, CHEN F W, et al. A comprehensive survey on graph neural networks[J]. IEEE Transactions on Neural Networks and Learning Systems, 2021, 32(1): 4-24.

[48] ZHOU J, CUI G Q, HU S D, et al. Graph neural networks: a review of methods and applications[J]. AI Open, 2020, 1: 57-81.

[49] ZHANG Z W, CUI P, ZHU W W. Deep learning on graphs: a survey[J]. IEEE Transactions on Knowledge and Data Engineering, 2022, 34(1): 249-270.

[50] ZAPPONE A, DI RENZO M, DEBBAH M. Wireless networks design in the era of deep learning: model-based, AI-based, or both?[J]. IEEE Transactions on Communications, 2019, 67(10): 7331-7376.

[51] SCARSELLI F, GORI M, TSOI A C, et al. The graph neural network model[J]. IEEE Transactions on Neural Networks, 2009, 20(1): 61-80.

[52] HENAFF M, BRUNA J, LECUN Y. Deep convolutional networks on graph-structured data[J]. arXiv preprint, 2015: arXiv:1506.05163.

[53] KIPF T N, WELLING M. Semi-supervised classification with graph convolutional networks[J]. arXiv preprint, 2016: arXiv:1609.02907.

[54] VELIČKOVIĆ P, CUCURULL G, CASANOVA A, et al. Graph attention networks[J]. arXiv preprint, 2017: arXiv:1710.10903.

[55] GILMER J, SCHOENHOLZ S S, RILEY P F, et al. Neural message passing for quantum chemistry[J]. arXiv preprint, 2017: arXiv:1704.01212.

[56] LI Y J, TARLOW D, BROCKSCHMIDT M, et al. Gated graph sequence neural networks[J]. arXiv preprint, 2015: arXiv:1511.05493.

[57] LI Y G, YU R, SHAHABI C, et al. Diffusion convolutional recurrent neural network: data-driven traffic forecasting[J]. arXiv preprint, 2017: arXiv:1707.01926.

[58] SENARATNE H, MUELLER M, BEHRISCH M, et al. Urban mobility analysis with mobile network data: a visual analytics approach[J]. IEEE Transactions on Intelligent Transportation Systems, 2018, 19(5): 1537-1546.

[59] HUANG Y R, XIAO Z, WANG D, et al. Exploring individual travel patterns across private car trajectory data[J]. IEEE Transactions on Intelligent Transportation Systems, 2020, 21(12): 5036-5050.

[60] MOHAMED A, ONIRETI O, IMRAN M A, et al. Predictive and core-network efficient RRC signalling for active state handover in RANs with control/data separation[J]. IEEE Transactions on Wireless Communications, 2017, 16(3): 1423-1436.

[61] LIANG V, NG V T Y. Predicting new and unusual mobility patterns[C]//Proceedings of 2017 IEEE 21st International Conference on Computer Supported Cooperative Work in Design (CSCWD). Piscataway: IEEE Press, 2017: 299-304.

[62] COMITO C. Exploiting sequential mobility for recommending new locations on GEO-tagged social media[C]//Proceedings of 2020 IEEE 32nd International Conference on Tools with Artificial Intelligence (ICTAI). Piscataway: IEEE Press, 2020: 178-183.

[63] LIAN D F, GE Y, ZHANG F Z, et al. Scalable content-aware collaborative filtering for location recommendation[J]. IEEE Transactions on Knowledge and Data Engineering, 2018, 30(6): 1122-1135.

[64] TOMIZAWA S. Shannon entropy type measure of departure from uniform association in cross-classifications having ordered categories[J]. Statistics and Probability Letters, 1991, 11(6): 547-550.

第 5 章

知识定义的多维异构资源调度策略

现有的资源调度主要围绕通算资源，通过提前掌握网络通算资源负载情况，如终端节点、边缘服务器、云服务器的时隙、频谱、天线等通信资源和 CPU、GPU 等计算资源的剩余状态，进行资源管理，实现任务卸载、服务迁移等业务需求与通算资源的匹配。然而，未来网络环境将更加复杂和高度动态，且多维异构资源与业务匹配通常存在制约、竞争、耦合等多种复杂关系，如何利用知识实现精准的网络资源调度是一个重大挑战。因此，本章提出知识定义的多维异构资源调度策略，包含基于移动轨迹知识的双连接软切换机制和基于移动特征知识的敏捷的迁移强化学习算法。其中，基于移动轨迹知识的双连接软切换机制通过任务之间共享用户移动轨迹知识，实现基站的高精度预测，并改善通信质量（信干噪比）和吞吐量。基于移动特征知识的敏捷的迁移强化学习算法利用之前场景中学到的知识按需应用于当前场景，有效改善学习性能和收敛速度。

本书在第 3 章和第 4 章分别介绍了知识增强的全场景流量感知和可增量学习的网络知识获取与表征技术，一方面利用网络历史流量数据形成知识描述，另一方面考虑用户需求和网络状态会随着时间变化，系统将自动感知探索新的网络知识。因此，本章主要基于获取的网络知识（如网络配置模型），围绕知识定义的多维异构资源调度策略展开介绍，目标是由知识指导生成更加高效精准的网络策略，实现网络资源与智能调度的实时适配和动态拟合。

| 5.1　现有通算资源调度策略生成技术 |

面向计算密集型业务，任务卸载与服务迁移是实现计算资源调度，为用户提供高质量服务的关键技术。任务卸载指受资源约束的设备完全或部分地将计算密集型任务卸载到资源充足的云或边缘等服务器上执行，并将计算结果返回给指定设备[1]，主要解决了设备在存储资源、计算性能以及能效等方面存在的问题。在任务卸载的基础上，服务迁移关注的是业务程序的执行环境。当用户终端与云或边缘等服务器或服务器间的服务托管环境（如采用不同的操作系统和软件运行环境）不一致时，仅卸载与业务相关的数据将导致目标设备难以处理任务，还需要将相关的服务资源托管在虚拟机（Virtual Machine，VM）等载体中（如将业务代码与环境依赖打包为镜像，通过在设备中启动相应的虚拟机以运行镜像来提供服务），通过虚拟化载体间的交互屏蔽设备间的异构性，实现设备间资源的迁移调度。

5.1.1　任务卸载

在现实环境中，任务卸载会被外界环境、软硬件环境或者用户个性等多种因素影响，这使得制定合理且适应环境动态变化的任务卸载策略变得困难但又至关重要。任务卸载[2]主要包括两个问题：卸载决策和资源调度。卸载决策的主要研究点是任务卸载情况、卸载目的地以及任务卸载量；资源调度的主要研究目标是系统如何按需调度和灵活调度通信、计算和存储等多维资源。通常来讲，终端设备上存在一系列需要执行的、具有不同数据量的应用程序任务。首先，设备需要检测环境中是否存在可执行卸载操作的服务器；然后，考虑任务的卸载方式，判断任务能否卸载、怎样进行卸载（如任务卸载量），以及在什么时候进行卸载。终端设备上的任务可以在本地执行，也可以在网络设备执行，如果边缘侧资源不足或者无法满足需求时，任务可以进一步被发送到云服务器。若任务在本地执行，只需要考虑设备本身的计算能力并输出计算结果。若任务在网络设备执行，通过 5G 等方式进行网络提交，将计算任务上传到上层服务器，进而服务器会为接收到的任务调度计算资源、通信资源和存储资源，并执行计算任务，最后，通过网络将任务结果返回到用户端并释放占用的资源。

1. 基本概念

（1）计算卸载任务分类

本节首先对计算卸载任务进行分类，根据分类标准的不同，可以分为任务属性和卸载位置两类，下面分别进行阐述。

① 根据任务属性分类

• 0-1 任务卸载

任务不可拆分场景，即任务必须完整地进行卸载或者保留在本地进行处理。在该场景下，任务卸载必须考虑用户本地计算能力、电量等方面的因素，对于不能满足本地计算的任务而言，必须卸载并依靠其他计算实体（如边缘服务器、其他用户设备等）进行任务处理，否则将造成任务处理失败。

• 部分任务卸载

任务可拆分场景，即任务可以分割成不同的子任务，或者是除必须保留本地处理部分的子任务外，其他子任务可以由多个计算实体处理。在该场景下，用户任务可以采用多位置卸载和分布式处理的模式，其最终服务时延取决于多个计算实体的服务时延较大者。部分任务卸载流程示意如图 5-1 所示。

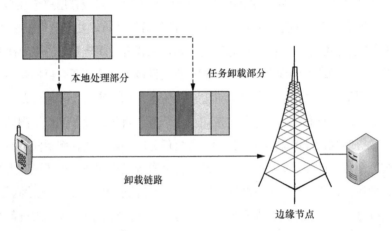

图 5-1 部分任务卸载流程示意

② 根据卸载位置分类

• 移动场景中的任务迁移与卸载

在移动通信中，由于用户具有移动性，因此在用户进行任务卸载时，可能发生小区切换。此时，为了使得用户服务顺利进行，第一种途径是通过对用户移动性的精准预测，使得在用户离开小区之前完成对应的任务；第二种途径是通过边缘服务器完成相应任务的迁移。

在任务迁移过程中，需要由边缘服务器在用户离开本小区之前对用户即将接入的小区进行判断，然后通过网络控制器提前通知对应的边缘服务器建立相应的虚拟机，之后将尚未处理的任务及其相关数据进行迁移，保证任务的处理始终发生在用户接入的小区中，以便于任务的管理和任务计算结果的准确分发。

• 云-边协同下的任务卸载

由于边缘计算系统中部署在网络边缘的服务器的可用计算资源是受限的，因此在业务高峰时期可能发生计算资源不足的情况，而用户设备由于电量或者处理能力的限制，不足以处理相应的计算任务，所以云−边协同下的任务卸载模式成为有效的解决手段之一。云服务器位于核心网中，具有海量的计算资源，但是离用户较远。用户任务卸载需要经过接入网和位于核心网的后向链路，可能通过多跳数据转发才能抵达云服务器。边缘服务器距离用户较近，位于接入网中（如多接入边缘计算）或者紧邻接入网（如雾计算、微云）。因此，云−边协同下的任务卸载可以将数据传输量大但是计算资源需求较少的计算任务放置在边缘服务器中处理，以节省传输资源。另外，对于需要较多的计算资源但是传输数据量小的计算任务，通常放置在云服务器中进行处理从而减少计算时延。总之，云−边协同下的任务卸载模式充分发挥云服务器和边缘服务器各自的优势，实现云服务器和边缘服务器的互补。

- 多层/多元计算实体协作的任务卸载

多层/多元计算实体协作的任务卸载是指通过在网络边缘部署具有计算能力且计算能力不同的实体，根据用户卸载任务的属性（如计算密集型、时延敏感型等）选择合理层级的计算服务器进行任务卸载。通常情况下，距离用户较近的服务器计算能力较弱，通信时延较短；距离用户较远的服务器计算资源较多，但通信时延较长。考虑业务差异化的需求，现有的一些任务卸载方案通常利用虚拟化技术和 SDN 技术来整合多层级边缘服务器的计算资源，从而提升用户任务卸载的效率，满足差异化的用户服务请求。此外，层级较高的边缘服务器所覆盖的地理范围较广，因此移动性较强的用户更适合选择层级较高的服务器以减少任务迁移，降低任务迁移所带来的时延和能耗。

- 多小区协作的任务卸载

多小区协作的任务卸载是指由于用户分布的异构性，可能出现用户本地边缘服务器资源不足的情况；或者多个小区内的用户有同样需求的计算任务，那么通过小区协作的方式首先将相应的任务进行分割，然后采用分布式的方式在多个小区中进行处理，最后将结果进行合并以减少计算时延。

（2）任务卸载影响因素

在卸载过程中，关键的一步是确定任务是否被卸载。然而，卸载决策受多种因素的影响，其中有些因素在任务卸载过程中会不断变化。接下来，我们进一步讨论这些影响因素。

① 设备因素

设备因素是指设备的异构性、位置性和移动性等特性和状态。首先，边缘设备数量众多、种类多样，包括移动设备、传感器和物联网设备。它们的硬件架构、处理能力、存储能力和操作系统不同。因此，设备的异构性会在一定程度上影响卸载效果，如执行时间、能耗等。其次，设备的位置可能会影响接收信号的强度，如设备的位置靠近服务器或信号发射器，设备接收到的信号较强，容易卸载。相比之下，当设备的位置远离服务器或信号发射器时，接收到的信号较弱，难以卸载。此外，设备的移动性也会影响卸载的性能，在某些情况下不能忽略[3]。例如，在车载边缘计算网络中，设备在卸载结果返回之前已经超出当前服务范围，它可能需要寻找新的边缘服务器来再次卸载任务，这将导致高时延。

② 网络因素

对于计算任务卸载，网络条件是对卸载决策[4-5]有显著影响的重要因素，包括链路质量、带宽、网络干扰等。首先，链路质量是数据传输的关键。边缘设备一般通过无线方式与服务器进行通信。与有线信道不同，无线信道具有反射、折射和多径衰落等特性[6]，这使得信道具有较强的时变特性，并导致符号间干扰[7]。当无线信道处于深度衰减时，远程执行减少的执行时延可能不足以补偿由于传输数据速率[4]急剧下降而增加的传输时延。在这种情况下，卸载任务将被延迟到信道增益有利或切换到另一个质量更好的无线信道进行卸载。其次，物联网设备与服务器之间的带宽决定了数据传输速率，影响数据传输时间。在某些情况下，设备和服务器之间的数据传输时间可能会主导卸载的时延，从而导致时延太长，无法满足时间约束[8]。此外，网络干扰是另一个影响因素，通常很难预测，并受到设备移动、带宽变化、网络拥塞和设备与服务器之间的距离的影响。网络干扰也严重影响卸载系统，以满足时延约束要求[9]的应用。

③ 服务因素

计算任务卸载的效果主要取决于服务器节点的选择，服务器节点为处理任务[10]提供服务。这些服务器节点可以是边缘服务器或附近的物联网（Internet of Things，

IoT）设备，也可以是云服务器[11]。理论上，可以将应用程序或任务卸载到任何服务器节点执行。但在实际应用中，边缘设备在进行卸载决策前应考虑服务器节点的计算能力、可用资源、距离和接入技术等因素。其中，计算能力表示服务器节点的处理速度，这是决定能否进行任务卸载的一个重要因素，但不是唯一因素。另外，服务器节点缺乏可用资源也可能影响响应时间。例如，一个任务被卸载到服务器节点，但 CPU 负载过重或被其他线程占用，该任务会被挂起等待 CPU，从而增加响应时间，影响卸载效果。此外，服务器节点的定位和访问技术也会影响卸载时延和能源消耗。计算卸载可以在不同的场景下进行，如设备之间的卸载，或者从设备到边缘服务器，或者从设备到云。在这些卸载场景中，设备和服务器之间的距离是不同的。这将导致不同的传输时延，例如，边缘服务器距离用户设备更近，传输时延更小，但其计算能力相对低于远程云中心，需要花费更多的时间来执行。相比之下，云中心的计算能力高，执行时延小，但必须承受往返时延，并且需要支付使用网络资源的成本。不同的接入技术会影响卸载能源消耗，因此，卸载系统需要考虑服务器节点的选择，以提供更好的应用性能。

④ 用户因素

用户的偏好也是决定任务是否被卸载[12]的一个重要因素。然而，用户的偏好有时会受年龄、性别、体验等因素的影响，难以捉摸。为了说明用户偏好对计算卸载的影响，下面列出了用户最关心的 4 个参考因素：安全性、货币成本、时延和能源消耗。首先，安全性对用户来说是至关重要的，即在卸载过程中保护用户的私人数据和计算数据的完整性。同时，卸载目的地必须是任务执行的可靠地点。其次，货币成本也是用户考虑是否卸载的重要因素，主要包括网络费用和服务费用。网络费用是指由用户收取的网络通信和流量费用；服务费用是指在服务器上租用服务的成本，通常取决于使用虚拟服务器的次数和时间。此外，时延和能源消耗也是用户关注的问题。时延是卸载系统完成任务所花费的总时间，包括上传时间、执行时间和下载时间。用户通常会比较卸载时延和本地执行时延，选择是否执行任务迁移。同样，能源消耗也需要比较卸载能源消耗与本地执行能源消耗。

（3）任务卸载案例

各种移动设备用户的一些案例如图 5-2 所示，考虑一个简单的计算环境，包含

4 个用户（用户 1、用户 2、用户 3 和用户 4）、2 个边缘服务器（边缘 1 和边缘 2）和 1 个云服务器，其中，用户只有在边缘服务器的覆盖区域内才可以直接与边缘服务器通信，并将相应的任务卸载至边缘服务器。另外，由于 2 个边缘服务器之间的覆盖区域可能存在重叠，因此，当用户连接的其中一个边缘服务器的计算资源不足时，可以将部分任务迁移到另一个边缘服务器。此外，每个用户或每个边缘服务器也可以将其任务卸载到云服务器中。接下来，本节将介绍 4 种任务卸载的应用案例。

① 场景 1：用户 1 在边缘 1 覆盖范围内移动

在现实世界中有很多场景，用户在一个小区域内移动，也就是在边缘服务器的覆盖区域内。例如，在医院，有些病人患有随时可能发作的急性疾病，护士和医生需要密切关注一些设备（如图 5-2 中的用户 1）收集的状态信息，并通过一些智能健康预测方法[13]持续分析，以避免这些急性疾病的发生或及时进行急救治疗。在这种情况下，用户 1 的任务处理有 3 种选择。

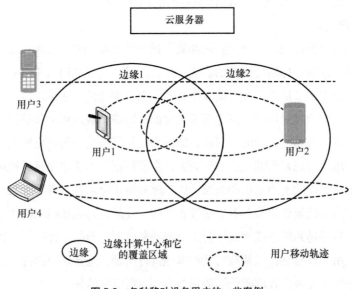

图 5-2 各种移动设备用户的一些案例

• 若用户设备有足够的计算资源，用户 1 将在本地进行任务计算。

- 若边缘 1 可以提供比用户设备自身更好的性能，用户 1 将任务卸载到边缘 1 进行计算。
- 若用户设备和边缘 1 都没有足够的资源可以满足用户的需求，则用户 1 可以直接将任务卸载到云服务器进行计算或者将任务进行分割，其中一部分卸载到边缘 1 进行计算，另外一部分卸载到云服务器进行计算。

② 场景 2：用户 2 移动边缘

第二种情况，如图 5-2 中的用户 2，该用户的活动空间比场景 1 的用户更大，其中单个边缘服务器的覆盖区域无法覆盖其活动空间。同时，用户在一段时间内始终处于至少一个边缘服务器的覆盖区域内。一个典型的例子是，一个游客在一天内游览了一个城市的多个景点，他经常用自己的智能手机拍摄视频和照片，并通过各种算法[14]处理后，通过网络分享给他的网友。这时游客可以跨越两个或多个边缘服务器的覆盖区域。在这种情况下，有 3 种方法来处理这些被卸载的任务。

- 在边缘 1 中完成这些任务，并通过边缘 2 或云服务器将结果返回给用户。
- 将这些任务迁移到边缘 2 或云服务器进行处理，这将导致迁移开销[15]。
- 在用户设备、边缘 2 或云服务器中重新启动这些任务，此时任务处理方式与场景 1 相同。

③ 场景 3：用户 3 移动边缘

在现实世界中，有一些用户设备具有高机动性，如车辆，它们有时不能被任何边缘服务器覆盖。例如，一辆汽车在城市中行驶（如图 5-2 中的用户 3），并实时进行路线规划[16]、周边环境信息收集[17]等各种任务，同时移动到一些与边缘服务器没有直接联系的区域。在这种情况下，当车辆配备的资源不足时，任务只能被卸载到云服务器或其他用户设备上。此外，当车辆从边缘服务器覆盖范围外移动到边缘服务器覆盖范围内时，车辆可以将任务进行分割，其中，一部分卸载到边缘服务器执行计算，将其执行结果传送到前方的边缘服务器，继续进行剩余任务的计算，以改善任务执行时延。

④ 场景 4：用户 3 有邻居用户 4

当多个用户位置足够近时，可以在某些时间段内建立一个稳定的网络连接，此时用户之间可以协同执行任务。例如，图 5-2 中的用户 3 和用户 4 有相似的移动模式，在一段时间内总是很接近。如果用户 3 有任务卸载需求，其可以直接将任务卸载至用户 4 进行处理。

2．研究现状

目前，关于任务卸载的研究包含多个方面，如卸载策略管理方式、卸载决策优化方向等。接下来，首先介绍现有的卸载策略管理方式，包含中心式（集中式）卸载策略管理与分布式卸载策略管理，然后介绍目前的卸载决策优化方向，包含任务处理时延、能耗等，接着分析卸载决策中所需要调度的资源，讨论目前任务卸载与资源调度相关的研究，最后指出任务卸载应用的场景。

（1）卸载策略管理方式

现有工作中的卸载策略管理方式可分为两类：中心式（集中式）卸载策略管理与分布式卸载策略管理。

在中心式卸载策略管理[18-19]中，边缘网络控制器通过收集边缘服务器处理信息、用户需求以及无线信道状况，集中式地为所有用户的不同任务分配无线信道资源和服务器计算资源以避免用户之间的冲突。在现有工作中，You 等[18]研究了多用户边缘系统中的任务卸载和资源调度问题，其中边缘场景中的所有终端设备共享一台边缘服务器，将此任务卸载问题构建为以最小化用户能量开销的凸优化问题进行求解。随着多接入网络和超密集网络的出现，文献[19]在多服务器场景中，依托 SDN 技术，将多服务器任务卸载问题构建为混合整数非线性优化问题，因此该问题为 NP 难问题，作者将其分解为任务卸载子问题与资源调度子问题，并分别提出启发式算法进行求解。在此类工作中，往往没有考虑服务器资源细粒度分配以及无线信道的竞争。

在分布式卸载策略管理[20-23]中，用户通过相互之间通信所收集的信息，在本地规划其任务卸载策略。文献[21-22]通过将多用户情况下的分布式任务卸载问题构建为多用户竞争策略游戏，并且证明了此策略游戏可以通过有限次迭代收敛至纳什均衡，并且求出了收敛时间的上界。文献[20,23]重点研究小型蜂窝网络中多用户多服务器的边缘计算问题，将其中的任务卸载问题构建为以分配开销最小化为目标的优化问题，随后提出了基于势博弈的分布式任务卸载算法以最小化终端用户的端到端时延。

（2）卸载决策优化方向

卸载问题研究目标如图 5-3 所示，卸载决策模型的建立包含卸载输入、约束条件、优化目标和卸载输出 4 个方面。其中，优化目标即做出卸载决策的标准，是决定因素，下面将围绕优化目标，如时延、能耗、能耗时延均衡等，对卸载决策的相关研究进行概述和分析。

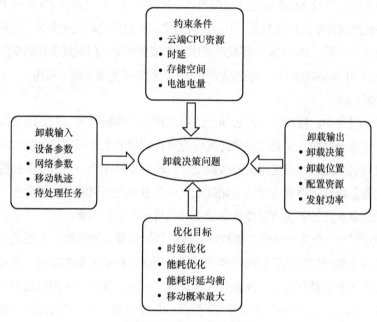

图 5-3　卸载问题研究目标

① 时延优化

对于高清流媒体、互动游戏等实时性应用来说，响应时间是影响用户体验的一个重要指标。当计算量非常大时，需要在本地处理很长时间才能得到结果，无法满足应用需求，也会降低用户体验，因此选择将其卸载到边缘服务器或云服务器，是一种缩短时延并提高性能的方式。

从移动设备的角度来看，响应时间定义为将应用程序发送到云，并从云端接收结果之间的持续时间，包括处理时延和传播时延。处理时延主要依赖于云服务器的处理速度，传播时延主要依赖于网络传输速率，由香农公式可知，无线传输速率与用户到网络接入点的距离有极强的关系。因此，为了减小传输距离，文献[24]提出了基于微云的移动计算架构，智能设备可以通过 Wi-Fi 与其连接，由于微云距离用户更近，所以微云可以提供比中心云更多的带宽和更低的时延。在此微云架构的基础上，文献[25-26]进一步对卸载问题进行研究。文献[25]提出了一种动态卸载的随机模型，并从多个维度考虑最优的卸载决策，比如间歇可访问网络、移动设备的移动特性和网络的不稳定性，通过 MDP 找到了近似最优的卸载策略。该文献[26]在响应时间中考虑了任务处理过程中的排队时延，但是没有对排队的过程进行理论分析，只是通过一个具体数值来表示。文献[26]在卸载决策中考虑带宽预测，但是这个预测是假设在网络可靠性没有问题的前提下，而在现实情况中，网络可能根本就不可用。

② 能耗优化

在卸载过程中，移动设备向云端上传数据和从云端接收数据的时间增加，虽然云的处理速度会更快，但是仅凭借时延作为进行卸载的决定因素有比较大的不确定性，而且延长电池寿命是应用云服务器完成计算服务目标之一，当应用日趋复杂，但设备配备的电池容量有限时，节能就成为一个重要的研究方向。因此在卸载过程中，移动设备花费的能量可以作为衡量决策的另一个主要因素。

MAUI[27]是一个将计算任务卸载到云服务器的能量感知机制，主要通过估计本地处理任务和卸载到远端云处理任务的能耗，来优化移动设备的能耗。但是它不是将所有的代码都卸载到云中，而是将代码进行了分割。在这个机制被提出后，很多研究在其基础上，结合其他因素得到了更优的解决方案。文献[28]讨论了卸载可能为用户节省能耗，但是并非所有应用程序迁移到云端都可以节省能耗，它取决于卸载所节省的计算成本和能耗是否优于额外的通信成本，具有大量通信、少量计算的任务在本地执行更具优势，而具备大量计算而通信较少的应用在远端执行更占优势。因为时延对于即时性应用非常关键，所以在这两个方案的基础上，还有很多文献研究了在响应时延受限的情况下，任务的卸载决策问题。文献[29-31]都是在满足应用时延限制条件的情况下，达到节省能耗的目的。文献[29]建立了多用户竞争模型，以降低能耗，改善计算性能；考虑了两个卸载目的地，从最大化能效的角度，提出了一个能耗的调度方案，并通过算法找到适合的决策方案，使用非合作博弈来分析用户行为。文献[30]为了在不同的网络条件下，给用户提供一个更低时延的用户体验，基于李雅普诺夫（Lyapunov）优化方法提出了一个自适应卸载算法，该算法可以根据无线环境的变化，动态地将应用的部分任务卸载到特定的服务器上。文献[31]以图的方式进行划分，但是弱化了信道变化的情况，没有对动态信道进行具体建模并分析。

③ 能耗时延均衡

能耗和时延是移动云卸载的关键设计目标。实现一个卸载目标可能会影响另一个目标的实现。例如，在云端执行任务可能会减少任务的响应时间，但是，也可能无法节省移动设备的电池能量。研究能耗和时延之间的权衡，是一个非平凡的多目标优化问题。例如，尽管卸载会比本地执行花费更多的能量，但是有些应用更关注任务的远程执行时间，反之亦然。

CloneCloud[32]结合静态分析和动态分析，使细粒度的应用程序自动分区，同时优化了计算和通信的执行时间和能量使用。然而静态分区[34-35]是不适用于动态变化的网络环境的。由于网络环境异构、设备移动性高和云资源不可用等因素存在间歇连接的可能性，移动网络中的不稳定连接对卸载决策有很大影响，通信时延大、能耗高可能使本地执行在某些情况下更加有利。文献[34]对能耗与时延的权衡进行了研究，主要考虑了每个移动设备的应用是否要卸载、卸载到哪个服务器的问题；假设服务器的计算能力相同，没有考虑微云平台计算能力受限的问题。文献[35]针对动态环境下的计算卸载，将用户动态分为活跃用户和非活跃用户，通过时变的信道进行任务卸载；在卸载过程中，用户都是自私的，希望自己的收益更大，因此采用随机博弈的方法构建了动态模型，并证明了这个博弈至少存在一个纳什均衡点，最终提出了多代理随机学习的算法，找到一个固定的收敛速率。文献[36]针对在多用户的移动云计算系统中，每个用户有多个独立的任务要卸载到计算接入点、远端云或者本地，联合优化了所有用户任务的卸载决策和计算资源和通信资源，提出"三步"算法，得到了局部最优方案。

④ 其他目标优化

文献[37]考虑了一个异构的移动云计算（Mobile Cloud Computing，MCC）系统（通过网络通信方式（如互联网或以太网）为移动用户提供计算服务），并把移动设备分为可卸载设备和不可卸载设备。通过随机几何分析了连接远端服务器时和连接微云时的中断概率，根据中断概率的预测作出卸载决策，并根据云服务提供商的收益考虑了微云的部署问题。这种决策算法比较新颖，但是预测准确性有限，并且没有时延能耗等核心指标辅助其决策，结果的可用性较差。

文献[38]考虑了用户移动性，并对用户的移动性进行了详细分析与研究，最终基于预测概率作出卸载决策，虽然移动性在移动云计算的卸载中会有一定的影响，但是完全不考虑时延与能耗的影响，在决策方面也失之偏颇。

（3）任务卸载与资源调度相关的研究

多维（通信、计算和缓存）资源调度研究与任务卸载机制具有紧密相关性。任务卸载过程中需要占用一定的传输资源，任务执行需要占用一定的计算资源。同时，针对特定任务类型，卸载决策和计算执行需要根据存储资源的调度情况进行调整。

计算资源调度：当任务在用户本地执行时，本地计算资源的调度决策会对任务执行速率和用户能耗产生不同的影响。此外，与云服务器相比，边缘服务器的计算资源有限。当多个用户同时将计算任务卸载到同一服务器时，如果没有合理的计算资源调度机制，会造成计算任务丢失、计算时延过高等问题。因此，合理调度各计算服务器有限的计算资源是任务卸载中必不可少的部分。

通信资源调度：任务卸载过程的数据传输受用户和服务器之间的无线通信链路质量影响。一方面，数据传输过程需要占用一定的通信资源，而无线频谱资源相对匮乏。如果在同一时间段内多个用户同时卸载任务，会造成拥堵，影响数据传输速率。另一方面，对于复杂的无线通信系统，用户和边缘服务器之间的连通性及信道状态复杂多变，通信资源调度不合理，会导致通信资源利用率低下。因此，对通信资源进行合理调度对于提高任务卸载时的传输速率、实现不同服务器之间任务的高效协同处理具有重要意义。

缓存资源调度：随着以人工智能为代表的内存消耗型移动应用的不断涌现，该类任务处理模型和数据库等存储资源的占用成为决定边缘计算任务处理性能的关键因素之一。具体地，只有当计算任务的实时处理模型和数据库恰好部署在边缘服务器时，该服务器才具有相应任务的处理能力，否则服务器将无法进行该类任务的处理。此外，如果存在实时任务处理模型的参数更新，如联邦学习中的模型参数迭代更新，则相应任务缓存更新位置也会对任务处理性能产生影响[39]。因此，考虑有限的边缘服务器缓存容量和多种任务类型需求，需要合理调度服务器缓存资源。

① 针对不同性能指标的任务卸载和资源调度研究

边缘计算技术的初衷是在网络边缘扩展终端用户的处理能力从而快速响应任务处理需求[40-43]。从降低任务处理时延的角度出发，文献[44-46]针对不同的任务类型的计算卸载问题展开了研究，其中，文献[44]和文献[45]基于完全卸载模型，文献[46]基于部分卸载模型。文献[44]面向单一用户和单一边缘服务器场景来确定最小化任务处理时延卸载决策的一般准则，即从任务属性出发，轻通信量而重计算量的任务应该被卸载。基于网络条件，当边缘服务器可用计算资源充足且传输速率足够高时任务应该被卸载。面向多用户共享一个边缘服务器的场景，考虑多用户对有限的通信资源和服务器计算资源的竞争，文献[45]解决了上行传输和下行传输共享相同时隙和频带通信模型下的计算卸载问题，通过联合优化时间、功率以最小化任务处理时延。基于部分卸载模型，文献[46]通过优化卸载数据的多少、每个用户占用服务器总计算能力的百分比以及不同接入机制下的通信资源，降低了多用户正交频分多址无线信道接入下的任务时延。

根据不同性能指标，任务卸载存在不同的优化目标，文献[47]开发了一种基于集中式的边缘计算卸载移动性管理机制，优化了任务接入和计算而引起的时延。依赖于中心控制器，为降低高峰流量时段内车辆任务的响应时延，文献[48]研究了车辆之间的辅助计算机制，以有效利用车辆的闲置计算资源。但考虑边缘服务器的分布式部署，以及设备终端的移动性、时变的网络拓扑等特性，基于集中式优化控制方式在保护数据隐私和高信息开销上相对于分布式机制具有一定的劣势。文献[49]和文献[50]将多个终端用户竞争单一边缘服务器资源构建为非合作博弈问题，设计了分布式机制进行问题求解，在达到均衡时，能实现问题的帕累托最优解。利用拉格朗日对偶和交替方向乘子法（Alternating Direction Method of Multipliers，ADMM），文献[51]设计了分布式优化方法，通过对任务卸载决策、计算资源调度及基站能量波束的联合优化，加快了边缘计算网络中任务处理速率。

此外，随着新兴应用服务种类的增多，某些特定服务中也有许多自适应服务应用程序和处理模型，对应不同的服务质量和资源需求[52-54]。得益于对模型的量化[55-56]、剪枝[57]、压缩[58]等技术，深度学习模型可以根据不同的参数比例"压缩"成不同的版本，从而调整计算任务的复杂度和资源的需求量。为解决移动设备的资源和能量受限、难以运行大规模神经网络模型的问题，文献[59]提出基于强化学习的模型压缩方法，以提升不同模型压缩量下的任务处理精度。文献[60]通过在设备终端和边缘服务器端部署不同规模的 DNN 模型，并通过优化任务处理位置的选择，调整边缘智能推理任务的处理质量。对于实时视频数据分析类应用，部分工作考虑了视频流分辨率和采样速率的选择问题[61]，当计算负载过大影响网络稳定性时，可以选择以适当任务处理准确度为代价，丢弃历史数据样本而选取最新到达的样本图像进行处理，从而降低任务接入量计算需求。针对大规模视频分析系统，文献[62]通过对任务服务质量和所需资源之间的权衡，给不同任务调度不同的资源量，在有限的资源下提升了任务处理的吞吐量。针对大规模视频的神经网络推理请求服务下资源不足的问题，文献[63]一方面通过检测视频帧之间的相似性，降低进入推理分析的帧数；另一方面，使用特定的小型泛化的模型以加速模型推理。

② 面向多服务器协同的任务卸载和资源调度研究

由于单一边缘服务器计算资源的有限性，多个服务器间互相协作进行任务处理和资源共享的方式可以为终端用户提供更高效、更灵活的卸载服务。端边云协同的网络框架是最典型的协作模式，远程云中丰富的计算和存储资源可以弥补边缘网络中的受限资源。在该协同模式下，文献[64]通过将边缘服务器无法处理的终端用户的任务调度到远程云中进行处理，在避免网络拥塞的前提下，最小化任务处理时延。文献[65]通过在不同边缘服务器之间进行峰值聚合，分析卸载过程中通信和计算时延的折中关系，提出了基于树层次的分层任务卸载和资源优化机制，以根据不同服务器的处理能力进行任务调度，从而提升网络资源利用率。针对车联网中时延敏感型任务的处理，文献[66]基于可容忍时延约束、计算资源成本和标准化因子共同组成的效用函数，衡量了不同计算卸载决策下车辆用户对于完成计算任务情况的满意度，并基于此设计了面向云边协同的任务卸载和资源调度优化算法。由于这种端边云协同模式对于中心云资源的依赖性较强,难以充分发挥边缘计算网络的邻近性能、用户隐私保护等优势。

为了减少对远程云的依赖,文献[67]基于边缘服务器间有线协作的方式,首先通过优化资源调度使利润最大化,随后基于博弈论提出了面向供应商的利润最大化算法,并证明该算法可实现纳什均衡。文献[68]在文献[67]的基础上进行了扩展,在服务器间资源的共享基础上联合考虑了设备本地资源共享问题,利用合作博弈实现了不同服务器间任务的协同调度和资源联合调度,并证明了算法的稳定性和收敛性。在基于无线连接关系的服务器协作方面,文献[69]提出了基于图染色和吉布斯采样理论的分布式任务协同处理方法,最小化任务处理成本开销。文献[70]针对移动终端接入选择不同服务器的协作方式,设计了超密集组网(Ultra Dense Network, UDN)下的边缘服务器协作进行计算卸载框架,通过边缘服务器对等卸载和终端关联的方式形成边缘服务器联盟,促进不同边缘服务器间资源的协同共享,从而降低任务实现的成本开销。文献[71]考虑多小区、多边缘服务器场景下的小区间干扰,通过联合优化卸载决策、无线资源调度以及边缘服务器计算资源调度来实现终端低能耗的目标。在联合考虑用户和边缘服务器效用的基础上,文献[72]提出一种基于博弈理论的方法来最大化网络资源利用效率。为最小化由用户时延和能耗共同定义的系统成本,文献[73]基于可分割任务卸载模型,设计了包含一维搜索和交替优化两个阶段的资源调度机制,其中,第一阶段负责获得最优卸载决策,第二阶段负责计算资源调度的局部最优解来实现系统成本的降低。基于匹配理论[74],这一可应用于解决离散性质问题的分布优化方法,文献[75]构建了一个最小化用户成本开销的服务请求调度问题,并通过多对一匹配博弈提出一种分布式解决机制来解决所提出的问题。在满足任务完成时间要求的前提下,文献[38]将最小能耗问题转化为一个混合整数规划问题,并提出了一种分布式解决机制,其中包括 3 个子算法,即计算迁移选择算法、时钟频率控制算法以及传输功率分配算法。

③ 面向多维资源联合的任务卸载和资源调度研究

上述针对不同性能指标和面向多服务器协同的任务卸载和资源调度研究主要集中于通信和计算两个维度的资源。随着移动视频和多种缓存占用类新兴应用的兴起,边缘缓存变得至关重要。在边缘计算网络中,缓存部署策略与接入机制存在深度耦合特性。当终端用户请求的内容恰好缓存在服务器时，终端用户可以直接从基站获取内容，而不需要通过回程链路从远端服务器中获取，从而有效缓解回程链路负载[76-77]。针对用户请求高度集中的视频业务类型，文献[77]和文献[78]进行了视频内容缓存部署机制的研究，通过在边缘服务器中存储流行度高的内容来减小文件获取时延和视频卡顿，同时有效减少网络中流行内容的重复传输。此外，文献[79]表明单纯基于流行文件的内容缓存并不是最好的策略，通信信道状态会对内容缓存产生影响。针对边缘网络中通信和缓存的耦合关系，文献[80]和文献[81]从考虑边缘服务器负载约束和终端用户的质量需求，研究了缓存策略与接入机制联合优化的问题。针对边缘服务器间协作的内容缓存策略，文献[82]设计了基于列生成法的接入控制、缓存部署和带宽资源分配联合优化机制。文献[83]采用二分图构建边缘服务器和终端用户间的连接关系，并以最大化缓存内容命中率为目标提出了基于贪婪算法的优化机制。

随着多类新兴应用的发展，如面部识别、语音生成和图片分类等，边缘设备需要支持以深度学习为代表的多类人工智能算法的实现。这些算法不仅需要较强的算力支持，还需要占用较大的缓存资源。考虑边缘网络中存储和计算间的耦合关系，文献[84]提出基于不对称搜索树和改进的分支定界法以进行内容缓存、计算资源和任务调度的联合优化。文献[85]根据多播终端用户的相同任务卸载请求，提出了以最差信道条件终端用户为标准进行多播的传输策略和以最佳信道条件终端用户上传任务数据为标准的任务卸载策略，有效提升了多播机会和数据的复用性。为增加系统性能增益，文献[86]将计算任务卸载决策、内容存储策略、频谱和计算资源分配建模为一个优化问题，并设计了基于分布式的算法来求解所提问题。首先将原始非凸问题转化为一个凸问题，并进一步分解为一组子问题，之后应用 ADMM 进行分布式求解。考虑计算服务程序和数据集对边缘服务器缓存资源的占用，文献[87]提出了一种贪婪的服务放置算法，从而最大化边缘服务器辅助处理的服务请求的数量。但是，此机制基于静态网络环境无法捕获动态环境中的随机服务请求的需求。考虑随机任务需求，文献[88]设计了一种联合服务缓存和任务调度机制，以最大限度地减少服务请求的平均时延，但该机制局限于边缘服务器的覆盖范围不重叠的应用场景。为了应对时变服务需求和动态网络拓扑，文献[89]提出了一种动态服务器切换算法，该算法仅着重于降低边缘服务器的能量消耗而无法捕获时延敏感需求。联合考虑缓存资源的分配和任务卸载决策，文献[90]设计了一种分布式在线算法以最小化计算任务实现时延，但只关注静态成本开销，而忽略了服务重构的时间关联性开销。

④ 基于无人机辅助的任务卸载和资源调度研究

近年来，空中无人机显示出巨大的潜力，因此，面向无人机场景的 MEC 研究也引起了广泛关注。为了充分发挥无人机的灵活性以辅助地面用户进行任务处理，文献[91]设计了面向多个地面用户计算卸载需求的联合无人机轨迹优化和可分割任务的卸载机制，以降低地面用户的计算任务实现能耗。与文献[92]的场景相似，文献[93]提出了一种基于块坐标下降和连续凸近似（Successive Convex Approximation，SCA）的联合优化算法，通过联合优化卸载过程中的任务分配和无人机飞行路径，最小化地面用户设备完成任务的总能耗。以最小化任务处理时延为目标，文献[94]建模了联合用户调度、任务卸载比例和无人机飞行路径的优化问题。为了解决这个带有离散二元变量的混合整数非凸问题，文献[94]提出了一种基于惩罚对偶分解的算法，将等式约束作为增广拉格朗日项对目标函数进行转化，从而降低了问题求解的复杂度。以最大化任务处理量为目标，文献[95]研究了基于无人机辅助边缘计算系统在部分卸载和二进制卸载两种模式下任务卸载和资源调度的问题，通过联合优化用户传输功率、计算资源调度、卸载次数和无人机飞行路径来最大化任务处理量。

此外，保持高续航时间是无人机性能充分发挥的关键性因素[96]。除太阳能无人机以外，以电池或者燃料为能量源的军用无人机续航时间为 2～12 h，大部分民用无人机的续航时间为 30 min～4 h[97]。对于小型和微型无人机而言，其能量存储系统能够占到无人机自重的 40%[96]。同时，无人机的多核处理器等硬件性能的提升需要消耗更多的能量，这进一步加剧了续航问题的严峻性。因此，无人机上装备边缘服务器为地面网络提供计算服务，不仅需要考虑地面终端用户的能耗，还需要考虑无人机的能耗。以最小化无人机能耗为目标，文献[98]在无人机无线能量传输的架构上研究了一种基于无人机辅助地面用户进行任务处理的空地协同计算卸载系统。在该系统中，无人机在为地面用户设备提供计算卸载服务的同时，采用无线能量传输技术为用户设备供电，并通过联合优化任务卸载决策、用户与无人机计算资源调度和无人机飞行路径，从而充分利用网络资源。为最小化地面用户和无人机加权总能耗，文献[99]设计了卸载决策、带宽调度、计算资源调度决策的联合优化机制，并利用交替优化的方法进行迭代求解。文献[100]设计了多无人机协同辅助用户计算的无人机部署机制，将无人机部署问题作为上层优化问题，将任务调度问题和资源调度作为底层优化问题，通过联合优化来优化用户关联、功率控制、计算资源调度和无人机部署位置，在满足用户计算任务需求的条件下最小化能耗。

由于无人机尺寸受限，无人机的计算能力还难以满足大量任务处理的需求。基于此，研究人员进一步提出将无人机作为空中中继节点，辅助用户建立与地面基站之间的通信链路，从而借助具有强大计算能力的地面服务器来进行实时任务处理。由此，用户的计算任务可在本地计算，也可以卸载到计算能力较强但能量有限的无人机上计算，或者发挥无人机的中继作用，进一步将任务卸载到计算能力更强的边缘服务器上，从而有效提升系统可用计算资源容量。利用无人机提供计算和中继服务，文献[92]通过联合优化无人机路径和资源调度，实现无人机能耗最小化，并利用 SCA 方法和拉格朗日二向性技术来解决这个联合优化问题。基于相同的目标，文献[101]结合智能化方法提出一种基于 LSTM 网络的任务预测算法，来提前制定卸载策略和设计无人机位置优化算法，并在此基础上设计了一个降低无人机能耗的优化算法。文献[102]考虑了有限的服务时延，将设备和无人机总能耗最小化问题分解成任务调度优化、带宽调度优化和无人机路径设计3 个子问题，并对这 3 个子问题进行交替优化迭代，以最小化设备和无人机的总能耗。

（4）任务卸载应用的场景

计算任务可以在不同的位置执行，如物联网设备、边缘服务器或云服务器。卸载目的地取决于不同目标和影响因素之间的权衡。本节将介绍一些典型的卸载场景。边缘计算中的卸载场景如图5-4 所示，根据卸载目的，卸载场景可分为3 层，分别是物联网设备层、边缘计算层和云计算层。物联网设备层由传感器、移动设备等节点组成，数量众多、分布广泛。这些物联网设备在运行应用程序时会产生大量数据。由于单个设备的计算和存储能力有限，数据通常以任务形式卸载给外部服务器或设备。边缘计算层由边缘网关、MEC/朵云（Cloudlet）和雾节点组成，能够提供中间计算能力、足够的存储空间和相对较快的响应时间，满足物联网应用需求。云计算层中，云服务器可以提供高的计算能力和足够的存储空间，但需要承受较长的时延和数据传输成本。图 5-4 用不同的线条来表示卸载的方向：虚线表示物联网设备之间的数据卸载，例如，智能手机将任务卸载到附近的移动设备；点虚线表示数据被卸载到边缘服务器，可以位于物联网设备或边缘服务器之间；实线表示数据被卸载到云服务器，可以位于物联网设备、边缘服务器和云服务器之间。

① 物联网设备间卸载

如今，物联网设备已经成为人们日常生活中必不可少的一部分，它们不仅扮演数据生产者的角色，还扮演数据消费者的角色。在边缘计算中，物联网产生的大部分数据将在网络的边缘处理，而不是传输到云[103]。移动设备、平板计算机和个人计算机可以提供一定的计算资源，而人们身边的这些计算资源在大多数时候都是空闲的[104]。当移动设备遇到超出其能力范围的复杂任务时，它可以选择将复杂任务划分为更小的任务，并将负载分配给附近具有空闲计算资源的移动设备。这样可以缓解单个设备的资源稀缺，提高边缘网络整体的资源利用率。

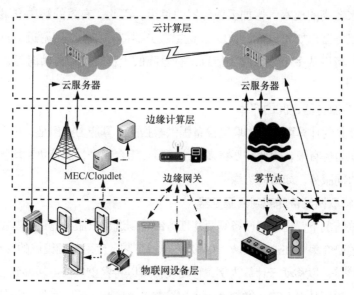

图 5-4　边缘计算中的卸载场景

② 从物联网设备卸载到边缘服务器

由于大多数物联网设备资源有限，无法处理复杂的计算任务。例如，机器学习需要进行大量的计算，尤其是基于 DNN 的训练和推理。单台资源有限的设备（如智能手机）无法独自平稳运行任务。对于云计算，必须将计算任务上传到云服务器执行。以上操作不可避免地会增加带宽成本和传输时延，导致物联网设备无法满足实时性要求，尤其是在一些实时性要求较高的工业场景中。物联网设备可以将计算任务卸载到附近的边缘服务器，如图 5-4 中的雾节点[105]、MEC/Cloudlet[24]，在这些服务器中所有的任务将被进一步处理和分析，有效地降低了成本和时延。文献[106]利用边缘计算将物联网设备的 DNN 计算任务转移到附近的通用边缘服务器，如 MEC/Cloudlet，这可以有效地减轻嵌入式设备执行机器学习算法的负担，进一步提高应用程序的性能。

③ 从边缘服务器卸载到物联网设备

在某些应用中，物联网设备需要获取一些外部信息（如温度、湿度等环境参数[4]）进行计算。由于物联网设备的功能和资源有限，这些信息很难被大量地测量和存储。在云计算范例中，物联网设备需要请求云来提供这些信息，但是频繁使用云会带来较高的成本，增加云服务器的负担。因此，有效的解决方案是访问分布式边缘服务器，如 Cloudlet/MEC。边缘服务器部署在物联网附近，具有强大的计算能力，可以从多个来源收集信息，有效降低设备负担和传输时延，降低接入云[107]的成本。

④ 边缘服务器之间的卸载

边缘计算的计算可以为物联网设备提供较强的计算能力。但是，单个边缘服务器的计算能力也有限，因此需要将多个边缘节点组合起来，保持负载均衡，共享数据，提供协同服务，如协同边缘[103]。

⑤ 从物联网设备卸载到云服务器

在某些情况下，物联网设备需要将任务卸载到远程云服务器进行数据存储或处理。早期的研究集中在这一领域，如移动云计算[107]、使用基础设施的移动辅助[27]、ThinkAir[108]等。以移动云计算为例，移动设备可以将繁重的任务转移到强大的远程集中式云（如亚马逊 EC2、微软 Azure 和谷歌）上，并在云上存储大量的数据[109]。

移动云计算带来的好处是延长了电池寿命，支持复杂的应用程序，并为移动用户[110]提供更高的数据存储能力。在移动游戏中，移动设备完全可以将图形渲染等计算密集型任务卸载到云端，并将结果显示在屏幕上与用户[107]交互，提高游戏体验，节约移动设备的能耗。文献[32]提出了 CloneCloud 框架，它可以克隆应用程序的一部分并将其卸载到云上。当运行到克隆段时，应用程序线程可以从移动设备卸载到云中的克隆，并在程序的当前执行点重新卸载回移动设备以继续执行。CloneCloud 可以减少应用程序执行的开销。实验结果表明，CloneCloud 可以实现高达 20 倍的应用程序执行速度，并将移动设备上的能耗降低到为本地执行时的 $\frac{1}{20}$。

⑥ 边缘服务器和云服务器之间的卸载

边缘服务器利用计算能力和存储能力来完成边缘上的大部分任务，但在很多场景下仍然需要云服务器来存储和访问数据。例如，每日患者的日志将从医疗保健系统中卸载到云端，用于长期观察。驾驶员行为监控日志也将上传到云端存储和分析，为车辆保险提供有效依据。由于资源的分布式部署，边缘服务器和云服务器需要协同完成一项任务。例如，在雪灾或森林火灾时，雾计算可以获取无人机的实时监测数据，并将其传输到云端进行灾害评估。当灾难对现场造成严重破坏时，原来的道路和房屋已无法辨认。雾计算需要云提供的原始地理信息来指导无人机进行现场搜救工作。通过这种方式，雾和云相互分配任务，共同提供服务[111]。

⑦ 从云服务器卸载到物联网设备

虽然云服务器直接将任务分配给物联网设备并不常见，但当云服务器需要底层设备或传感器来执行某些特定任务并将结果返回给云服务器时，就会发生这种情况。在视频直播分析中，响应时间是视频直播分析能否满足服务质量[112]的重要指标之一。云计算由于数据传输时延长，以及涉及隐私问题，已经不再适合视频分析。云服务器将向目标区域的所有设备发送搜索子设备的任务。每个监控摄像机接收任务后，会对本地数据进行搜索。当找到失踪儿童的信息时，结果会返回到云端。与传统的云计算模式相比，该方法采用边缘计算并行模式，响应速度更快[103]。此外，一些任务可能依赖于底层设备，如图像、声音和信号采集。这些任务需要从云端卸载到底层设备[113]。

5.1.2 服务迁移

随着车联网技术的不断发展，海量低时延、密集计算的车载应用随之产生。车载边缘计算（Vehicular Edge Computing，VEC）通过将计算资源部署在距离车辆更近的位置（如基站（Base Station，BS）），来满足服务的低时延、密集计算需求[114]。但是，由于 VEC 服务器的覆盖范围有限且车辆高速移动，服务迁移是不可避免的[115]。接下来，本节将首先介绍服务迁移的基本概念，包含影响迁移质量的关键因素，如资源因素（计算资源和通信资源）和设备移动性；面向迁移的资源配置机制，如服务迁移载体和基于资源虚拟化配置的迁移机制；服务迁移的基本流程，如用户与网络设备间的 VM 迁移流程和网络设备间的 VM 迁移流程。然后介绍现有服务迁移研究现状，分析存在的问题。

1. 基本概念

由于边缘服务器等网络设备的服务范围有限，当用户在多个网络设备服务范围内移动时，用户所请求的服务可能发生中断。为了保证服务的连续性，服务需要随着用户的移动在网络设备之间迁移。服务迁移是指把程序、数据和执行状态从一个网络设备迁移到另一个网络设备。

（1）服务迁移质量的关键因素

① 计算资源

对于实际的部署场景，单个网络设备中存储和计算等资源通常是有限的，而且一个网络设备的负过载通常是突发性的，特别是对于高移动性用户。网络设备过载，可能会导致资源不足，无法为迁移后的服务处理计算任务。在这种情况下，由于计算时间长，即使服务通信时间很短，服务响应时间也可能会变得非常高。因此，目标网络设备应该有足够的资源来接收迁移后的服务，以保持服务质量的表现。

② 通信资源

服务迁移过程中，一台网络设备的虚拟机的内存页面需要不断地迁移至另一台。若网络发生中断或带宽分配较少，将导致内存页面失效，需要重新传输。因此，目标网络设备需要提供足够的通信资源用以虚拟机迁移，保证服务可靠性。

③ 设备移动性

倘若用户设备正处于网络设备的覆盖范围内，其中正在进行的服务是托管的，那么用户可以通过单跳无线访问时延来访问服务。在这里，访问时延被定义为用户设备发送一个数据包到在网络设备中成功接收数据包的时间（或者网络设备发送到用户设备所需的时间）。一旦用户设备移动到网络设备的覆盖范围外，服务迁移被激活。另外，如果用户设备将要在大范围内移动（如无人机和高速路上的无人车），在满足服务迁移约束的条件下，用户设备的移动速度将影响其在当前网络中的停留时间，速度越快，停留时间越短，这将造成持续的服务迁移。总体而言，QoS 要求、用户的移动性和路由是决定最佳迁移策略的重要因素。

（2）面向迁移的资源配置机制

① 服务迁移载体

考虑在不同设备间进行资源迁移时，差异化的服务托管环境导致资源难以共享。为隐藏托管环境的异构性，在设备间引入统一的虚拟化载体，用以封装和迁移资源。常用的虚拟化载体包括虚拟机和容器。其中，虚拟机包含基于内核的虚拟机（Kernel-Based Virtual Machine，KVM）和 Xen。常见的容器技术包含 Docker 等[116]。虚拟化基础载体如图 5-5 所示，图 5-5 展示了 VM 和容器的差异性。

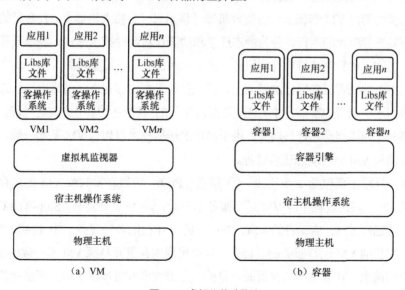

图 5-5　虚拟化基础载体

VM 提供了完全的虚拟化环境、虚拟机监视器以及与宿主机相互隔离的操作系统。其中，虚拟机监视器负责管理和控制物理主机的硬件资源。由于虚拟机彼此之间完全隔离，通过对硬件虚拟化实现了对定制资源的有效隔离，将应用运行环境提升到较高的安全级别。然而，随着上层应用的发展，VM 也逐渐暴露一些问题。其中，最主要的问题是 VM 的执行指令在硬件系统上的执行需经过宿主机操作系统转换的实现机制，导致了 VM 运行速度慢、效率低下，进而损耗了宿主机的计算性能。另外，VM 内安装的系统在运行过程中也需要使用一部分资源。特别是在大规模部署和使用的情况下，随着 VM 数目的增加，内存的占用会被进一步放大。

基于容器的服务迁移是一个比较新的领域。不同于虚拟机监视器，容器引擎可以提供容器运行及进行容器管理的相关环境与功能，并且与 VM 相比，容器是一种更加轻量级的迁移载体。VM 倾向于在迁移服务中保存大多数资源，而由于容器中包含的应用程序共享操作系统，只需要迁移额外的不同层，如额外的二进制文件和库，就可以在其他计算节点上下文中正确地执行处理程序。因此容器的内存占用比 VM 小得多，在物理主机上托管数百个容器是被允许的。但由于容器对宿主机操作系统较依赖，在平台可移植性与安全性上次于 VM。

② 基于资源虚拟化配置的迁移机制

迁移是指把 VM/容器从一台物理机器迁移到另一台物理机器上，并在目的物理机器恢复托管单元的运行，分为静态迁移和动态迁移两种技术形式。静态迁移要求在迁移的过程中暂停托管单元的服务，主要面对没有实时性要求的应用；动态迁移是指在不干涉托管服务运行的基础上，把托管单元在内存状态、网络连接状态等方面的数据迁移到目的节点，并保证迁移前后充分的一致性[117]。考虑实时性能，目前绝大部分工作围绕动态迁移展开。由于容器的迁移技术思想与 VM 基本一致，下面将主要围绕 VM 分析动态迁移过程。

动态迁移主要包括 3 个阶段：① 推送（Push）阶段，复制源 VM 的内存页面到目的 VM，在此过程中源 VM 运行服务不中断；② 停止并复制（Stop-And-Copy）阶段，挂起源 VM，启动目的 VM，并由目的 VM 提供对外服务；③ 拉起（Pull）阶段，在目的 VM 运行服务的过程中，如果出现内存页面与源 VM 不一致的情况，发出页面请求，获取正确内存页面。目前的主流技术方案包括 3 种：预复制技术、后复制技术、混合复制技术[118-119]。

• 预复制技术

这是目前最常用的技术方案。其在 Push 阶段复制所有页面到目的 VM 保存，并记录这个过程中源 VM 发生变化的页面，称之为脏页面。然后仅将脏页面复制到目的 VM，通过这样迭代复制的方式逐步更新目的 VM 的内存状态。当脏页面的数量小于设定值时，停止复制，进入 Stop-And-Copy 阶段，之后启动目的 VM。由于 Push 阶段的迭代复制使得脏页面足够小，因此 Stop-And-Copy 阶段停机时间极短，保证了 QoS。

然而，在动态迁移过程中，服务的持续运行导致任何页面都有可能发生变化。特别是对于 I/O 请求频繁的服务，脏页面的反复重传会极大地增加迭代复制次数和降低平台网络的吞吐量。当脏页面的产生速率大于迭代页面的复制速率时，理论上就会进行无限迭代的情况。同时，在 Push 阶段的迭代复制过程中，大量的数据传输导致较高的网络开销，降低了 VM 的网络服务性能。

• 后复制技术

后复制技术没有 Push 阶段，在迁移时直接挂起源 VM，将 CPU 状态复制到目的 VM 上，再运行目的 VM。目的 VM 运行过程中如果产生缺页异常，将向源 VM 发出异常请求。

后复制过程中，所有内存页面都只需要通过一次传输，这样避免了脏页面的频繁重复复制。后复制技术降低了平台网络带宽的负载，在总迁移时间上优于预复制技术。但后复制技术对源 VM 的依赖较强，在目的 VM 运行服务期间，如果频繁遇到缺页请求，I/O 等待时间过长，对 VM 上服务的性能影响较大。

• 混合复制技术

预复制技术主要针对 Push 阶段与 Stop-And-Copy 阶段，后复制技术则关注 Stop-And-Copy 阶段。为了中和两种技术的优势，混合复制技术被提出。首先在 Push 阶段，由源 VM 提供服务，进行一次预复制。传输源 VM 的所有内存页面到目的 VM，并创建脏页面位图记录这个过程中发生修改的内存页面。然后进入 Stop-And-Copy 阶段，传输脏页面位图并启动目的 VM。在 Pull 阶段中，如果目的 VM 访问被脏页面位图记录的页面，则从源 VM 获取正确的页面。

相对于预复制技术而言，混合复制技术没有迭代复制脏页面的过程。除了脏页面会被复制两次以外，其他内存页面都只会进行一次复制，减少了数据流量和对网络的负荷；相对于后复制技术，混合复制技术 Push 阶段的页面传输使得目的 VM 在开始运行时，就已经有了本地工作集，极大地减少了缺页异常情况的发生。

（3）服务迁移的基本流程

服务迁移流程分为两种。一种服务迁移是用户和网络设备之间的迁移，其形式是将在用户本地终端处理需很大代价的计算密集型、时延敏感型任务，通过 4G、5G 以及 Wi-Fi 等无线网络迁移到接入网侧的边缘服务器等网络设备上执行。另一种服务迁移是网络设备之间的迁移。引起网络设备之间的迁移的原因有很多。其一是本地终端所在的网络环境不稳定，通过将用户的服务迁移至附近其他网络设备进行服务计算，最终将服务结果回传至本地。其二是服务所在网络设备的服务器负载过大，使得服务在当前服务器的排队时间过长。为避免服务过载导致的服务器宕机，当前服务器需要将部分服务迁移至其他服务器中。

① 用户与网络设备间的 VM 迁移流程

用户设备与雾节点间的迁移过程主要包括 3 步。首先用户设备利用 VM 将计算任务迁移至附近的雾节点。迁移完成后，用户通过互联网在物联网上进行远程操作，以快速实例化定制服务软件。最终用户通过无线局域网连接雾节点，然后使用对应 VM 支撑的服务。注意，用户设备附近如果没有可用的雾节点，则降级到涉及远程云的回退模式；或者，最坏的情况是使用自己的本地资源。

下面给出一个快速实例化定制服务软件的过程。移动设备将一个 VM Overlay（VM 覆盖）交付给 Cloudlet 基础设施，该基础设施已经拥有派生该覆盖的 Base VM（基础 VM）。VM Overlay 其实就是一个二进制增量压缩文件，是用户自定义的虚拟机部分，为 zip 格式。它允许通过在更新过程中只传输旧文件和新文件之间的差异来大幅减少下载大小。通过启动 VM（Launch VM）=Base VM+VM Overlay，就得到了完整的定制服务 VM。用户使用完服务后，将清理 VM 状态，复原为 Base VM。复原过程中剥离的 VM Residue（VM 残渣）将被销毁。例如，在语言翻译应用程序中，Launch VM 中的软件可以是接收来自移动设备捕获的语音的服务器，执行语音识别和语言翻译，并返回语音合成的输出。如果 Cloudlet 是一个集群，则可以快速复制 Launch VM 以利用并行性，快速实例化定制服务软件过程如图 5-6 所示。

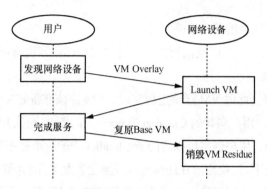

图 5-6　快速实例化定制服务软件过程

② 网络设备间的 VM 迁移流程

当用户设备移动时，为了保证通信传输的持续性以及计算资源尽可能地接近用户设备，设备发出的任务请求需要重定向至距离当前设备更新位置最近的雾节点。实现这个过程的关键是将原 Cloudlet 上的 VM 迁移至重定位的目标 Cloudlet 上。以 Cloudlet 为例，整个迁移流程包括 8 个步骤。迁移流程如图 5-7 所示。

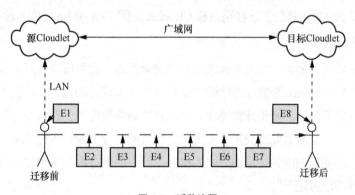

图 5-7　迁移流程

E1：迁移决策。决定开始迁移的时间和目标 Cloudlet。

E2：准备迁移。确定迁移需求，并在源 Cloudlet 和目标 Cloudlet 之间建立网络连接。

E3：开始迁移。开始迁移 VM，即将数据从源 Cloudlet 发送到目标 Cloudlet。

E4：开始切换。即用户切换接入点（Access Point，AP），加入新位置处的网络，此事件由处理切换的网络策略定义。

E5：切换结束。此时切换机制完成，用户现在连接到更靠近目标 Cloudlet 的 AP，等待迁移完成。

E6：迁移结束。此时 VM 迁移过程完成，VM 应该准备好接收用户请求。

E7：发送请求。用户向新的 Cloudlet 发送一个请求，并再次开始使用 VM 资源。

E8：访问 VM。用户通常可以访问新 Cloudlet 中的应用程序和数据。

在理想的情况下，切换应该在迁移过程开始之后发生，因为整个切换过程比 VM 的迁移要快。然而在实际场景中，应该分两种情况讨论。第一种情况是，如果迁移决策被延迟，则切换过程可能在迁移决策发生之前就开始了。在这种情况下，用户将从新的 AP 访问 VM，但是 VM 仍然在源 Cloudlet 中。用户需要等待 VM 从源 Cloudlet 迁移至目标 Cloudlet。这一过程用户观察到的时延将是源 Cloudlet 和目标 Cloudlet 间的连接时延。在此场景中，事件的时间序列为：E1、E2、E4、E5、E3、E6、E7 和 E8。第二种情况是理想情况，即切换过程与迁移决策同时发生或切换发生在迁移之后。在这种情况下，事件的时间序列为：E1、E2、E3、E6、E7 和 E8。用户访问新的 AP 与将任务迁移至目标 Cloudlet 之间（E5 和 E6 之间）没有等待。

2．研究现状

海量低时延、密集计算的车载应用，如安全预警，需要每秒百万个指令的密集计算，以及小于 20 ms 的端到端时延[114]。智能汽车车载处理器的计算能力受限，难以应对业务的低时延、密集计算需求。在现有的网络架构下，若将业务卸载到云端进行计算，业务流量需要流经整个接入网、核心网、骨干网，通过基站、路由器等多重设备，即使无线侧的传输能力得到提升，网络仍然存在不可预知的拥塞，业务端到端时延难以保证[120]。

为了满足业务严苛的 QoS 要求，现有研究提出了 VEC，将计算资源部署在距离车辆更近的位置，如基站，来降低服务时延[114]，城市路网下服务迁移示意如图 5-8 所示。VEC 服务器采用虚拟化技术，以虚拟机的方式为用户服务提供计算、通信和存储资源[121]。但是，由于 VEC 服务器的覆盖范围有限且车辆高速移动，随着车辆移动，VEC 服务器与车辆之间的服务距离逐渐增大，导致服务时延增加[115,122-123]。通过服务迁移，将运行车载应用 VM 迁移到距离车辆更近的 VEC 服务器，如图 5-8 所示，可以显著降低业务的服务时延。但是，服务迁移会产生不可忽略的迁移成本，例如，服务迁移的计算成本导致服务时延增加[119]。

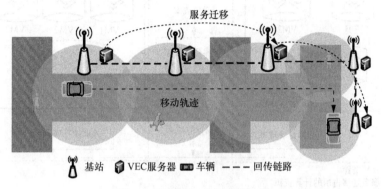

图 5-8　城市路网下服务迁移示意

虽然服务迁移已经在数据中心得到大量的关注，但相关研究结果不能直接应用在 VEC 网络。这是因为数据中心领域和 VEC 网络中的服务迁移动机完全不同：前者的目标是降低功耗、优化资源利用率和负载均衡等[124]；后者是车辆移动引起其与 VEC 服务器之间的距离增加，从而导致服务时延增加所触发的，是 VEC 网络特有的。

面向 VEC 网络，文献[115,123]已经对移动性引起的服务迁移进行了一些研究。为了减少用户与 VEC 服务器之间的传输时延，文献[115]提出了"总是迁移"方案，将服务迁移到距离用户最近的 VEC 服务器。但是，这种频繁的服务迁移可能会产生高昂的迁移成本。

文献[122-123]考虑对 VEC 网络的服务迁移成本建模。服务迁移的通信成本和计算成本如图 5-9 所示，服务迁移过程需要占用 VEC 服务器间的回传链路带宽来传输迁移数据（如 VM 中的内存页面）。因此，文献[122-123]将服务迁移成本建模为通信成本，定义为迁移数据量与迁移距离的乘积，迁移距离指源 VEC 服务器（服务迁移前为用户提供服务的 VEC 服务器）与目标 VEC 服务器（服务迁移后为用户提供服务的 VEC 服务器）之间的跳数。基于通信成本，文献[122-123]进一步设计服务迁移方案。具体来说，文献[123]将服务迁移问题建模为以通信成本和服务距离之和最小化为目标的优化问题，而文献[122]则考虑在满足服务时延的情况下使通信成本最小化。此外，为了避免服务迁移占用过多的回传链路资源，文献[119]考虑在通信成本的约束下，使服务时延最小化。

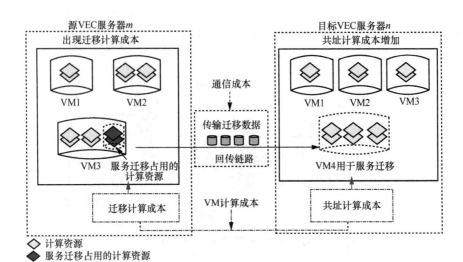

图 5-9 服务迁移的通信成本和计算成本

除了通信成本外，服务迁移还会产生新的计算成本，当服务从源 VEC 服务器迁移到目标 VEC 服务器时，会发生两种类型的 VM 计算成本，即迁移计算成本和共址计算成本，导致 VM 的计算性能下降。值得注意的是，本章提到的 VM 计算成本在云和数据中心等场景一般被称作 VM 干扰，这是虚拟化领域常用的一个概念[124]。其中，VM 干扰包括迁移干扰和共址干扰。为了避免与通信系统中常用的通信干扰混淆，本章采用计算成本来代替干扰。因此，迁移干扰和共址干扰分别被称为迁移计算成本和共址计算成本。由图 5-10 可以看出，当在源 VEC 服务器启动服务迁移时，服务器上的部分计算资源（如 CPU）被服务迁移过程占用，即 VM 需要调度部分（如 30%）的计算资源来处理和监控服务迁移过程。因此，被迁移服务的可用计算资源减少，服务性能下降，这被称为迁移计算成本。将服务迁移到目标 VEC 服务器时，目标 VEC 服务器需要为该服务分配新的 VM。由于当前的虚拟化技术不能为共址的 VM 提供完全的性能隔离（如 CPU 缓存和内存带宽等无法隔离分配不同的 VM），即使目标 VEC 服务器的计算资源容量大于当前服务的计算资源需求，随着共址 VM 数量的增加，服务器上物理资源（如 CPU 缓存和内存带宽）共享引起的资源竞争增加可能导致目标 VEC 服务器上服务的计算性能下降[125-126]。具体来说，当前的虚拟化技术可以为每个 VM 分配固定的 CPU、内存和磁盘，但无法将某些特定的资源，如 CPU 缓存和内存带宽等隔离分配给不同的 VM。随着 VM 数量的增加，CPU 缓存共享会导致缓存丢失率增加，而内存带宽共享会导致内存使用冲突和排队，使得 CPU 与存储设备间的数据读写速度变慢，从而降低 CPU 的计算性能。

为了减轻迁移计算成本的负面影响，文献[127]提出了一种服务时延感知的惰性迁移方案。只有当服务时延要求无法满足时，才会将服务迁移到满足服务时延要求的最远的 VEC 服务器。不同的是，文献[128]考虑迁移计算成本影响计算性能，建立以最小化服务完成时间为目标的优化模型。虽然现有研究开始关注迁移计算成本，但很少有工作建模捕获共址计算成本对服务时延的影响。实际上，共址计算成本会导致计算性能严重下降。文献[125]证明当 VEC 服务器同时运行多个 VM 时，单个服务的计算时延可能会增加 30%。考虑车载应用严格的时延要求，共址计算成本造成的时延增加可能导致服务性能严重降级。因此，服务迁移决策有必要考虑共址计算成本。

综上，服务迁移可以有效改善服务时延，但是服务迁移产生巨大的迁移成本，包含虚拟机干扰引起的计算成本和传输迁移数据引起的通信成本，从而影响服务时延。现有研究仅关注较为单一的迁移成本，忽略共址干扰的影响，无法保障车载业务中严苛的服务时延需求。此外，VEC 网络具有高度动态性，例如，车辆密度时变导致请求服务的数量时变，最佳服务迁移策略需要自适应改变。因此，面向终端高速移动的 VEC 网络，如何剖析共址干扰对服务时延的影响，获取与表征共址成本知识，并根据 VEC 网络的动态演进设计自适应的迁移决策，实现迁移成本和服务时延的动态均衡仍然具有很大的挑战。

5.1.3　现有资源调度策略的局限性

由于计算服务器间的任务调度存在关联性，而且各节点的多维资源调度存在耦合性，不同的任务卸载和资源调度优化决策会对时延、能耗和任务处理质量等性能产生重大影响。同时，网络中计算卸载和服务迁移策略受服务器资源量、分布位置，以及通信链路质量等因素的影响。基于这些重要影响因素，目前资源调度策略生成技术主要面临以下挑战。

（1）多性能指标相互制约

面对大量连接用户的密集计算业务需求时，服务器间产生巨大的资源竞争，引发供需失衡的问题，难以在保证高任务处理质量的同时，降低任务处理时延。如果过度追求任务处理质量的提升，将导致不可控的时延；相反，过分追求降低时延，将导致网络拥塞和任务处理质量降低，严重影响用户体验。因此，如何设计按需调控的优化机制，以在资源受限环境下合理权衡任务处理时延和处理质量之间的混合性能指标需求是需要解决的研究课题。

（2）网络负载失衡

网络具有显著的地理分布性，即不同位置的网络传输条件和资源量存在差异，而且用户请求在时域上具有分散性。不合理的任务卸载和资源调度决策会出现服务器任务到达速率和处理速率不匹配的现象，导致网络负载失衡问题，降低数据传输效率和计算服务效率，从而增加资源消耗的成本开销和传输能量消耗。因此，如何合理均衡空间和时隙间的负载、发挥各服务器的可用资源优势、降低任务处理开销是需要解决的研究课题。

（3）多维资源调度失衡

网络中的资源调度涉及传输、计算和存储过程的耦合，多维（通信、计算和缓存）资源的分布和利用相互影响、相互制约。卸载决策和多维资源的不合理调度，会造成不同维度资源利用效率的降低，甚至出现某维度资源耗尽时，其他类资源依然有较多剩余却无法被利用的现象，从而降低任务处理速率。因此，如何进行多维度资源的整合和合理调度、实现资源调度的全局平衡，从而降低任务处理时延是需要解决的研究课题。

（4）随机网络环境

实际场景中，移动终端的位置、任务请求到达等网络状态通常具有随机性。利用无人机的机动性实现空地协同的计算卸载服务可以有效弥补地面网络灵活性差的问题。然而，由于无人机的能量限制，其轨迹优化和计算卸载服务依赖于未来时刻的网络状态，过度提升短时性能增益会降低无人机续航和服务时间。因此，如何在未来网络状态信息未知的条件下，充分发挥无人机的协同特性、优化长期系统能效是需要解决的研究课题。

针对上述问题与挑战，本章提出知识定义的多维异构资源调度策略，旨在依据数据驱动的思想，采用深度学习、强化学习等人工智能技术对全场景差异化业务需求、网络动态环境、多维异构资源进行建模来分析获取用户行为特征、流量感知、网络结构和调度策略的知识，由知识指导生成最优的资源调度方案，实现智能调度从感知网络到认知网络的升级。其中，知识定义的多维异构资源调度策略的关键点是考虑之前场景和当前场景的异同，利用、共享先前任务学习到的知识，为未来一系列任务的学习提供基础，即缩短学习时间、提高学习效率、改善学习性能，从而为每一个新任务定制化学习模型，满足多样化的用户需求。

5.2　知识定义的多维资源调度策略生成技术

在全场景视角下，依据用户移动轨迹、速度和密度等基础信息知识，实时获取用户动态移动特征。结合用户业务需求，学习网络计算和通信资源需求相关知识，预测未来网络中流量的趋势。再参考网络通信及计算能力，设计更合理的用户业务服务资源实时调度策略，在服务时延约束下满足用户业务数据的传输需求，实现用户业务服务。在当前的 UDN 中，用户移动状态下的主要业务服务包括 BS 切换和服务迁移。BS 切换从用户轨迹知识出发，预测目标 BS，设计基于双连接的软切换机制。服务迁移从用户移动速度、分布密度和虚拟机干扰等知识出发，以保障服务时延为前提，提出敏捷的迁移强化学习算法。参考 BS 切换机制和服务迁移策略，系统实时优化资源调度策略，有效改善用户通信性能和服务时延。

5.2.1　基于移动轨迹知识的双连接软切换机制

1. 切换系统模型

U/C 分离的 UDN 架构和跨层模型如图 5-10 所示。考虑 U/C 分离的 UDN 架构，用户的控制面接入到移动基站（Mobile Base Station，MBS）来传输控制信令，用户的用户面接入 MBS 来传输用户数据。用户数据传输采用客户端服务器模式，TCP

是该模式下广泛采用的传输控制协议，因此 TCP 吞吐量能较好地反映用户的 QoS[129]。考虑典型的服务场景，用户采用 TCP 从互联网中的远端服务器下载数据。用户通过无线链路接入 MBS，当用户在 UDN 中从一个 MBS 移动到另一个 MBS 时，用户面发生频繁的切换。SBS 通过可靠高速的有线网络（如光纤）连接到远端服务器。因此，无线链路是 TCP 吞吐量的瓶颈，频繁的切换导致物理层的低信干噪比（SINR）和高切换中断率，进而导致低 TCP 吞吐量。本研究构建了跨层的模型，图 5-10 中描述了物理层 SINR 和 HIR 与 TCP 层 TCP 吞吐量的映射关系。物理层的低 SINR 和高 HIR 导致物理层的高误块率（Block Error Rate，BLER）、数据链路层的高误帧率（Frame Error Rate，FER）和 TCP 层的高丢包率（Packet Loss Rate，PLR），进而导致大量的 TCP 包丢失，严重降低 TCP 吞吐量。

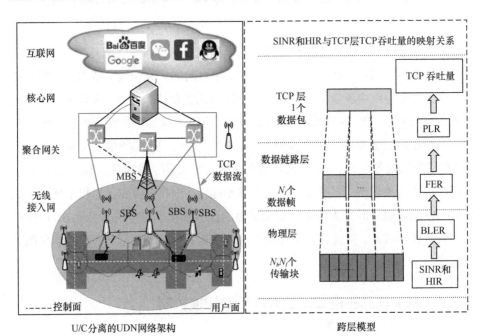

图 5-10　U/C 分离的 UDN 架构和跨层模型

采用增强分割传输控制协议（Enhanced Split-TCP，ES-TCP）[130]控制 TCP 数据包的传输。ES-TCP 原理如图 5-11 所示，ES-TCP 在每个 SBS 上部署 Split-TCP 代理，该代理由 TCP 接收端和 TCP 发送端组成，将端到端的 TCP 链路分成有线链路

（TCP-1）和无线链路（TCP-2）两部分。TCP-1 连接远端服务器和 Split-TCP 代理中的接收端，TCP-2 连接 Split-TCP 代理中的发送端和用户。在数据传输阶段，聚合网关将用户所有接入 SBS 的 Split-TCP 代理识别为 TCP 包的路由节点，该路由节点将 TCP-1 的 TCP 发送端的数据转发给 TCP-1 的所有 TCP 接收端。切换过程不会影响有线链路，只会触发无线链路的 TCP 拥塞控制。此外，将 Split-TCP 代理放置在 SBS 上，无线链路可以快速恢复，因为无线链路的 RTT（约 10 ms，从用户到 SBS）明显小于整条链路的 RTT（约 40 ms，包括无线链路和有线链路）[137]。因此，ES-TCP 可以显著改善 TCP 性能。

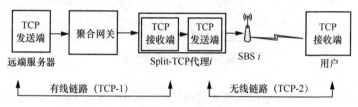

图 5-11　ES-TCP 原理

　　在所提出的切换方案中，基于用户历史移动轨迹，首先预测目标 SBS，形成先验知识。当用户移动到源 SBS 边缘时，其可能同时接入预测得到的目标 SBS 和源 SBS。因此，预测目标 SBS 和源 SBS 的 Split-TCP 代理均是该用户 TCP 包的路由节点。考虑采用协作多点传输（CoMP）技术[132]，使得预测目标 SBS 和源 SBS 在同一时频资源块上发送信号给用户，用户利用最大比合并（MRC）合并多个信号。

　2．基于移动轨迹的基站切换机制

　　参考可增量学习的网络知识获取与表征技术，基于内容的混合协同滤波（CCHF）预测算法预测用户轨迹和用户目标基站，以指示用户面切换。用户的移动轨迹如图 5-12 所示，假设用户 i 位于位置 A，其当前接入的源基站为 SBS_s，通过 CCHF 预测算法预测得到的预测目标基站为 SBS_t。随着用户 i 沿着轨迹 1 移动到源 SBS_s 的小区边缘处（即网状区域），当源 SBS_s 的平均接收信号强度(Average Received Signal Strength，ARSS）和预测目标 SBS_t 的 ARSS 满足提前接入条件

$$P_{s,i} - P_{t,i} \leqslant S_{\text{thr1}} \qquad (5\text{-}1)$$

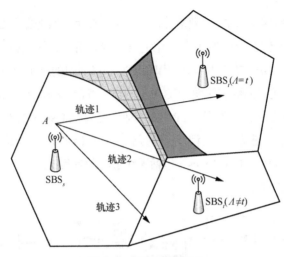

图 5-12　用户的移动轨迹

预测切换发生，用户 i 提前接入预测目标基站。其中，$S_{thr1} > 0$ 表示预定义的提前接入门限值（单位为 dB），源 SBS 的 ARSS 定义为 $P_{s,i} = 10\lg\left(Pr_{s,i}^{-\alpha}\right)$，其中 P 表示 SBS 的发送功率，$r_{s,i}$ 表示用户 i 和源 SBS_s 的物理距离，α 表示路损因子。将源 SBS_s 的 ARSS 定义式和预测目标 SBS_t 的 ARSS 定义式代入提前接入条件式（5-1），可以得到用户 i 与源 SBS_s 的距离 $r_{s,i}$ 及其与预测目标 SBS_t 的距离 $r_{t,i}$ 满足 $r_{t,i} \in (r_{s,i}, \Delta_1 r_{s,i}]$，其中 $\Delta_1 = 10^{\frac{S_{thr1}}{10\alpha}} > 1$。在源 SBS_s 的小区边缘处，源 SBS_s 的 ARSS 仍然大于预测目标 SBS_t 的 ARSS，但是由于用户逐渐靠近预测目标 SBS_t，预测目标 SBS_t 会对用户和源 SBS_s 的通信产生强干扰。此时，用户提前接入目标 SBS_t，将目标 SBS_t 产生的强干扰信号转化成有效信号，可以显著改善 SINR。随着用户的继续移动，可以得到用户切换的实际目标 SBS。将为用户提供最大 ARSS 的 SBS 定义为 Λ，给定切换门限值 $S_{thr2} > 0$，当 SBS_Λ 的 ARSS 和源 SBS_s 的 ARSS 满足切换条件

$$P_{\Lambda,i} - P_{s,i} \geqslant S_{thr2} \tag{5-2}$$

SBS_Λ 成为实际的目标 SBS。将源 SBS_s 的 ARSS 定义式和实际目标 SBS_Λ 的 ARSS 定义式代入切换条件式（5-2），可以得到用户与源 SBS_s 的距离 $r_{s,i}$ 及其与实际目标 SBS_Λ 的距离 $r_{\Lambda,i}$ 满足 $r_{s,i} \in [\Delta_2 r_{\Lambda,i}, \infty)$，其中 $\Delta_2 = 10^{\frac{S_{thr2}}{10\alpha}} > 1$。

如果预测正确，即 $\Lambda = t$，随着用户沿着轨迹 1 移动，预测目标 SBS_t 的 ARSS 逐

渐增加。给定预定义的连接释放门限值，当预测目标 SBS_t 的 ARSS 和源 SBS_s 的 ARSS 满足连接释放条件

$$P_{t,i} - P_{s,i} \geqslant S_{\text{thr3}} \tag{5-3}$$

用户 i 断开与源 SBS_s 的连接，切换完成。将源 SBS_s 的 ARSS 定义式和预测目标 SBS_t ARSS 定义式代入连接释放条件式（5-3），可以得到用户与源 SBS_s 的距离 $r_{s,i}$ 及其与预测目标 SBS_t 的距离 $r_{t,i}$ 满足 $r_{s,i} \in [\Delta_3 r_{t,i}, \infty)$，其中 $\Delta_3 = 10^{\frac{S_{\text{thr3}}}{10\alpha}} > 1$。与此相反，当 ARSS 不满足连接释放条件式（5-3），即

$$P_{t,i} - P_{s,i} < S_{\text{thr3}} \tag{5-4}$$

用户 i 未断开与源 SBS_s 的连接，即用户 i 同时接入源 SBS_s 和预测目标 SBS_t。预定义的提前接入门限值 S_{thr1} 和连接释放门限值 S_{thr3} 影响基于内容的混合协同滤波预测的对偶切换（CCHF-Dual-Handover）的性能。随着两个门限值的增加，用户更早地提前接入预测目标 SBS_t，更晚地断开与源 SBS_s 的连接，使得用户同时接入源 SBS_s 和目标 SBS_t 的时间增加。因此，两个门限值的增加导致切换过程中的 SINR 增加，HIR 减小，TCP 吞吐量显著改善，但是也导致资源效率降低。

另外，如果预测错误，即 $\Lambda \neq t$，根据是否满足提前接入条件式（5-1），分为两种情况。第一种情况，满足提前接入条件式（5-1），预测切换发生，用户 i 提前接入预测目标 SBS_t，对应图 5-12 中用户 i 沿着轨迹 2 移动进入网状区域的情况。当满足切换条件式（5-2）时，SBS_Λ 成为实际目标基站。此时，用户 i 需要断开与源 SBS_s 的连接，接入实际目标 SBS_Λ，最后断开错误接入的预测目标 SBS_t。与此相反，第二种情况，不满足提前接入条件式（5-1），用户未提前接入预测目标 SBS_t，对应用户 i 沿着轨迹 3 移动的情况。当满足切换条件式（5-2）时，硬切换发生。用户 i 需要断开与源 SBS_s 的连接，然后接入实际目标 SBS_Λ。

基于 ES-TCP 的 CCHF-Dual-Handover 信令流程如图 5-13 所示。当用户 i 需要和远端服务器通信时，源 SBS 的 Split-TCP 代理代表用户 i 和远端服务器建立有线 TCP 连接 TCP-1，并和用户 i 建立无线 TCP 连接 TCP-2，然后汇聚网关将源 SBS 的 Split-TCP 代理看作用户 i TCP 包的路由节点。当满足提前接入条件式（5-1）时，用户 i 通过信令流程 Step 1～3 提前接入预测目标 SBS。通过信令流程 TStep 4～5，预测目标 SBS 的

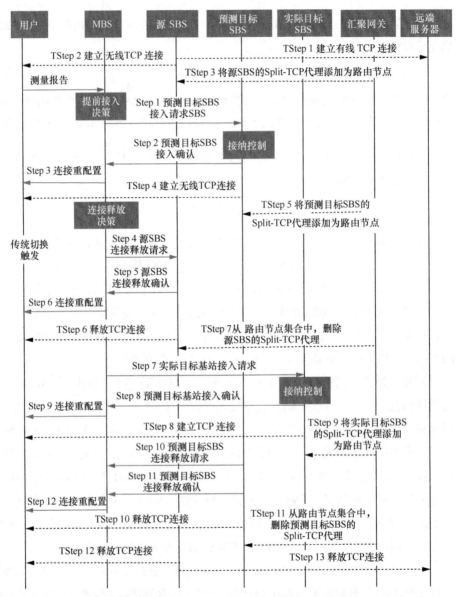

图 5-13　基于 ES-TCP 的 CCHF-Dual-Handover 信令流程

Split-TCP 代理和用户 i 建立无线 TCP 连接 TCP-2，汇聚网关将预测目标 SBS 的 Split-TCP 代理添加为用户 i TCP 包的路由节点。如果用户 i 提前接入了预测目标

SBS，该切换称为预测切换。如果预测正确，在用户 i 移动的过程中，预测切换一定发生，当满足连接释放条件式（5-4）时，用户 i 仅需要通过信令流程 Step 4～6 断开与源 SBS 的无线连接，并通过信令流程 TStep 6～7 释放 TCP 连接；反之，如果预测错误，可能出现两种情况。第一种情况，预测切换发生，即用户 i 提前接入了预测错误的目标 SBS。当满足切换条件式（5-2）时，用户 i 需要通过信令流程 Step 4～12 断开与源 SBS_s 的连接，接入实际目标 SBS，断开与错误的预测目标 SBS 的连接。与此同时，用户 i 需要通过信令流程 TStep 6～11 释放与源 SBS 的 Split-TCP 代理的 TCP 连接，建立与实际目标 SBS 的 Split-TCP 代理的 TCP 连接，断开与错误接入的预测目标 SBS 的 Split-TCP 代理的 TCP 连接。可以看出，当预测错误时，预测切换需要额外的信令接入和断开与预测目标 SBS 的连接。第二种情况，预测切换未发生，即用户 i 未提前接入预测错误的目标 SBS。此时，当满足切换条件式（5-2）时，用户 i 执行硬切换，通过信令流程 Step 4～9 断开与源 SBS 的连接，接入实际目标 SBS。与此同时，通过信令流程 TStep 6～9，用户 i 释放其与源 SBS 的 Split-TCP 代理的 TCP 连接，建立与实际目标 SBS 的 Split-TCP 代理的 TCP 连接。当用户 i 停止与服务器的通信时，源 SBS 的 Split-TCP 代理代表用户 i 通过信令流程 TStep 12～13，释放有线 TCP 连接 TCP-1 和无线 TCP 连接 TCP-2。

3 种切换方案（传统硬切换、传统软切换和 CCHF-Dual-Handover）的单次切换的平均切换信令数目见表 5-1。可以看出传统硬切换产生了最少的切换信令数 $SN_h = 10$，CCHF-Dual-Handover 和传统硬切换具有类似的信令数。在传统软切换中，由于需要消耗额外的信令来提前建立和断开与多个满足提前接入条件式（5-1）的 SBS 的连接，因而平均切换信令数增加为 19。本章提出的 CCHF-Dual-Handover 可以提前预测并接入预测目标 SBS。当预测正确时，相比于传统硬切换，CCHF-Dual-Handover 未产生额外的信令；当预测错误时，如果预测切换发生，CCHF-Dual-Handover 仅需要额外的信令来提前建立和断开与错误预测目标 SBS 的连接，而不是像传统软切换一样涉及用户与多个 SBS 的连接建立和断开。当预测错误时，如果预测切换未发生，CCHF-Dual-Handover 未产生额外的信令。因此，CCHF-Dual-Handover 每次切换的信令数可表示为

$$SN_c = SN_h(p_{rc} + (1-p_{rc})(1-P_{w\_pre})) + 2SN_h(1-p_{rc})P_{w\_pre} = \\ SN_h(p_{rc} + (1-p_{rc})(1+P_{w\_pre})) \tag{5-5}$$

其中，p_{rc} 表示 CCHF 预测算法的预测精度，$P_{w\_pre} = \dfrac{1}{1/\Delta_1^2 + 1} + \dfrac{1}{1/\Delta_3^2 + 1} - 1$ 表示当预测错误时，预测切换发生的概率[133]。假设 CCHF 预测算法的预测精度为 80%，提前接入门限值和释放门限值设置为 1 dB[134]，则 CCHF-Dual-Handover 的信令数为 10.2，与传统硬切换信令数接近。

表 5-1　3 种切换方案的单次切换的平均切换信令数目

切换方案	单次切换的平均切换信令数目
硬切换	10（通过 Step 4～6 和 TStep 6～7 断开与源 SBS 的连接，通过 Step 7～9 和 TStep 8～9 接入目标 SBS）
软切换	19 （通过 Step 1～3 和 TStep 4～5 提前接入多个邻居 SBS，通过 Step 10～12 和 TStep 6～7 断开与除目标 SBS 外的多个邻居 SBS 的连接）
CCHF-Dual-Handover	10.2（如果预测错误，预测切换需要额外的信令通过 Step 1～3 和 TStep 4～5 提前接入预测目标 SBS，并通过 Step 10～12 和 TStep 10～11 断开与预测目标 SBS 的连接）

CCHF-Dual-Handover 也可以用于异构网络(HetNet)[133]来改善切换性能。HetNet 包含两种类型的节点：低功率节点（如 SBS）和高功率节点（如 MBS）。在 UDN 中，仅考虑发生在 SBS 之间的切换。但是在 HetNet 中，需要考虑所有发生在低功率节点和高功率节点间的切换，包括从低功率节点到高功率节点的切换、从高功率节点到低功率节点的切换、从低功率节点到低功率节点的切换和从高功率节点到高功率节点的切换。因此，需要考虑的基站包含所有的低功率节点和高功率节点，需要考虑的总基站数目大于 UDN 中考虑的基站数目 κ，这导致 CCHF 预测算法的复杂度增加，需要更多的资源（如计算和存储）支撑所提算法的运行。

3．基站切换信干噪比和中断率性能测试

在切换研究中，为了提高移动用户在 UDN 的 TCP 吞吐量性能，提出了 CCHF-Dual-Handover，通过设计高精度的 CCHF 预测算法，以及用户与目标基站和源基站的双连接，来提高用户的 TCP 吞吐量。将 CCHF-Dual-Handover 与 ES-TCP 相结合，分析得到 TCP 吞吐量和中断概率，揭示 TCP 性能与关键切换参数的关系。

考虑由一个 MBS 和多个位置服从泊松点过程分布[133]（密度为 100 个/km^2）的 SBS 组成的网络。由于网络拓扑相对简单，使用 MATLAB 进行系统级仿真。用户数目为 60 个，每个用户通过模拟生成 100 天内的移动轨迹用于训练[135]。在所有 60 个用户中，用户 1～10 是完全规律用户，即其 100 天的移动轨迹是规律的。用户 11～20 是 20%随机的用户，即其在 20%的时间（即 20 天）内随机移动，在另外 80 天按照规律轨迹移动。同样，用户 21～30、用户 31～40、用户 41～50 和用户 51～60 分别是 40%、60%、80%和 100%随机用户。按照相同的规律，额外为每个用户生成 10 天的移动轨迹（也由模拟生成）用于测试。系统各种关键参数（如速度、提前接入门限值和切换门限值等）会影响用户的 SINR 和 HIR。下面将评估上述参数对 CCHF-Dual-Handover 性能的影响，其中速度设置为 0～360 km/h，切换门限值、提前接入门限值和连接释放门限值被设置为 1 dB[136]和 5 dB[134]。其他的系统参数，即基于智能预测的基站切换机制仿真参数见表 5-2。

表 5-2　基于智能预测的基站切换机制仿真参数

参数	值	参数	值
最大拥塞窗口 W_{max}	512 packet	单个 TCP 包对应的数据帧数目 N_l	1
无线链路往返时延	10 ms	单个数据帧对应的传输块数目 N_b	1
端到端链路往返时延	40 ms	最大重传次数 N_{re}	3
无线链路 TCP 超时重传时间	40 ms	更新控制因子 R_d	0.8
预定义的门限 SSthresh	256 packet	路损因子 α	4
调制编码方案数 N_{MCS}	15	发射功率 P	30 dBm
载波频率 f_c	3 GHz	硬切换中断时间 HIT_h	56 ms
用户移动速度 v_i	0～360 km/h	DTMM-Handover 中断时间 HIT_d	29 ms

首先，CCHF-Dual-Handover、DTMM-Handover 和硬切换的平均 SINR 性能随着用户随机性的变化趋势如图 5-14 所示，其中速度取值分别为 40 km/h 和 360 km/h，切换门限值取值分别为 1 dB 和 5 dB。可以看出，对于不同随机性的所有用户，CCHF-Dual-Handover 的 SINR 性能明显优于 DTMM-Handover 和硬切换的 SINR 性能。因为在 CCHF-Dual-Handover 中，当预测切换发生时，用户能够同时接入源 SBS 和预测目标 SBS。但是，性能差距会随着用户随机性的增加而减小，这是因为 CCHF 预测算法的预测精度随着用户随机性的增加而降低，导致预测切换的概率降低，用户执行了更多的硬切换。DTMM-Handover 和硬切换具有相同的 SINR 性能，均与用

户随机性无关，因为在这两种方案中，用户在切换期间只接入源 SBS。此外，随着速度的增加，子载波间干扰和导频开销的增加导致 3 种方案的平均 SINR 均降低。最后，随着提前接入门限值和连接释放门限值的增加，CCHF-Dual-Handover 的平均 SINR 增加。这是因为随着两个门限值的增加，用户会更早地提前接入预测目标 SBS，更晚地断开与源 SBS 的连接，即用户同时接入两个基站的时间增加。因此，小区边缘的 SINR 得到了改善。但是，对于硬切换和 DTMM-Handover，随着切换门限值的增加，当切换发生时，用户与其源 SBS 之间的距离增加，平均 SINR 降低。

CCHF-Dual-Handover、DTMM-Handover 和硬切换的平均 HIR 性能随着用户随机性的变化趋势如图 5-15 所示，其中速度取值为 180 km/h 和 360 km/h，切换门限值取值为 1 dB 和 5 dB。可以看出，硬切换具有最高的 HIR，因为硬切换每次切换的切换中断时间最长。相比于硬切换，CCHF-Dual-Handover 和 DTMM-Handover 可以大幅降低 HIR。当用户随机性增加时，DTMM-Handover 的性能接近硬切换的性能，因为 DTMM 无法为随机轨迹提供准确的预测。幸运的是，由于 CCHF 预测算法可以提供更为准确的预测，CCHF-Dual-Handover 仍然可以大幅降低 HIR。此外，3 种方案的 HIR 都随着速度的增加而增加，因为切换率随速度的增加而增加。最后，HIR 随切换门限值的增加而降低，因为随着切换门限值的增加，切换条件难以满足，切换率降低。

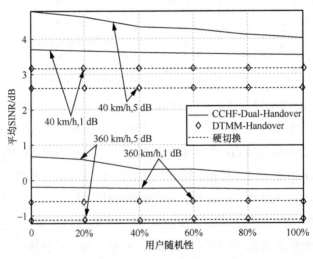

图 5-14　3 种切换的平均 SINR 性能随着用户随机性的变化趋势

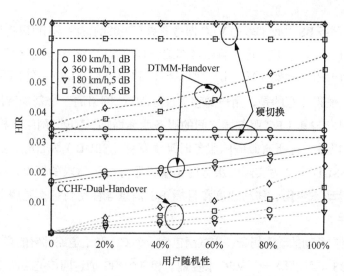

图 5-15　3 种切换的平均 HIR 性能随着用户随机性的变化趋势

仿真结果表明，基于高精度的预测所提出的 CCHF-Dual-Handover 与现有切换方案相比，信号 SINR 得到提升，HIR 得到降低。此外，CCHF-Dual-Handover 在高移动性场景也展现出优良的性能，在用户速度为 180　km/h 时可以实现低于 0.01 的 HIR，并在不同切换门限下，均具有良好的性能。

5.2.2　基于移动特征知识的敏捷的迁移强化学习算法

1．迁移系统模型

对于移动用户的动态服务迁移，考虑用户移动特征等先验知识，如用户密度动态变化、移动速度和目标基站信息，构建知识定义的服务迁移模型，并采用快速迁移强化学习（Fast-TRL）算法高效求解该问题。根据迁移策略，为用户移动下的基站动态业务服务提供快速自适应的服务迁移方案，有效改善服务时延。

具体而言，在车联网中，当用户产生低时延、密集计算的业务（如 AR／VR）时，用户会向中央单元（Centralized Unit，CU）发送卸载请求，CU 根据 VEC 服务器的资源状态和用户与 VEC 服务器之间的距离来决定由哪一个 VEC 服务器提供服务。如果与服务 BS 共址部署的 VEC 服务器具有足够的资源，则可以将该服务卸载到此 VEC 服务器。否则，可以将服务卸载到其他 VEC 服务器。提供服务的 VEC 服务器为当前用户分配 VM，用户可以在任何时刻 $t \in \{0,1,2,\cdots,T\}$ 向其 VM 发起服务请求。值得注意的是，用户的移动性是 VEC 网络的一个基本特征，随着用户移动，用户与其 VEC 服务器之间的服务距离增加，VEC 网络架构如图 5-16 所示。CU 以最大化所有服务的服务时延满意度（SSDD）为目标，进行迁移决策，其中 SSDD 定义为实际的服务时延小于服务时延需求的概率。而知识定义的用户密度动态变化、移动速度和目标 BS 信息等移动特征，是服务迁移的重要参考条件。

考虑用户移动的动态场景，车联网包含一个 CU 和沿道路部署的多个分布式基站，每个 BS 共址部署一个 VEC 服务器。相邻的 BS 通过回传链路连接[119]，其中 BS i 和 BS($i+1$) 之间的回传链路称为第 i 条回传链路，假设相邻 BS 之间的距离为 D_{BS}。BS 通过前传链路与 CU 通信。用户选择距离其最近的 BS 作为服务 BS，而为用户提供计算服务的 VEC 服务器可以是与其服务 BS 共址的 VEC 服务器或者通过回传链路接入的其他 VEC 服务器[121]。VEC 服务器以 VM 的方式为用户服务提供计算、通信和存储资源[121]。假设一个服务占用一个 VM[124]，并且共有 $K \geqslant 0$ 的服务。一个 VEC 服务器可以同时支持多个服务的运行，同一个 VEC 服务器中的所有服务共享通信、计算和存储资源。

确定用户切换 BS 后，考虑用户移动速度，将用户业务服务从源 BS 迁移到目标 BS，分析资源优化配置迁移策略。基于常用的强化学习（Reinforcement Learning，RL）算法深度 Q 学习（Deep Q-Learning，DQL）与迁移学习（Transfer Learning，TL）算法，设计 Fast-TRL 算法，高效求解上述服务迁移决策问题。Fast-TRL 算法主要包含两部分：DQL 和时变的策略更新方案。首先，在 DQL 中，根据网络的特性，如计算成本感知和严格的时延要求，对状态空间、动作空间和激励函数进行设计，获得最佳迁移策略。此外，考虑网络的动态演进可能导致最优迁移策略的改变，且强化学习的收敛速度慢，结合 TL 算法的思想，设计时变的策略更新方案，将在之前的场景中学到的知识按需借鉴到新场景中，以快速自适应地获取最优迁移策略，从而改进 SSDD。

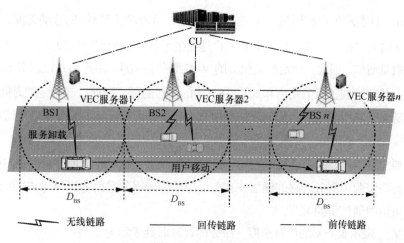

图 5-16　VEC 网络架构

　　服务时延对于车辆的驾驶安全业务和乘客的 QoS 至关重要，因此被选为性能指标。对于特定服务 $k \in \{1, 2, \cdots, K\}$，根据 CU 决策确定的服务 VEC 服务器 n，用户向 VEC 服务器 n 上的 VM 发起服务请求，并在服务计算完成后从 VEC 服务器 n 接收服务响应。因此，服务 k 的服务时延 $T_{k,n}^{R}(t)$ 是上行链路传输时延 $T_{k,n}^{U}(t)$、VEC 服务器的计算时延 $T_{k,n}^{C}(t)$ 和下行链路传输时延 $T_{k,n}^{D}(t)$ 的总和，表示为

$$T_{k,n}^{R}(t) = T_{k,n}^{U}(t) + T_{k,n}^{C}(t) + T_{k,n}^{D}(t) \tag{5-6}$$

　　下面分别求这 3 部分的时延。考虑 VEC 服务器 n 可能不与服务 BS b 共址部署，上行链路传输时延 $T_{k,n}^{U}(t)$ 包含从用户到服务 BS b 的无线上行链路传输时延和从服务 BS b 到服务 VEC 服务器 n 的回传链路传输时延两部分，表达式为

$$T_{k,n}^{U}(t) = \frac{S_k^{\text{req}}}{R_{k,n}^{\text{ul}}} + \sum_{i=1}^{d_{k,n}^{s,q}(t)} \frac{S_k^{\text{req}}}{B_{k,n}^{\text{ul},i}} \tag{5-7}$$

其中，S_k^{req} 表示服务 k 请求的数据量，$R_{k,n}^{\text{ul}}$ 是服务 k 的无线上行链路数据速率，$B_{k,n}^{\text{ul},i}$ 是传输服务 k 请求的第 i 段回传链路的带宽，$d_{k,n}^{s,q}(t)$ 表示服务 BS $b(t)$ 到 VEC 服务器 $n(t)$ 的服务距离（即跳数），定义为 $d_{k,n}^{s,q}(t) = |b(t) - n(t)|$。随着用户的移动，其服务基站不断变化，计算式为

$$b(t) = \left\lceil \left(l(t-1) + \int_{t-1}^{t} v(t) \mathrm{d}t \right) / D_{\text{BS}} \right\rceil \tag{5-8}$$

其中，$l(t-1)$ 表示用户在时刻 $t-1$ 的位置，$v(t)$ 表示用户在时刻 t 的移动速度，$\lceil x \rceil$ 表示对 x 向上取整。可以看出，随着用户速度的增加，在给定时间段内，用户穿过的基站数量增加。因此，给定提供服务的 VEC 服务器 $n(t)$，用户离开该服务器的速度增加，从而增加了服务距离和式（5-6）中的服务时延。因此，在给定的时间内，服务时延大于其所需服务时延需求的概率增大，触发服务迁移的频率也随之增加。因此，随着速度的增加，业务迁移的频率 f（即单位时间内的服务迁移次数）增大。

需要注意的是，服务迁移过程中，传输迁移数据（如 VM 的内存页面）需要占用回传链路资源（服务迁移的通信成本），导致传输服务数据（如 AR/VR 的服务请求）可用的通信资源减少。

定义 γ_k 表示服务 k 的计算密度，服务的计算时延表示为

$$T_{k,n}^{C}(t) = \frac{S_{k,n}^{\mathrm{req}}\gamma_k}{\delta_{k,n}^{\mathrm{co}}(t)} \tag{5-9}$$

其中，$\delta_{k,n}^{\mathrm{co}}(t)$ 表示考虑服务迁移引起计算成本后，服务 k 对应的 VM 的有效 CPU 频率。如果不考虑服务迁移带来的计算成本[119,122]，有效 CPU 频率等于最大 CPU 频率 $\delta_{k,n}^{\max}$。然而，服务迁移过程引起的 VM 计算成本不可忽视，其可能显著增加服务的计算时延。

最后，定义 S_k^{res} 表示服务响应的数据量，下行传输时延可表示为

$$T_{k,n}^{D}(t) = \frac{S_k^{\mathrm{req}}}{R_{k,n}^{\mathrm{dl}}} + \sum_{i=1}^{d_{k,n}^{s,p}(t)} \frac{S_k^{\mathrm{res}}}{B_{k,n}^{\mathrm{dl},i}} \tag{5-10}$$

其中，$d_{k,n}^{s,p}(t)$ 表示传输服务 k 响应时 VEC 服务器与服务 BS 的距离，$B_{k,n}^{\mathrm{dl},i}$ 是服务 k 的第 i 段回传链路的带宽，$R_{k,n}^{\mathrm{dl}}$ 表示服务 k 的无线下行链路数据速率。

SSDD 定义为实际的服务时延不大于服务时延需求[127]的概率。给定服务 k 的服务时延需求 $T_{k,n}^{R}(t)$，在 t 时刻，运行在 VEC 服务器 n 上的服务 k 的 SSDD $SD_{k,n}(t)$ 取决于其服务时延需求 $T_{k,n}^{R}(t)$ 是否被满足，可表示为

$$SD_{k,n}(t) = \begin{cases} 1, T_{k,n}^{R}(t) \leqslant T_k^{\mathrm{re}} \\ \alpha, T_{k,n}^{R}(t) > T_k^{\mathrm{re}} \end{cases} \tag{5-11}$$

其中，当服务时延需求得到满足时，SSDD 为 1；否则，SSDD 为 α（$0 \leqslant \alpha < 1$）。

α 的值由服务属性确定，即时延的服务响应是否仍然有用。根据该属性，服务可分为两类，即具有硬时延要求和软时延要求的服务[137]。对于具有硬时延要求的服务，如自动/智能辅助驾驶服务，因为服务响应已经过时，$\alpha = 0$。对于具有软时延要求的服务，如针对乘客的 AR/VR 服务，考虑乘客体验质量随着服务时延的增加而变差（例如，乘客因服务时延较高而头晕），此时 $0 < \alpha < 1$。服务迁移的目标是最大化用户的 SSDD。

2．基于计算成本感知的服务迁移机制

（1）计算成本

从式（5-9）可以看出，计算时延定义为服务的计算需求除以有效计算能力，其中有效计算能力与服务迁移密切相关。因为当服务从源 VEC 服务器迁移到目标 VEC 服务器时，会发生两种类型的 VM 计算成本，即迁移计算成本和共址计算成本，导致大量的计算能力被服务迁移所占用。因此，有效计算能力小于最大计算能力，导致计算时延增加。下面将分析计算成本。

迁移计算成本：当源 VEC 服务器启动服务迁移时，VM 需要为迁移过程调度计算资源，产生计算成本，导致服务性能下降。服务迁移的持续时间和服务迁移过程中的性能与迁移方案密切相关，常用的迁移方案主要包括后复制和预复制两种[124]。后复制首先停止源 VEC 服务器上的服务，并在目标 VEC 服务器中为该服务启动一个新的 VM。在新的 VM 运行过程中，内存页面通过按需获取的方式进行传输，即如果新的 VM 尝试访问尚未传输的内存页面，则此新的 VM 停止，等待内存页面从源 VEC 服务器传输过来。因此，当有大量内存页面需要传输时，后复制可能导致迁移时间过长，性能会显著下降[138]。

预复制服务迁移可以有效解决上述问题，并已在虚拟化环境中得到广泛应用[124]。预复制由 5 个阶段组成[138]。

阶段 1：预复制。服务仍在源 VEC 服务器上运行，源 VEC 服务器的 VM 中的所有内存页面被逐页复制到目标 VEC 服务器上新启动的 VM 中。

阶段 2：迭代复制。内存页面在阶段 1 被复制后，在服务运行过程中，可能会被更改为内存脏页面。内存脏页面会以迭代方式从源 VEC 服务器复制到目标 VEC 服务器，直到每次迭代产生的内存脏页面足够小。

阶段 3：停机复制。源 VEC 服务器的 VM 停止服务运行，并将残留的所有内存脏页面复制到目标 VEC 服务器的 VM 中。此时，源 VEC 服务器的 VM 和目标 VEC 服务器的 VM 具有相同内容。

阶段 4：通信确认。目标 VEC 服务器通知源 VEC 服务器已接收到被迁移服务的所有数据。源 VEC 服务器可以回收被迁移服务占用的资源。

阶段 5：激活。目标 VEC 服务器恢复已迁移服务的外部设备驱动程序和网络连接。激活完成后，服务开始在目标 VEC 服务器上的 VM 运行。

阶段 1～3（即预复制、迭代复制和停机复制阶段）用于传输迁移数据（如内存页面），以便目标 VEC 服务器与源 VEC 服务器具备相同的迁移服务内容。阶段 1～3 的持续时间 T_{trans}[139] 为 $\sum_{i=1}^{d_m} \dfrac{D_m}{B_i^m}$，其中，$d_m$ 表示迁移距离，即源 VEC 服务器与目标 VEC 服务器之间的距离，$D_m = M\left(1 - \left(\dfrac{R_m}{B_i^m}\right)^{\beta_i+1}\right) / \left(1 - \dfrac{R_m}{B_i^m}\right)$ 表示迁移数据量，B_i^m 是服务迁移占用的第 i 条回传链路的带宽。在 D_m 中，M 表示 VM 内存的大小，R_m 是内存脏区率，$\beta_i = \log_{\frac{R_m}{B_i^m}} \dfrac{T_d B_i^m}{M}$ 是迭代复制阶段从源 VEC 服务器到目标 VEC 服务器的迭代复制次数，T_d 表示停机复制阶段的持续时间。然后，在阶段 4～5（即通信确认和激活阶段），迁移的服务在目标 VEC 服务器上恢复运行，其持续时间 T_{resu} 主要取决于服务类型。因此，服务迁移持续时间计算式如下[139-140]

$$T_{\text{mig}} = T_{\text{trans}} + T_{\text{resu}} \tag{5-12}$$

在服务迁移过程中，源 VEC 服务器上迁移的服务可能会因为迁移计算成本出现严重的计算性能下降。具体而言，在阶段 1～3 中，源 VEC 服务器上的 VM 需要分配一部分（如 30%[124]）的计算资源来处理和监视服务迁移过程。然后，在阶段 4～5 中，服务在源 VEC 服务器中终止运行，并未在目标 VEC 服务器中恢复运行，这会导致 VM 的所有资源都不可用[124]。因此，在时刻 t，服务 k 的 VM 的计算性能下降比例可表示为[124]

$$\alpha_{k,n}^{\text{mig\_deg}}(t) = \begin{cases} 0, \text{未发生服务迁移} \\ \kappa_{k,n}(t), \text{发生服务迁移} \end{cases} \tag{5-13}$$

其中，$\kappa_{k,n}(t) \geqslant 0$ 表示服务迁移占用的计算资源的比率。因此，在 VEC 服务器 n 上运行的服务 k 的 VM 的有效计算能力 $\delta_{k,n}^{co}(t)$ 的计算式为

$$\delta_{k,n}^{co}(t) = \delta_{k,n}^{max} \left(1 - \alpha_{k,n}^{mig\_deg}(t)\right) \tag{5-14}$$

其中，$\delta_{k,n}^{max}$ 表示服务 k 的 VM 的最大计算能力。

因此，为了避免服务迁移导致服务时延要求不能被满足，有必要考虑迁移计算成本。

共址计算成本：当服务迁移到目标 VEC 服务器时，服务器需要为该服务生成新的 VM。因此，目标 VEC 服务器中共址的 VM 数量增加，资源争用加剧，导致计算性能下降[125-126]，这被称为共址计算成本。

建立供需模型，分析 VEC 服务器上共址计算成本，计算式为

$$\alpha_n^{co\_deg}(t) = \left(\varepsilon_0 + \varepsilon_1 \delta_n^{dem}(t) / \delta_n^{sup}(t)\right) \tag{5-15}$$

其中，ε_0 和 ε_1 是性能下降因子，$\delta_n^{dem}(t)$ 表示 VEC 服务器 n 上的所有虚拟机的总 CPU 资源需求之和，$\delta_n^{sup}(t)$ 是 VEC 服务器的 CPU 容量。可以看出，只要总 CPU 资源需求之和 $\delta_n^{dem}(t)$ 不为 0，即使 CPU 资源需求小于 CPU 容量，由共址计算成本引起的 CPU 计算能力下降仍然可能存在（即 $\alpha_n^{co\_deg}$ 不为 0）。此外，CPU 性能降级随着 CPU 资源需求的增加而增加。因此，必须考虑共址计算成本来避免其导致服务性能不能满足。

因此，考虑 VM 计算成本（即迁移计算成本和共址计算成本），时刻 t，在 VEC 服务器 n 上，服务 k 的 VM 的有效计算能力可表示为[124-125]

$$\delta_{k,n}^{co}(t) = \delta_{k,n}^{max} \left(1 - \alpha_{k,n}^{mig\_deg}(t)\right)\left(1 - \alpha_n^{co\_deg}(t)\right) \tag{5-16}$$

显然，VM 计算成本（即迁移计算成本和共址计算成本）会增加式（5-9）中的计算时延，从而对式（5-11）产生负面影响。

（2）通信成本

服务迁移需要占用回传链路将迁移数据从源 VEC 服务器传输到目标 VEC 服务器。因此，服务迁移会产生通信成本，通信成本定义为服务迁移占用的回传链路带宽。

定义 $\boldsymbol{H} = \begin{bmatrix} H_{11} & \cdots & H_{1N} \\ \vdots & & \vdots \\ H_{K1} & \cdots & H_{KV} \end{bmatrix}^{\mathrm{T}}$ 为服务迁移产生的回传链路占用矩阵，其中 $[\cdot]^{\mathrm{T}}$ 代表

矩阵转置操作，$H_{k,l} = 1$ 表示服务 k 占用第 l 段回传链路进行迁移数据传输，否则 $H_{k,l} = 0$。$\boldsymbol{B}^m = \left(B_1^m, B_2^m, L, B_K^m \right)^{\mathrm{T}}$ 表示服务迁移过程各个用户的回传链路带宽需求向量，其中 B_k^m 表示服务 k 迁移时所需的回传链路带宽。考虑所有的 K 个服务，总服务迁移成本可表示为

$$\mathrm{Comm\_cost} = \sum_{k=1}^{K} \sum_{n=1}^{N} \boldsymbol{H}(k,n)\boldsymbol{B}^m(k) \tag{5-17}$$

如果没有发生服务迁移，所有回传资源都可用于传输服务数据（如 AR/VR 的服务请求和服务响应）。但是，在服务迁移过程中，通信成本是不可避免的。通信成本加剧了回传资源的竞争，并可能导致业务数据传输失败，进而导致 SSDD 下降。

（3）服务迁移问题建模

将基于计算成本感知的服务迁移问题建模为以最大化 SSDD 为目标，同时考虑计算成本和通信成本的优化问题，其中计算成本影响服务时延，通信成本影响资源需求。

基于式（5-11）定义的服务 k 在时刻 t 的 SSDD $\mathrm{SD}_{k,n}(t)$，所有服务在时刻 t 的平均 SSDD 为 $\mathrm{SD}(t) = \sum_{n=1}^{N} \sum_{k=1}^{n_K} \mathrm{SD}_{k,n}(t) / \sum_{n=1}^{N} n_K$，其中，$n_K$ 表示 VEC 服务器 n 上运行的服务数量。在时刻 t，服务迁移决策 $a(t)$ 的目标为在有限资源（如回传带宽和计算资源）的约束下，最大化所有服务的平均 SSDD，表示为

$$\max_{a(t)} \lim_{T \to \infty} \sum_{t=1}^{T} \mathrm{SD}(t) \tag{5-18}$$

$$\text{s.t.} \quad \boldsymbol{HB}^m + \boldsymbol{GB}^s \leqslant \boldsymbol{B}_{\mathrm{total}} \tag{5-18a}$$

$$\boldsymbol{x} \cdot \left(\boldsymbol{c}^r, \boldsymbol{\eta}^r, \boldsymbol{R}^r \right) \leqslant \left(\boldsymbol{c}_{\mathrm{total}}, \boldsymbol{\eta}_{\mathrm{total}}, \boldsymbol{R}_{\mathrm{total}} \right) \tag{5-18b}$$

$$a_{k,n}(t) \in \{1, 2, \cdots, N\} \tag{5-18c}$$

其中，T 表示考虑优化的时间长度。第一个约束表示迁移数据占用的回传链路资源

（即服务迁移的通信成本 HB^m ）和服务数据占用的回传链路资源（ GB^s ）之和不能超过回传链路资源容量。 $\boldsymbol{G} = \begin{bmatrix} G_{11} & \cdots & G_{1N} \\ \vdots & & \vdots \\ G_{K1} & \cdots & G_{IN} \end{bmatrix}^{\mathrm{T}}$ 是服务数据的回传链路占用矩阵，其中 $G_{kl} = 1$ 表示服务 k 占用第 l 条回传链路，否则， $G_{kl} = 0$ 。 $\boldsymbol{B}^s = \left(B_1^s, B_2^s, \cdots, B_K^s \right)^{\mathrm{T}}$ 是服务数据的回传链路带宽需求向量，其中 B_k^s 是服务 k 所需的回传链路带宽。 $\boldsymbol{B}_{\text{total}} = \left(B_1, B_2, \cdots, B_{N-1} \right)^{\mathrm{T}}$ 是回传链路容量向量，其中 B_l 代表第 l 条回传链路的容量。第二个约束表示共址服务所需的计算资源、内存资源和无线通信资源数量不能超过其资源容量。 $x_{k,n} = 1$ 表示服务 k 在 VEC 服务器 n 上运行。否则， $x_{k,n} = 0$ 。 $\boldsymbol{c}^r = \left(c_1^r, c_2^r, \cdots, c_K^r \right)^{\mathrm{T}}$, $\boldsymbol{\eta}^r = \left(\eta_1^r, \eta_2^r, \cdots, \eta_K^r \right)^{\mathrm{T}}$ 和 $\boldsymbol{R}^r = \left(R_1^r, R_2^r, \cdots, R_K^r \right)^{\mathrm{T}}$ 分别表示计算资源需求向量、存储资源需求向量和无线资源需求向量。 $\boldsymbol{c}_{\text{total}} = \left(c_1, c_2, \cdots, c_N \right)^{\mathrm{T}}$ ， $\boldsymbol{\eta}_{\text{total}} = \left(\eta_1, \eta_2, \cdots, \eta_N \right)^{\mathrm{T}}$ 和 $\boldsymbol{R}_{\text{total}} = \left(R_1, R_2, \cdots, R_N \right)^{\mathrm{T}}$ 分别表示每个 VEC 服务器的 3 种资源的资源容量向量。第三个约束用于迁移决策， $a_{k,n}(t) = n^*$ 表示应将运行在 VEC 服务器 n 上的服务 k 在时刻 t 迁移到 VEC 服务器 n^* 。需要注意的是，服务迁移导致的计算成本影响服务时延，进而影响服务时延满意度这个目标函数，通信成本增加回传链路资源需求，影响第一个约束条件。

3. 敏捷迁移强化学习的资源优化调度策略

基于用户移动速度和虚拟机共址干扰，建立如式（5-13）的服务迁移决策模型，该模型是带约束的非线性整数规划问题，同时还是 NP 难问题。本研究考虑采用 DQL 实现服务迁移的资源优化配置。DQL 的环境对应一个四元组 (S, A, R, γ) ，其中 S 、 A 和 R 分别表示状态、动作和奖励函数， $\gamma \in [0,1]$ 是折扣因子，用于调节即时奖励对累积奖励的影响。DQL 的目标是最大化累积奖励，该奖励通过深度神经网络拟合和估计，计算式为 $Q(s,a;\theta) = E\left[\sum_{i=0}^{\infty} \gamma^i r(i+t) \big| s,a;\theta \right]$ ，其中 $s \in S$ ， $a \in A$ ， $r \in R$ ，参数 θ 表示深度神经网络的权重。在 DQL 的训练过程中，利用 ε 贪婪策略来平衡探索（以 ε 的概率随机选择动作）和利用（以 $1-\varepsilon$ 的概率采用使得累积奖励最大的动作，即 $\arg\max_a Q(s,a;\theta)$ 。在每个状态 s 下，一旦执行动作 α ，就会获得即时奖励 r 和下一个状态 s' ，该经验 $\{s,a,s',r\}$ 被存储在经验池中。DQL 周期性地从经验池中随机

采样，使用随机梯度下降算法通过最小化损失函数来训练 DQL（即更新权重参数）。DQL 的详细工作原理见文献[141-142]。

考虑移动用户业务的网络服务迁移问题的特性（如计算成本感知和严格的时延需求），为了获得最优的服务迁移策略，需要设计状态、动作和奖励函数。

状态：在时刻 t，服务 k 的状态定义为 $s_k(t) = \left\{ b_k(t), m_k(t), \boldsymbol{n}_{\text{mec}}(t), \boldsymbol{n}_{\text{bh}}(t) \right\}$，其中 $b_k(t)$ 是服务 k 的服务 BS 的索引，$m_k(t)$ 是为服务 k 提供服务的基站服务器索引。此外，向量 $\boldsymbol{n}_{\text{mec}}(t)$ 表示每个基站服务器处理的服务数，向量 $\boldsymbol{n}_{\text{bh}}(t)$ 表示在每个回传链路中传输数据的服务数，这两者与服务的资源需求（即服务所需的计算资源量和通信资源量）相关。

动作：DQL 的决策需要在时刻 t 为服务 k 提供服务的基站服务器上，表示为 $a_k(t) \in \{1, 2, \cdots, N\}$。

奖励函数：奖励函数的设计应综合考虑迁移成本（包括计算成本和通信成本）、服务 QoS（服务时延需求是否得到满足）和资源负载。因此，服务 k 在时刻 t 的瞬时奖励被定义为

$$r_{k,n}(t) = C_{k,n}^{\text{mig}}(t) + C_{k,n}^{\text{ser}}(t) + C_{k,n}^{\text{res}}(t) \tag{5-19}$$

其中，$C_{k,n}^{\text{mig}}(t) = \begin{cases} C_{\text{mig}}^-, & \text{迁移} \\ 0, & \text{其他} \end{cases}$ 表示迁移带来的奖励，如果服务 k 在时刻 t 未执行服务迁移，其奖励为 0，否则为 C_{mig}^-，$C_{\text{mig}}^- \leqslant 0$。$C_{k,n}^{\text{ser}}(t) = \begin{cases} C_{\text{ser}}^+, & T_{k,n}^R(t) \leqslant T_k^{\text{re}} \\ 0, & T_{k,n}^R(t) > T_k^{\text{re}} \end{cases}$ 表示 QoS 带来的奖励，当服务 k 在时刻 t 的时延需求得到满足时，其奖励为 C_{ser}^+，$C_{\text{ser}}^+ \geqslant 0$，否则奖励为 0。$C_{k,n}^{\text{res}}(t) = \begin{cases} C_{\text{res}}^-, & \text{过载} \\ 0, & \text{其他} \end{cases}$ 表示与资源负载相关的奖励，如果在时刻 t 基站服务器 n 过载，即基站服务器 n 上为用户提供服务所需的任意资源（计算、内存或通信资源）数目大于该基站服务器的资源容量，则奖励为负值 C_{res}^-。

此外，DQL 采样效率低，这是因为 DQL 从经验池中均匀采样经验 $\{s, a, s', r\}$，而不管其重要性的差异[142]。但是，在服务迁移问题中，服务在大部分时刻不需要迁移。迁移只在少数时刻发生，且它对 SSDD 有重大影响，应该进行重点学习。为了解决采样效率低的问题，本章采用基于优先级的经验回放[142]对重要经验（即服务迁

移样本）给予更高的采样优先级，从而使 DQL 可以更有效地学习。

DQL 能够学习到每个状态下的最佳策略。但是，用户频繁切换基站，用户网络连接是动态变化的。训练有素的 DQL 的性能可能会随着用户网络连接的动态变化而严重下降。因此，当用户网络连接变化时，应该训练一个新的 DQL。但是，获取经验数据和训练 DQL 的时间成本非常高。此外，在训练期间 DQL 的性能可能非常差。

幸运的是，在用户网络连接的不同场景下，DQL 环境 (S, A, R, γ) 呈现高度的相关性，例如当用户数量发生变化时，环境状态 S 不同，而 A、R 和 γ 保持不变。DQL 环境的高度相关性使得不同场景下的迁移策略具有相关性[143]。因此，用户网络连接的动态性带来的挑战可以通过迁移学习（TL）来解决[144]。TL 可以智能地将之前一个场景（源任务）中学到的知识，应用到其他相关的场景（目标任务）。因此，结合 TL 和 RL，本章设计了 Fast-TRL 算法，通过时变的策略更新方法，利用源任务中的学习策略来预训练和加速新任务的 DQL 的学习过程。

在源任务中，DQL 已学习了了最佳策略 π_s^*。考虑迁移策略的相关性，目标任务可以根据源任务的迁移策略 π_s^* 执行服务迁移操作。与从头开始训练相比，目标任务在训练开始时可能能够做出更好的迁移决策，以改进 SSDD。但是，源任务和目标任务之间存在差异。例如，状态的分布是不同的。在这种情况下，如果直接使用源任务的服务迁移策略 π_s^*，可能仅能获得次优的服务迁移性能。此外，随着训练的进行，目标任务获得的自身经验数据越来越多，可以用于训练目标任务的 DQL，逐步优化目标任务的服务迁移策略 π_t。因此，随着训练的进行，源任务的迁移策略 π_s^* 对目标任务的最终策略的影响应该逐渐降低，而目标任务的 DQL 的影响需要逐步增加[143]。

结合上述分析，本章提出一种 Fast-TRL 算法，该算法采用时变的策略更新方法来更新和选择服务迁移策略。具体的更新和选择取决于两个子策略，一个是来源于源任务的 $\pi_s^*(s,a)$，另一个是由目标任务的 DQL 学习得到的 $\pi_t(s,a)$。利用所提出的时变的策略更新方法，目标任务的整体策略可表示为

$$\pi(s,a) = \left(1 - \text{func}\left(\xi - U[0,1]\right)\right)\pi_t(s,a) + \text{func}\left(\xi - U[0,1]\right)\pi_s^*(s,a) \quad （5\text{-}20）$$

其中，$\text{func}(x) = \begin{cases} 1, x \geqslant 0 \\ 0, x < 0 \end{cases}$，$\xi \in [0,1]$ 表示源任务策略的使用概率，其随着训练的进

行逐渐减小，$U[0,1]$ 服从 $[0,1]$ 之间的均匀分布。当用户网络连接发生变化进入新的场景时，在训练开始阶段，源任务策略的使用概率很高（如 1），因此，源任务的策略在整体策略中占主导地位，系统会根据 $\pi_s^*(s,a)$ 做出迁移决策，获得比随机决策更好的服务性能。因此，本章提出的策略更新方法能够在训练开始阶段获得性能的提升。同时，目标任务中的 DQL 逐渐积累经验数据，使用随机梯度下降算法进行训练。因此，目标任务的策略 $\pi_t(s,a)$ 逐步改善。考虑 $\pi_s^*(s,a)$ 可能产生的负面影响和 $\pi_t(s,a)$ 的逐步改进，随着训练的进行，应该逐渐降低 ξ 的值，来减小源任务策略 $\pi_s^*(s,a)$ 的影响，增加目标任务改进策略 $\pi_t(s,a)$ 的使用概率。因此，所提出的 Fast-TRL 算法不仅可以在训练开始阶段利用源任务学到的策略改进服务迁移性能，还可以在获得更多经验数据的同时迅速摆脱该算法的负面影响。

4．服务迁移时延满意度性能测试

在迁移研究中，用户移动的接入网内，服务迁移是不可避免的。然而频繁的服务迁移会产生昂贵的迁移成本，包括通信成本（即占用的回传带宽）以及计算成本（即计算时延增加）。联合考虑了服务迁移过程产生的计算成本和通信成本，本章提出了 Fast-TRL 算法，求解出基于计算成本感知的动态服务迁移方案。基于计算成本感知的服务迁移机制仿真参数见表 5-3。假设 BS 数目为 16，相邻 BS 之间的距离为 300 m。在初始时刻，所有用户都随机分布在所有 BS 的覆盖区域中。每辆车发起一项服务请求，服务时延需求为 0.02 s，这些服务被随机卸载到任何能够满足资源约束和服务时延要求的 VEC 服务器。DQL 中的神经网络为 CNN[145]，包含卷积层（Convolutional Layer，Conv）、池化层（Pooling Layer，PL）和全连接层（Fully Connected，FC）。CNN 超参数见表 5-4，其中，*表示卷积。

表 5-3　基于计算成本感知的服务迁移机制仿真参数

参数	值	参数	值
服务时延需求 T_{re}	0.02 s	服务奖励 C_{ser}^+	0.1
服务性能降级因子 ε_0 和 ε_1	0.01 和 0.02	迁移奖励 C_k^{mig}	0.2
相邻基站距离 D_{BS}	300 m	资源奖励 C_{res}^-	−1
计算密度 γ	1 000 CPU cycle/bit	经验回放池大小	1 000

续表

参数	值	参数	值
单个 VM 的无线带宽 R_{ul}	150 Mbit/s	批大小	128
单个 VM 的回传带宽 B_m	400 Mbit/s	RL 探索概率	0.9～0.99
单个 VM 的最大计算容量 δ_{max}	0.5×10^6 CPU cycle	RL 折扣因子 γ	0.9

表 5-4　CNN 超参数

层	输入	卷积核	输出
Conv1	8*8*1	6*6, 4	8*8*4
PL1	8*8*4	2*2, 4	8*8*4
Conv2	8*8*4	5*5, 8	8*8*8
PL2	8*8*8	2*2, 8	8*8*8
FC1	512	512, 64	64
FC2	64	512, 16	16

为了验证本章所提出的 Fast-TRL 算法在动态 VEC 网络中的学习能力，对比了 Fast-TRL 算法、直接采用源任务 DQL（即源 DQL）和目标任务重新训练 DQL（即目标 DQL）3 种方案的平均 SSDD 性能随着迭代次数的变化趋势，如图 5-17 所示。在源任务中，用户数量为 15，即服务数量为 15。考虑用户网络连接的动态变化，在目标任务中，此数量变化为 25，服务数量的变化改变了用户的资源需求，从而改变了状态 S 的分布。从图 5-17 中可以看出，目标 DQL 由于缺乏经验数据，在训练开始阶段，平均 SSDD 较低，需要较长的训练时间才能达到较高的性能。不同的是，Fast-TRL 算法通过利用源任务的策略，在训练开始阶段就可以学习到相对较好的迁移策略。因此，当迭代次数较少时，Fast-TRL 算法的 SSDD 远高于目标 DQL 的 SSDD。然后，随着训练的不断迭代，迁移策略会不断改进并快速收敛。作为比较，图 5-17 提供了源 DQL 的性能，此时目标任务直接采用源任务的策略。可以看出，源 DQL 只能为目标任务提供次优性能，因为源任务和目标任务的状态分布不同。因此，仿真结果验证了所提 Fast-TRL 算法在动态用户网络连接中具有良好的学习能力。

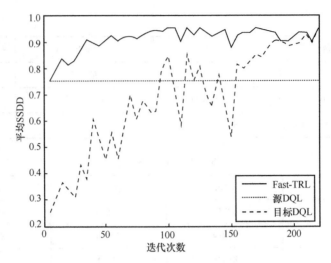

图 5-17　平均 SSDD 性能随着迭代次数的变化趋势

迁移时延仿真结果表明，与现有方案比较，所提出的 Fast-TRL 算法获得服务迁移策略所需的训练时间减少 25%，能有效加速求解基于计算成本感知的动态服务迁移方案。

| 5.3　本章小结 |

全场景中业务应用比传统应用更为复杂，具体表现在性能指标多、资源需求类别多等方面，这极大增加了用户业务服务的资源调度策略难度。本章介绍了现有的基于计算卸载与服务迁移的资源调度策略，由于当前策略未考虑任务调度的关联性、节点多维资源的耦合性和网络资源实时状态等，为提升全场景下资源调度策略的性能，需解决多性能指标相互制约、网络负载失衡、多维资源调度失衡、网络环境随机等问题。

针对上述问题，本章提出知识定义的全场景资源调度策略技术。在全场景视角下，依据用户和网络的先验知识，包括用户移动轨迹、速度、密度，以及网络通信和计算容量的状态等，学习网络资源变化的模式相关知识，准确预测未来业务服务位置和需求，实现用户基站切换和服务迁移，设计更合理的资源调度策略。在基站切换的资源调度策略中，首先基于 CCHF 预测算法预测目标基站，随后设计双连接软切换机制。该方案 CCHF 预测算法的预测精度提高了一倍，TCP 吞吐量提高了150%。在服务迁移相关的资源配置中，考虑迁移计算和通信成本，设计敏捷的Fast-TRL 算法以优化服务时延满意度。该算法迁移策略训练时间减少了 25%，迁移时延满意度提升了 30%。

　　总结而言，本章以通信网络中基站切换、服务迁移为例，验证了知识定义的多维异构资源调度机制的优势。然而，未来网络应用场景多元化，用户需求高度动态化，多维异构资源更加细粒度化等，6G 网络资源调度的复杂性急剧增加，迫切需要对多维异构资源按需柔性适配。目前，知识定义的多维异构资源调度策略生成方法利用当前或之前场景学习到的知识，解决特定目标任务的资源调度问题。当任务属性发生改变时，例如，由基站切换到服务迁移，需要重新设计网络资源调度策略，难以满足 6G 网络资源决策的时效性。因此，未来需要共享不同任务学习到的知识，并进一步抽象为通用知识（可以用数学符号表达，给出有效可靠的数学表达式）。基于通用知识与各个任务学习到的个性化知识，可以解决新任务的一系列问题，提高所有任务资源调度的整体性能。例如，从基站切换中学到的知识可以有效应用于服务迁移任务，利用其中的通用知识和服务迁移任务中的个性化知识，助力服务迁移任务进行多维异构资源的快速精准决策。

| 参考文献 |

[1] WANG Q, TAN T, HU R. Hierarchical energy-efficient mobile-edge computing in IoT networks[J]. IEEE Internet of Things Journal, 2020, 7(12):11626-11639.

[2] JIANG C, CHENG X, GAO H, et al. Toward computation offloading in edge computing: a survey[J]. IEEE Access, 2019, 7: 131543-131558.

[3] YANG C, LIU Y, CHEN X, et al. Efficient mobility-aware task offloading for vehicular edge computing networks[J]. IEEE Access, 2019, 7: 26652-26664.

[4] MAO Y, YOU C, HUANG K et al. A survey on mobile edge computing: the communication perspective[J]. IEEE Communications Surveys and Tutorials, 2017, 19(4): 2322-2358.

[5] HUANG D, WANG P, NIYATO D. A dynamic offloading algorithm for mobile computing[J]. IEEE Transactions on Wireless Communications, 2012, 11(6): 1991-1995.

[6]   SOUROUR E A, NAKAGAWA M. Performance of orthogonal multicarrier CDMA in a multipath fading channel[J]. IEEE Transactions on Communications, 1996, 44(3): 356-367.

[7]   LI C, ZHANG J, HAENGGI M, et al. User-centric intercell interference nulling for downlink small cell networks[J]. IEEE Transactions on Communications, 2015, 63(4): 1419-1431.

[8]   KHAN M A. A survey of computation offloading strategies for performance improvement of applications running on mobile devices[M]. London: Academic Press, 2015.

[9]   NAMBOODIRI V, GHOSE T. To cloud or not to cloud: a mobile device perspective on energy consumption of applications[C]//Proceedings of 2012 IEEE International Symposium on a World of Wireless, Mobile and Multimedia Networks (WoWMoM). Piscataway: IEEE Press, 2012: 1-9.

[10]   ZHAO P, TIAN H, QIN C, et al. Energy-saving offloading by jointly allocating radio and computational resources for mobile edge computing[J]. IEEE Access, 2017, 5: 11255-11268.

[11]   WANG W, LAN R, GU J, et al. Edge caching at base stations with device-to-device offloading[J]. IEEE Access, 2017, 5: 6399-6410.

[12]   ALAM M M, ARBIA D B, HAMIDA E B. Research trends in multi-standard device-to-device communication in wearable wireless networks[C]//Proceedings of 2015 Cognitive Radio Oriented Wireless Networks. Berlin: Springer, 2015: 735-746.

[13]   GOLANDE A, SORTE A, SURYAWANSHI V, et al. Smart hospital for heart disease prediction using IoT[J]. JOIV: International Journal on Informatics Visualization, 2019, 3(2): 198-202.

[14]   AKAY B, KARABOGA D. A survey on the applications of artificial bee colony in signal, image, and video processing[J]. Signal, Image and Video Processing, 2015, 9(4): 967-990.

[15]   ZHANG X, DEBROY S. Migration-driven resilient disaster response edge-cloud deployments[C]//Proceedings of 2019 IEEE 18th International Symposium on Network Computing and Applications (NCA). Piscataway: IEEE Press, 2019: 1-8.

[16]   AHMAD A, DIN S, PAUL A, et al. Real-time route planning and data dissemination for urban scenarios using the internet of things[J]. IEEE Wireless Communications, 2019, 26(6): 50-55

[17]   ZHANG X, ZHOU M, LIU H, et al. A cognitively-inspired system architecture for the Mengshi cognitive vehicle[J]. Cognitive Computation, 2020, 12(1): 140-149.

[18]   YOU C, HUANG K, CHAE H, et al. Energy-efficient resource allocation for mobile-edge computation offloading[J]. IEEE Transactions on Wireless Communications, 2017, 16(3): 1397-1411.

[19]   CHEN M, HAO H. Task offloading for mobile edge computing in software defined ultra-dense network[J]. IEEE Journal on Selected Areas in Communications, 2018, 36(3): 587-597.

[20]   YANG L, ZHANG H, LI X, et al. A distributed computation offloading strategy in small-cell

networks integrated with mobile edge computing[J]. IEEE/ACM Transactions on Networking(TON), 2018, 26(6): 2762-2773.

[21] CHEN X, JIAO L, LI W, et al. Efficient multi-user computation offloading for mobile-edge cloud computing[J]. IEEE/ACM Transactions on Networking, 2016, 24(5): 2795-2808.

[22] LYU X, TIAN H, SENGUL H, et al. Multiuser joint task offloading and resource optimization in proximate clouds[J]. IEEE Transactions on Vehicular Technology, 2017, 66(4): 3435-3447.

[23] MA X, LIN C, XIANG X, et al. Game-theoretic analysis of computation offloading for cloudlet-based mobile cloud computing[C]//Proceedings of 18th ACM International Conference on Modeling, Analysis and Simulation of Wireless and Mobile Systems. New York: ACM Press, 2015: 271-278.

[24] SATYANARAYANAN M, BAHL P, CACERES R, et al. The case for VM-based cloudlets in mobile computing[J]. IEEE Pervasive Computing, 2009, 8(4): 14-23.

[25] HYYTIA E, SPYROPOULOS T, OTT J. Offload (only) the right jobs: robust offloading using the Markov decision processes[C]//Proceedings of 2015 IEEE 16th International Symposium on a World of Wireless, Mobile and Multimedia Networks (WoWMoM). Piscataway: IEEE Press, 2015: 1-9.

[26] WOLSKI R, GURUN S, KRINTZ R, et al. Using bandwidth data to make computation offloading decisions[C]//Proceedings of 2008 IEEE International Symposium on Parallel and Distributed Processing. Piscataway: IEEE Press, 2008: 1-8.

[27] CUERVO E, BALASUBRAMANIAN A, CHO D, et al. MAUI: making smartphones last longer with code offload[C]//Proceedings of 2010 8th International Conference on Mobile Systems, Applications, and Services. [S.l.: s.n.], 2010: 49-62.

[28] ZHANG W W, WEN Y G, WU D P. Energy-efficient scheduling policy for collaborative execution in mobile cloud computing[C]//Proceedings of 2013 Proceedings IEEE INFOCOM. Piscataway: IEEE Press, 2013: 190-194.

[29] AHN S, LEE J, PARK S, et al. Competitive partial computation offloading for maximizing energy efficiency in mobile cloud computing[J]. IEEE Access, 2017, 6: 899-912.

[30] WANG J, PENG J, WEI Y, et al. Adaptive application offloading decision and transmission scheduling for mobile cloud computing[J]. China Communications, 2017, 14(3): 169-181.

[31] WANG L, FRAN Z. Automatic partitioning of object-oriented programs for resource-constrained mobile devices with multiple distribution objectives[C]//Proceedings of 2008 14th IEEE International Conference on Parallel and Distributed Systems. Piscataway: IEEE Press, 2008: 369-376.

[32] CHUN B G, IHM S, MANIATIS P, et al. CloneCloud: elastic execution between mobile device and cloud[C]//Proceedings of 6th Conference on Computer Systems. New York: ACM Press, 2011: 301-314

[33] LEI L, ZHONG Z, ZHENG K, et al. Challenges on wireless heterogeneous networks for mobile cloud computing[J]. IEEE Wireless Communications. 2013, 20(3): 34-44.

[34] WANG X, WANG J, WANG X, et al. Energy and delay tradeoff for application offloading in mobile cloud computing[J]. IEEE Systems Journal, 2015, 11(2): 858-867.

[35] ZHENG J, CAI Y, WU Y, et al. Dynamic computation offloading for mobile cloud computing: a stochastic game-theoretic approach[J]. IEEE Transactions on Mobile Computing, 2021, 28(2): 24-37.

[36] CHEN M H, LIANG B, DONG M. Joint offloading and resource allocation for computation and communication in mobile cloud with computing access point[C]//Proceedings of IEEE INFOCOM 2017-IEEE Conference on Computer Communications. Piscataway: IEEE Press, 2017: 1-9.

[37] LEE H S, LEE J W. Task offloading in heterogeneous mobile cloud computing: modeling. analysis, and cloudlet deployment[J]. IEEE Access, 2018, 6: 14908-14925.

[38] GUO S, XIAO B, YANG Y, et al. Energy-efficient dynamic offloading and resource scheduling in mobile cloud computing[C]//Proceedings of IEEE INFOCOM 2016-The 35th Annual IEEE International Conference on Computer Communications. Piscataway: IEEE Press, 2016: 1-9.

[39] WANG X, HAN Y, WANG C, et al. In-edge AI: intelligentizing mobile edge computing, caching and communication by federated learning[J]. IEEE Network, 2019, 33(5): 156-165.

[40] PORAMBAGE P, OKWUIBE J, LIYANAGE M, et al. Survey on multi-access edge computing for internet of things realization[J]. IEEE Communications Surveys & Tutorials, 2018, 20(4): 2961-2991.

[41] YU L, ZHENG J, WU Y Y, et al. A DQN-based joint spectrum and computing resource allocation algorithm for MEC networks[C]//Proceedings of the GLOBECOM 2022 - 2022 IEEE Global Communications Conference. Piscataway: IEEE Press, 2022: 5135-5140.

[42] BRIK B, KSENTINI A. Toward optimal MEC resource dimensioning for a vehicle collision avoidance system: a deep learning approach[J]. IEEE Network, 2021, 35(3): 74-80.

[43] HOU Y Z, WANG C R, ZHU M, et al. Joint allocation of wireless resource and computing capability in MEC-enabled vehicular network[J]. China Communications, 2021, 18(6): 64-76.

[44] BARBERA M V, KOSTA S, MEI A, et al. To offload or not to offload? The bandwidth and energy costs of mobile cloud computing[C]//Proceedings of 2013 IEEE Infocom-IEEE Conference on Computer Communications. Piscataway: IEEE Press, 2013: 1285-1293.

[45] HE W, ZHANG Y, HUANG Y, et al. Latency minimization for full-duplex mobile-edge computing system[C]//Proceedings of ICC 2019-2019 IEEE International Conference on Communications (ICC). Piscataway: IEEE Press, 2019: 1-6.

[46] LE H Q, AL-SHATRI H, KLEIN A. Efficient resource allocation in mobile-edge computation

offloading: completion time minimization[C]//Proceedings of 2017 IEEE International Symposium on Information Theory (ISIT). Piscataway: IEEE Press, 2017: 2513-2517.

[47] SUN Y, ZHOU S, XU J. EMM: energy-aware mobility management for mobile edge computing in ultra dense networks[J]. IEEE Journal on Selected Areas in Communications, 2017, 35(11): 2637-2646.

[48] ZHOU Z, LIU P, FENG J, et al. Computation resource allocation and task assignment optimization in vehicular fog computing: a contract-matching approach[J]. IEEE Transactions on Vehicular Technology, 2019, 68(4): 3113-3125.

[49] CHEN X. Decentralized computation offloading game for mobile cloud computing[J]. IEEE Transactions on Parallel and Distributed Systems, 2014, 26(4): 974-983.

[50] CHEN X, JIAO L, LI W, et al. Efficient multi-user computation offloading for mobile-edge cloud computing[J]. IEEE/ACM Transactions on Networking, 2015, 24(5): 2795-2808.

[51] BI S, ZHANG Y J. Computation rate maximization for wireless powered mobile-edge computing with binary computation offloading[J]. IEEE Transactions on Wireless Communications, 2018,17(6): 4177-4190.

[52] KIM J E, ABDELZAHER T, SHA L, et al. On maximizing quality of information for the internet of things: a real-time scheduling perspective[C]//Proceedings of 2016 IEEE 22nd International Conference on Embedded and Real-Time Computing Systems and Applications (RTCSA). Piscataway: IEEE Press, 2016: 202-211.

[53] PANDEY P, POMPILI D, MOBI D. Exploiting the untapped potential of mobile distributed computing via approximation[C]//Proceedings of IEEE International Conference on Pervasive Computing and Communications(Per Com). Piscataway: IEEE Press, 2016: 1-9.

[54] CHEN T, BARBAROSSA S, WANG X, et al. Learning and management for internet of things: accounting for adaptivity and scalability[J]. arXiv preprint arXiv: 1810.11613, 2018.

[55] HUBARA I, COURBARIAUX M, SOUDRY D, et al. Quantized neural networks: training neural networks with low precision weights and activations[J]. The Journal of Machine Learning Research, 2017, 18(1): 6869-6898.

[56] RASTEGARI M, ORDONEZ V, REDMON J, et al. Xnor-net: imagenet classification using binary convolutional neural networks[C]//Proceedings of European Conference on Computer Vision(ECCV). Berlin: Springer Press, 2016: 525-542.

[57] HAN S, MAO H, DALLY W J. Deep compression: compressing deep neural networks with pruning, trained quantization and huffman coding[J]. arXiv preprint arXiv: 1510.00149, 2015.

[58] HE Y, ZHANG X, SUN J. Channel pruning for accelerating very deep neural networks[C]// Proceedings of IEEE International Conference on Computer Vision(ICCV). Piscataway: IEEE Press, 2017: 1389-1397.

[59] HE Y, LIN J, LIU Z, et al. AMC: AutoML for model compression and acceleration on mobile

devices[C]//Proceedings of European Conference on Computer Vision(ECCV). Berlin: Springer, 2018: 784-800.

[60] WU W, YANG P, ZHANG W, et al. Accuracy-guaranteed collaborative DNN inference in industrial IoT via deep reinforcement learning[J]. IEEE Transactions on Industrial Informatics, 2020, 17(7): 4988-4998.

[61] JIANG J, ANANTHANARAYANAN G, BODIK P, et al. Chameleon: scalable adaptation of video analytics[C]//Proceedings of 2018 ACM Special Interest Group on Data Communication(SIGCOMM). New York: ACM Press, 2018: 253-266.

[62] AGUILERA M K, LENERS J B, WALFISH M. Yesquel: scalable SQL storage for Web applications[C]//Proceedings of International Workshop on Advanced Computing and Analysis Techniques in Physics Research(ACAT). 2015: 245-262.

[63] KANG D, EMMONS J, ABUZAID F, et al. NoScope: optimizing neural network queries over video at scale[J]. Proceedings of the VLDB Endowment, 2017, 10(11): 1586-1597.

[64] SAHNI Y, CAO J, YANG L. Data-aware task allocation for achieving low latency in collaborative edge computing[J]. IEEE Internet of Things Journal, 2018, 6(2): 3512-3524.

[65] TONG L, LI Y, GAO W. A hierarchical edge cloud architecture for mobile computing[C]//Proceedings of IEEE International Conference on Computer Communications(INFOCOM). Piscataway: IEEE Press, 2016: 1-9.

[66] ZHAO J, LI Q, GONG Y, et al. Computation offloading and resource allocation for cloud assisted mobile edge computing in vehicular networks[J]. IEEE Transactions on Vehicular Technology, 2019, 68(8): 7944-7956.

[67] ELBAMBY M S, BENNIS M, SAAD W. Proactive edge computing in latency-constrained fog networks[C]//Proceedings of European Conference on Networks and Communications (EuCNC). Piscataway: IEEE Press, 2017: 1-6.

[68] LIN M, LIU Z, WIERMAN A, et al. Online algorithms for geographical load balancing[C]// Proceedings of International Green Computing Conference(IGCC). Piscataway: IEEE Press, 2012: 1-10.

[69] CHEN L, SHEN C, ZHOU P, et al. Collaborative service placement for edge computing in dense small cell networks[J]. IEEE Transactions on Mobile Computing, 2019, 20(2): 377-390.

[70] CHEN L, XU J. Socially trusted collaborative edge computing in ultra dense networks[C]// Proceedings of ACM/IEEE Symposium on Edge Computing(SEC). Piscataway: IEEE Press, 2017: 1-11.

[71] SARDELLITTI S, BARBAROSSA S, SCUTARI G. Distributed mobile cloud computing: joint optimization of radio and computational resources[C]//Proceedings of IEEE Globecom Workshops (GCWkshps). Piscataway: IEEE Press, 2014: 1505-1510.

[72] ZHANG K, MAO Y, LENG S, et al. Optimal delay constrained offloading for vehicular edge computing networks[C]//Proceedings of IEEE International Conference on Communications(ICC). Piscataway: IEEE Press, 2017: 1-6.

[73] ZHANG T, XU Y, LOO J, et al. Joint computation and communication design for UAV-assisted mobile edge computing in IoT[J]. IEEE Transactions on Industrial Informatics, 2020, 16(8): 5505-5516.

[74] BAYAT S, LI Y, SONG L, et al. Matching theory: applications in wireless communications[J]. IEEE Signal Processing Magazine, 2016, 33(6): 103-122.

[75] ALI M, RIAZ N, ASHRAF M I, et al. Joint cloudlet selection and latency minimization in fog networks[J]. IEEE Transactions on Industrial Informatics, 2018, 14(9): 4055-4063.

[76] BOCCARDI F, HEATH R W, LOZANO A, et al. Five disruptive technology directions for 5G[J]. IEEE Communications Magazine, 2014, 52(2): 74-80.

[77] BASTUG E, BENNIS M, DEBBAH M. Living on the edge: the role of proactive caching in 5G wireless networks[J]. IEEE Communications Magazine, 2014, 52(8): 82-89.

[78] WANG X, CHEN M, TALEB T, et al. Cache in the air: exploiting content caching and delivery techniques for 5G systems[J]. IEEE Communications Magazine, 2014, 52(2): 131-139.

[79] SONG J, SONG H, CHOI W. Optimal caching placement of caching system with helpers[C]//Proceedings of IEEE International Conference on Communications(ICC). Piscataway: IEEE Press, 2015: 1825-1830.

[80] POULARAKIS K, IOSIFIDIS G, TASSIULAS L. Approximation algorithms for mobile data caching in small cell networks[J]. IEEE Transactions on Communications, 2014, 62(10): 3665-3677.

[81] POULARAKIS K, IOSIFIDIS G, ARGYRIOU A, et al. Video delivery over heterogeneous cellular networks: optimizing cost and performance[C]//Proceedings of IEEE Conference on Computer Communications (INFOCOM). Piscataway: IEEE Press, 2014: 1078-1086.

[82] KHREISHAH A, IOSIFIDIS G, ARGYRIOU A, et al. Joint caching, routing, and channel assignment for collaborative small-cell cellular networks[J]. IEEE Journal on Selected Areas in Communications, 2016, 34(8): 2275-2284.

[83] SHANMUGAM K, GOLREZAEI N, DIMAKIS A G, et al. Femtocaching: wireless content delivery through distributed caching helpers[J]. IEEE Transactions on Information Theory, 2013, 59(12): 8402-8413.

[84] ZHANG J, HU X, NING Z, et al. Joint resource allocation for latency-sensitive services over mobile edge computing networks with caching[J]. IEEE Internet of Things Journal, 2018, 6(3): 4283-4294.

[85] CUI Y, HE W, NI C, et al. Energy-efficient resource allocation for cache-assisted mobile edge computing[C]//Proceedings of IEEE Conference on Local Computer Networks(LCN). Pisca-

taway: IEEE Press, 2017: 640-648.

[86] WANG C, LIANG C, YU F R, et al. Computation offloading and resource allocation in wireless cellular networks with mobile edge computing[J]. IEEE Transactions on Wireless Communications, 2017, 16(8): 4924-4938.

[87] POULARAKIS K, LLORCA J, TULINO A M, et al. Joint service placement and request routing in multi-cell mobile edge computing networks[C]//Proceedings of IEEE Conference on Computer Communications(INFOCOM). Piscataway: IEEE Press, 2019: 10-18.

[88] YANG L, CAO J, LIANG G, et al. Cost aware service placement and load dispatching in mobile cloud systems[J]. IEEE Transactions on Computers, 2015, 65(5): 1440-1452.

[89] WANG Q, XIE Q, YU N, et al. Dynamic server switching for energy efficient mobile edge networks[C]//Proceedings of IEEE International Conference on Communications(ICC). Piscataway: IEEE Press, 2019: 1-6.

[90] XU J, CHEN L, ZHOU P. Joint service caching and task offloading for mobile edge computing in dense networks[C]//Proceedings of IEEE Conference on Computer Communications (INFOCOM). Piscataway: IEEE Press, 2018: 207-215.

[91] JEONG S, SIMEONE O, KANG J. Mobile edge computing via a UAV-mounted cloudlet: optimization of bit allocation and path planning[J]. IEEE Transactions on Vehicular Technology, 2016, 67(3): 2049-2063.

[92] HU X, WONG K K, YANG K, et al. UAV-assisted relaying and edge computing: scheduling and trajectory optimization[J]. IEEE Transactions on Wireless Communications, 2019, 18(10): 4738-4752.

[93] GUO H, LIU J. UAV-enhanced intelligent offloading for internet of things at the edge[J]. IEEE Transactions on Industrial Informatics, 2019, 16(4): 2737-2746.

[94] HU Q, CAI Y, YU G, et al. Joint offloading and trajectory design for UAV-enabled mobile edge computing systems[J]. IEEE Internet of Things Journal, 2018, 6(2): 1879-1892.

[95] ZHOU F, WU Y, HU R Q, et al. Computation rate maximization in UAV-enabled wireless-powered mobile-edge computing systems[J]. IEEE Journal on Selected Areas in Communications, 2018, 36(9): 1927-1941.

[96] HASSANALIAN M, ABDELKEFI A. Classifications, applications, and design challenges of drones: a review[J]. Progress in Aerospace Sciences, 2017, 91: 99-131.

[97] SHAKHATREH H, SAWALMEH A H, AL-FUQAHA A, et al. Unmanned aerial vehicles(UAVs): a survey on civil applications and key research challenges[J]. IEEE Access, 2019, 7: 48572-48634.

[98] ZHOU F, WU Y, SUN H, et al. UAV-enabled mobile edge computing: offloading optimization and trajectory design[C]//Proceedings of IEEE International Conference on Communications (ICC). Piscataway: IEEE Press, 2018: 1-6.

[99]　ALSENWI M, TUN Y K, PANDEY S R, et al. UAV-assisted multi-access edge computing system: an energy-efficient resource management framework[C]//Proceedings of International Conference on Information Networking(ICOIN). Piscataway: IEEE Press, 2020: 214-219.

[100] YANG Z, PAN C, WANG K, et al. Energy efficient resource allocation in UAV-enabled mobile edge computing networks[J]. IEEE Transactions on Wireless Communications, 2019, 18(9): 4576-4589.

[101] WU G, MIAO Y, ZHANG Y, et al. Energy efficient for UAV-enabled mobile edge computing networks: intelligent task prediction and offloading[J]. Computer Communications, 2020,150: 556-562.

[102] HU X Y, WONG K K, YANG K, et al. Task and bandwidth allocation for UAV-assisted mobile edge computing with trajectory design[C]//Proceedings of IEEE Global Communications Conference (GLOBECOM). Piscataway: IEEE Press, 2019: 1-6.

[103] SHI W, CAO J, ZHANG Q, et al. Edge computing: vision and challenges[J]. IEEE Internet of Things Journal, 2016, 3(5): 637-646.

[104] LEE Y, JU Y, MIN C, et al. CoMon: cooperative ambience monitoring platform with continuity and benefit awareness[C]//Proceedings of International Conference on Mobile Systems, Applications, and Services ACM. New York: ACM Press, 2012: 43-56.

[105] BONOMI F, ADDEPALLI R. Fog computing and its role in the internet of things[C]//Proceedings of the 1st Edition of the MCC Workshop on Mobile Cloud Computing. New York: ACM Press, 2012: 13-16.

[106] JEONG H J, JEONG I C, LEE H J, et al. Computation offloading for machine learning Web Apps in the edge server environment[C]//Proceedings of IEEE International Conference on Distributed Computing Systems. Piscataway: IEEE Press, 2018: 1492-1499.

[107] DINH H T, LEE C, NIYATO D, et al. A survey of mobile cloud computing: architecture, applications, and approaches[J]. Wireless Communications & Mobile Computing, 2013, 13(18): 1587-1611.

[108] KOSTA S, AUCINAS A, PAN H, et al. ThinkAir: dynamic resource allocation and parallel execution in the cloud for mobile code offloading[C]//Proceedings of IEEE INFOCOM 2012-IEEE Conference on Computer Communications Workshops. Piscataway IEEE Press, 2012: 945-953.

[109] ZHOU Z, HUANG D. Efficient and secure data storage operations for mobile cloud computing[C]//Proceedings of International Conference on Network and Service Management International Federation for Information Processing. [S.l.:s.n.], 2012: 37-45.

[110] RAHIMIM R, REN J, LIU C H. et al. Mobile cloud computing: a survey, state of art and future directions[J]. Mobile Networks & Applications, 2014, 19: 133-143.

[111] AAZAM M, ZEADALLY S, HARRAS K A. Offloading in fog computing for IoT: review,

enabling technologies, and research opportunities[J]. Future Generation Computer Systems, 2018, (10)87: 278-289.

[112] BHATTACHARYA A, DE P. A survey of adaptation techniques in computation offloading[J]. Journal of Network & Computer Applications, 2016, 78: 97-115.

[113] WANG S, XU J, ZHANG N, et al. A survey on service migration in mobile edge computing[J]. IEEE Access, 2018, 6: 23511-23528.

[114] QI Y, TIAN L, ZHOU Y, et al. Mobile edge computing-assisted admission control in vehicular networks: the convergence of communication and computation[J]. IEEE Vehicular Technology Magazine, 2018, 14(1): 37-44.

[115] BAO W, YUAN D, YANG Z, et al. Follow me fog: toward seamless handover timing schemes in a fog computing environment[J]. IEEE Communications Magazine, 2017, 55(11): 72-78.

[116] MACHEN A, WANG S, LEUNG K K, et al. Live service migration in mobile edge clouds[J]. IEEE Wireless Communications, 2017, 25(1): 140-147.

[117] BITTENCOURT L F, LOPES M M, PETRI I, et al. Towards virtual machine migration in fog computing[C]//Proceedings of 2015 10th International Conference on P2P, Parallel, Grid, Cloud and Internet Computing(3PGCIC). Piscataway: IEEE Press, 2015: 1-8.

[118] OSANAIYE O, CHEN S, YAN Z, et al. From cloud to fog computing: a review and a conceptual live VM migration framework[J]. IEEE Access, 2017, 5: 8284-8300.

[119] OUYANG T, ZHOU Z, CHEN X. Follow me at the edge: mobility-aware dynamic service placement for mobile edge computing[J]. IEEE Journal on Selected Areas in Communications, 2018, 36(10): 2333-2345.

[120] QI Y, ZHOU Y, LIU L, et al. MEC coordinated future 5G mobile wireless networks[J]. Journal of Computer Research and Development, 2018, 55(3): 478.

[121] ETSI GS MEC 003. V2.1.1 Multi-access edge computing(MEC): framework and reference architecture[EB]. Version 2.1.1, 2019.

[122] YUAN Q, LI J, ZHOU H, et al. A joint service migration and mobility optimization approach for vehicular edge computing[J]. IEEE Transactions on Vehicular Technology, 2020, 69(8): 9041-9052.

[123] TALEB T, KSENTINI A, FRANGOUDIS P A. Follow-me cloud: when cloud services follow mobile users[J]. IEEE Transactions on Cloud Computing, 2016, 7(2): 369-382.

[124] ZHANG F, LIU G, FU X, et al. A survey on virtual machine migration: challenges, techniques, and open issues[J]. IEEE Communications Surveys & Tutorials, 2018, 20(2): 1206-1243.

[125] XU F, LIU F, LIU L, et al. iAware: making live migration of virtual machines interference-aware in the cloud[J]. IEEE Transactions on Computers, 2014, 63(12): 3012-3025.

[126] ZHANG Q, LIU F, ZENG C. Adaptive interference-aware VNF placement for ser-

vice-customized 5G network slices[C]//Proceedings of IEEE Infocom 2019-IEEE Conference on Computer Communications. Piscataway: IEEE Press, 2019: 2449-2457

[127] LI J, SHEN X M, CHEN L, et al. Service migration in fog computing enabled cellular networks to support real-time vehicular communications[J]. IEEE Access, 2019, 7: 13704-13714.

[128] LIU C, TANG F, HU Y, et al. Distributed task migration optimization in MEC by extending-multi-agent deep reinforcement learning approach[J]. IEEE Transactions on Parallel and Distributed Systems, 2020, 32(7): 1603-1614.

[129] PARVEZ N, MAHANTI A, WILLIAMSON C. An analytic throughput model for TCP NewReno[J]. IEEE/ACM Transactions on Networking, 2009, 18(2): 448-461.

[130] KIM B H, CALIN D, LEE I. Enhanced split TCP with end-to-end protocol semantics over wireless networks[C]//Proceedings of 2017 IEEE Wireless Communications and Networking Conference(WCNC). Piscataway: IEEE Press, 2017: 1-6.

[131] ZHANG M, POLESE M, MEZZAVILLA M, et al. Will TCP work in mmWave 5G cellular networks?[J]. IEEE Communications Magazine, 2019, 57(1): 65-71.

[132] LIU L, ZHOU Y, GARCIA V, et al. Load aware joint CoMP clustering and inter-cell resource scheduling in heterogeneous ultra dense cellular networks[J]. IEEE Transactions on Vehicular Technology, 2017, 67(3): 2741-2755.

[133] JO H S, SANG Y J, XIA P, et al. Heterogeneous cellular networks with flexible cell association: a comprehensive downlink SINR analysis[J]. IEEE Transactions on Wireless Communications, 2012, 11(10): 3484-3495.

[134] VIERING I, MARTIKAINEN H, LOBINGER A, et al. Zero-zero mobility: intra-frequency handovers with zero interruption and zero failures[J]. IEEE Network, 2018, 32(2): 48-54.

[135] MOHAMED A, ONIRETI O, IMRAN M A, et al. Predictive and core-network efficient RRC signalling for active state handover in RANs with control/data separation[J]. IEEE Transactions on Wireless Communications, 2016, 16(3): 1423-1436.

[136] CHUANG M C, CHEN M C. NASH: Navigation-assisted seamless handover scheme for smart car in ultradense networks[J]. IEEE Transactions on Vehicular Technology, 2017, 67(2): 1649-1659.

[137] AL-ANBAGI I, EROL-KANTARCI M, MOUFTAH H T. A survey on cross-layer quality of service approaches in WSNs for delay and reliability-aware applications[J]. IEEE Communications Surveys & Tutorials, 2014, 18(1): 525-552.

[138] MEDINA V, GARCÍA J M. A survey of migration mechanisms of virtual machines[J]. ACM Computing Surveys(CSUR), 2014, 46(3): 1-33.

[139] MAZIKU H, SHETTY S. Towards a network aware VM migration: evaluating the cost of VM migration in cloud data centers[C]//Proceedings of 2014 IEEE 3rd International Confer-

ence on Cloud Networking (CloudNet). Piscataway: IEEE Press, 2014: 114-119.

[140] XIAO G. Better live migration[EB]. 2017.

[141] MNIH V, KAVUKCUOGLU K, SILVER D, et al. Playing atari with deep reinforcement learning[J]. arXiv preprint arXiv: 1312.5602, 2013.

[142] SCHAUL T, QUAN J, ANTONOGLOU I, et al. Prioritized experience replay[J]. arXiv preprint arXiv: 1511.05952, 2015.

[143] LI R P, ZHAO Z, CHEN X, et al. TACT: a transfer actor-critic learning framework for energy saving in cellular radio access networks[J]. IEEE Transactions on Wireless Communications, 2014, 13(4): 2000-2011.

[144] PAN S J, YANG Q. A survey on transfer learning [J]. IEEE Transactions on Knowledge and Data Engineering 2009, 22(10): 1345.

[145] CAO X. A practical theory for designing very deep convolutional neural networks[R]. 2015.

第 6 章

基于知识的网络资源调度策略验证技术

网络策略生成后，若直接通过一些操作（如网络配置协议）下发到数千台甚至数万台网络设备中，一旦出错，将会对整个网络产生巨大的影响。为了确保网络按照预期的业务意图运行，网络策略验证成为至关重要的环节。本章旨在介绍基于知识的网络资源调度策略验证技术的发展背景、基本定义和具有启发意义的验证方法。在明确了需要进行验证的策略包括资源调度策略和网络流控策略两大策略后，本章深入探讨了策略验证的两大关键技术：数字孪生网络和形式化验证方法。其中，形式化验证方法主要考虑数据平面验证和控制平面验证两个方向。讨论关键技术应用在大规模复杂 6G 网络场景下的挑战，提出了现有方法对基于知识的网络资源调度策略验证技术的启发。此外，详细介绍了基于知识的网络资源调度策略验证技术主要涵盖的 3 个部分：网络建模、策略仿真验证和反馈告警。

| 6.1 策略验证概述 |

6.1.1 发展背景

随着网络复杂程度的提升，包括大学、企业和数据中心网络等在内的许多网络都采用了灵活复杂的分布式控制平面，运行在种类多样的底层网络结构之上。其中，控制平面上运行着各种各样的路由协议，如路由信息协议（Routing Information Protocol，RIP）、开放最短路径优先（Open Shortest Path First，OSPF）协议、边界网关协议（Border Gateway Protocol，BGP）等，这些协议通过复杂的配置方式在协议内部和协议之间交换路由信息。此外，在一些情况下，例如，内部边界网关协议（Internal BGP，iBGP）协助在整个网络范围内分发 BGP 信息，上述协议无法直接通过配置完成信息交换，还需要其他协议辅助实现功能。而且虚拟路由转发（Virtual Routing and Forwarding，VRF）技术和多网络链路虚拟局域网（Virtual Local Area Network，VLAN）技术的发展也显著增加了网络的复杂程度。

网络复杂程度的提升导致网络中容易出现各种故障，故障可能会使网络偏离策略目标，进而影响其可用性。此外，如果采用手动排除故障的方式，通常会使网络中断时间长达几个小时，从而造成严重的损失。因此，如何预防网络故障的发生、保证网络正常运行成为网络运营商和研究人员面临的基本问题。

为了解决这些问题，网络策略验证技术在软件定义网络的环境下应运而生。SDN 是对传统网络架构的一次重构，实现了从分布式控制向集中式控制的转变。具体来说，一般情况下网络由数据平面和控制平面两个平面组成。其中，数据平面基于本地转发状态和其他信息（如前一个数据包生成的状态）决定每个路由器如何在本地处理数据包；而控制平面是一个全局进程，可以计算和更新每个路由器的本地转发状态。在传统网络中，这两个平面都是在路由器中实现的（数据平面是转发编码或数据通路，控制平面是全局路由算法）。但在 SDN 中，数据平面和控制平面被完全分离。SDN 的网络策略验证示意如图 6-1 所示，可以看出，SDN 的控制平面是由几个控制器实现的，这些控制器的主要任务就是计算并设计必要的转发流程。由此可见，SDN 的本质就是提供一个集中式控制器，从而有效收集和下发设备配置信息。为了在网络中实现运营商的策略，该集中式控制器首先将网络策略转换为一系列配置规则，然后将这些配置规则安装在相应的底层设备上。接着，这些网络设备根据这些规则进行数据包处理和转发，从而实现网络策略的有效应用和管理。因此，网络策略验证就是验证这些网络规则带来的实际网络行为的合理性和可靠性。然而，目前网络策略验证的大部分工作集中在验证由预先配置的静态规则决定的简单网络的行为上，而实际的网络环境远比这复杂，包含各种各样的中间盒，其行为复杂且难以预测，给网络策略验证带来了巨大的挑战。

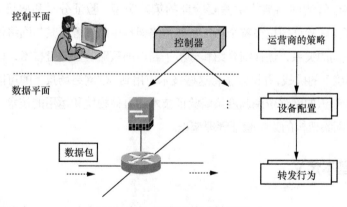

图 6-1　SDN 的网络策略验证示意

面向 6G 的知识定义网络的兴起为网络策略验证技术的发展提供了新的契机和挑战。6G 网络因为需要更高的数据速率、更低的时延及更多的网络设备连接，对网络管理提出了更高的要求。KDN 采用数据驱动的机器学习技术进行网络路由和虚拟化网络功能放置决策，有效简化人工管理与操作流程，满足了这些高级需求。然而，KDN 的应用也对网络策略验证技术提出了更复杂的要求。首先，与 SDN 相比，6G 网络涉及的技术和服务更加多样化和复杂化，如超高速率传输、低时延通信、大规模物联网等。由于 6G 网络的复杂性更高，因此需要更精细的模型和更强大的验证能力来确保网络策略在各种复杂环境下的正确性和有效性。其次，6G 网络采用了 KDN 的思想，这意味着策略验证不仅需要考虑静态的策略规则，还需要根据实时的网络状态和需求动态地进行验证和调整策略验证，因此需要结合 AI 技术，实现自动化、智能化的验证。最后，由于 6G 网络连接的设备数量比 SDN 多得多，网络设备管理的规模更加庞大，复杂性也大大增加，这就需要能够处理大规模网络设备的策略验证技术。在这种背景下，智能网络架构下的资源调度策略验证技术发展起来。它包括数字孪生体的建立和利用形式化验证方法进行策略仿真验证两个方面，能够在策略时效期内，快速且准确地筛选出符合网络管理需求的策略，缓解网络故障或业务服务质量下降等问题。这种技术在意图与知识联合驱动的 6G 智能网络架构的支持下，可以动态、增量式地获取网络信息，构建、更新网络的数字孪生验证平台，模拟输入策略后的网络行为，验证策略的合理性，及时反馈验证结果，提高验证效率。

接下来的章节首先基于网络策略验证的基本定义，明确提出意图与知识联合驱动的 6G 智能网络架构中需要验证的策略类型、验证分类和验证目的等；然后，论述了策略验证模块在整个 6G 智能网络架构中的位置及其与网络策略管理中的其他模块间的关系，还详细介绍和分析了当前的策略验证关键技术，以及这些技术在 6G 环境下的挑战，并探索了将这些技术应用到 6G 网络场景下的可能性；最后，介绍了基于知识的网络资源调度策略验证技术的具体模块和运用的技术，以完善整个 6G 智能网络架构的策略验证管理流程。

6.1.2 基本定义

为了更好地分析 6G 智能网络架构下的网络策略验证问题，首先明确网络策略和网络策略验证的基本定义。

网络策略是一组指定网络操作的规则，包括资源调度规则、服务质量管理规则、网络流控规则等。这些策略的执行情况直接影响了网络服务的质量和用户体验。通常，网络策略有两种类型：全网络不变式和路径点遍历[1]。全网络不变式是指在全局网络中都必须保持正确的网络策略，是所有网络都应该遵从的基本要求，包括可达性、隔离性、无黑洞性、无环性等。而路径点遍历则是指需要按照网络管理人员的意图，让数据包以特定顺序通过网络节点的网络策略。这些策略通常由运营商制定，会根据具体网络情况而调整。路径点遍历策略通常包含两种类型的遍历方式：静态遍历和动态遍历。静态遍历是指策略状态包应该按照静态顺序经过网络节点（例如，先进行网络地址转换（Network Address Translation，NAT），再经过防火墙）。而动态遍历则发生在存在与历史流量相关的中间盒的动态网络中。例如，网络策略可能会识别出被入侵防御系统（Intrusion Prevention System，IPS）检测到的恶意流量，从而将这些恶意流量转发到重入侵防御系统进行进一步检查，否则直接进入网络。

网络策略验证则是一种检查网络正确性的技术，它在控制平面和数据平面自动化地执行，主要目的是防止网络故障发生。网络策略验证可以通过形式化的验证方法分析网络策略的不变式，从而理解网络策略的执行情况，确保网络策略的行为在不同情况下都符合预期的业务目标。这里的不变式是指网络策略的固有属性，它在策略执行过程中始终保持不变，如路由转发行为的正确性。

6.2　6G 智能网络架构下的网络策略验证

如前文所述，与 SDN 的验证技术相比，6G 智能网络架构下的资源调度策略验证技术不仅需要在全网范围内保持网络策略的正确性、管理更大规模的网络设备，还需要实时反馈网络的运行状态，并根据业务需求动态调整网络策略。因此，针对 6G 智能网络架构，本书主要考虑两大类网络策略的验证，即资源调度策略（如负载均衡策略、时延策略等）和网络流控策略（如隔离性策略、转发循环性策略等）。为了保证这些策略在各种网络环境和业务需求下都能够实现其预期效果，如优化资源使用效率、保证网络服务的质量，以及在网络故障时能快速恢复，还需要考虑网络环境和配置，如网络外部发送给网络的路由通告。接下来将具体阐述 6G 智能网络架构下需要验证的网络策略类型、网络策略验证分类，以及策略验证模块在 6G 智能网络架构的认知平面和策略管理流程中与其他模块的关系。

6.2.1　6G 智能网络策略类型

下面对资源调度策略和网络流控策略进行分类和描述。需要注意的是，这里并未列举所有可能的策略类型，只详细阐述了部分比较重要的网络策略类型。

1．资源调度策略

（1）负载均衡策略

负载均衡策略主要用于在网络中分配任务和网络流量，以便所有的服务器都得到合理的工作负载，防止某些服务器过载而其他服务器空闲，从而造成资源浪费或服务质量下降。验证此策略主要关注如何有效地分配资源，以及在各种情况下是否能保持合理的负载分配。

（2）时延策略

时延策略主要关注网络中的数据传输时延，尤其是在大规模网络中，如何通过合理的路由选择和资源分配，降低时延，提高服务质量。验证此策略主要关注在各种网络状态下，是否能有效地降低时延、保证数据传输的及时性。

（3）优先级调度策略

优先级调度策略主要关注在网络中对不同业务和数据流进行优先级排序，以保证重要业务优先执行。这对保证关键业务服务质量和响应时间尤其重要。验证此策略主要关注在各种网络状态下，是否能有效地保证重要业务的优先级。

2．网络流控策略

（1）隔离性策略

隔离性策略主要用于在网络中隔离不同的流量，保证不同业务的独立性和安全性。验证此策略主要关注在各种环境和业务需求下，是否能有效地实现流量的隔离。

（2）转发循环性策略

转发循环性策略主要关注网络中数据包的转发路径，避免形成转发的循环，造成网络资源的浪费。验证此策略主要关注网络在运行过程中是否存在转发循环，以及在出现转发循环时，能否及时检测和处理。

（3）拥塞控制策略

拥塞控制策略主要关注如何在网络将要或已经出现拥塞时，通过调整数据传输速率或数据包丢弃等方式，避免或缓解网络拥塞。验证此策略需要关注在网络出现拥塞时，是否能有效地缓解拥塞，并尽可能保证服务质量。

（4）安全控制策略

安全控制策略主要关注如何保障网络和数据的安全，防止不合法的访问和攻击。这包括数据加密、访问控制、防火墙等多种策略。验证此策略需要关注在不同的安全威胁下，是否能有效地保障网络和数据的安全。

在实施这些策略的同时，还需要考虑网络环境和配置等因素的影响。例如，负载均衡策略的效果可能会受到网络外部发来的路由通告的影响。因此，在策略验证过程中需要确保负载均衡策略能够根据实际的网络环境和路由通告信息，合理地分配流量和负载，以实现网络资源的最优利用。此外，拥塞控制策略和安全控制策略的效果可能会受到网络设备的硬件性能和配置的限制，因此在策略验证中就需要针对网络设备的硬件性能和配置进行优化和调整，以保证策略的有效性和网络的稳定性。而针对不同的业务需求，还可能需要调整优先级调度策略和能耗管理策略，以满足不同业务的需求，并确保网络资源的合理分配和能源的高效利用。

总体而言，策略验证环节需要对以上各类策略进行全面而深入的考虑和分析，以确保网络策略在实际的网络环境中能够达到预期的效果。

6.2.2　6G 智能网络策略验证分类

从路由转发的角度，网络一般可以分为 3 层，即策略层、控制平面层和数据平面层[2]。在传统网络中，控制平面层包括分布在数千台网络设备中的配置文件，而数据平面层的转发信息则是指网络设备中转发表的快照。一般情况下，用户在控制平面层使用低级配置实现策略层产生的高级策略。而网络中的设备（如路由器和交换机）运行控制协议（如路由协议，其参数由这些配置定义），最后在数据平面层生成转发信息库。而在 SDN 中，控制平面层是集中在控制器和控制器之上的应用程序，数据平面层的转发信息是指流表和转发信息库。策略层的策略是通过控制平面层的 SDN 应用程序以可编程的方式实现的。然后，控制器将应用程序的控制逻辑转换成流条目存储在数据平面层负责数据包转发的交换机中。策略验证在 6G 智能网络架构中的应用层次和错误示例如图 6-2 所示。

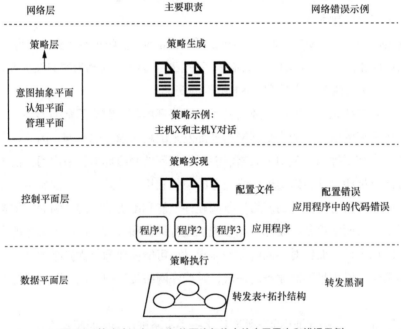

图 6-2　策略验证在 6G 智能网络架构中的应用层次和错误示例

　　而对于意图与知识联合驱动的 6G 智能网络架构，从策略验证的角度看，该网络架构可以分为 3 层：策略层、控制平面层和数据平面层。其中，策略层包括：意图抽象平面、认知平面和管理平面。策略层通过融合 3 个平面的功能，收集并生成网络知识，从而支撑认知平面的策略生成。策略层的主要职责是提出网络策略，如资源调度策略和网络流控策略，这些策略将作为控制平面层和数据平面层的参考。控制平面层的主要职责是实现策略层生成的策略，它使用知识定义网络的动态调整和自适应能力，通过生成数据平面的转发表来实现。由于控制平面层包含了拓扑信息和网络环境信息，通常会发生配置错误和应用程序中的代码错误。而数据平面层的主要职责是执行策略，根据控制平面生成的转发表和网络的拓扑结构运行网络，常见的错误是由转发表错误引起的转发黑洞。因此，策略验证的任务就是确保策略层的意图能够在控制平面层和数据平面层中被正确地实现，且尽可能地减少错误。此外，策略验证还需要实时反馈网络的实际运行状态，并根据业务需求动态调整网络策略，从而更好地支持智能网络的自适应能力，满足业务需求。因此，在 6G 智能网络架构下，网络策略验证可以根据检查的对象和所在层级被划分为两大类：控制平面验证和数据平面验证。

1．控制平面验证

控制平面验证主要用于检测控制平面中的逻辑错误，并且确保配置与策略始终一致。在进行控制平面验证时，需要根据业务需求和网络状态制定网络策略，并采用一些方法（如模型检测和符号包抽象等）来验证策略的正确性。

一般来说，控制平面验证的输入是路由通告、链路状态等信息。控制平面验证工作主要包括以下两个步骤。

（1）将数据包抽象为符号包

将数据包抽象为只包含 0 和 1 序列的符号包，并将网络设备和底层拓扑建模为传递函数。符号包抽象的思想是将网络中的复杂数据流进行简化，这样就能够更好地描述和处理网络中的数据流。

（2）模型检测

模型检测机制利用符号包对组成的网络模型进行遍历，从而发现潜在的违规行为。模型检测机制能够在控制面验证中检测到许多常见的错误类型，如路由循环、路由不收敛、丢包等。

2．数据平面验证

数据平面验证是另一种验证方式，其验证目标是确保网络数据平面的转发状态与策略一致，以保证网络行为符合预期。数据平面验证能够直接检查数据平面，更接近实际的转发行为。在数据平面验证过程中，需要先根据策略和流量情况生成转发表，然后通过快照和网络不变式等方法验证转发表的正确性。具体来说，数据平面验证的输入主要包括数据平面的快照和网络不变式。数据平面将快照建模为逻辑事实，这决定了数据包应该在每个路由器中被转发给邻居还是丢弃。然后，数据平面正式检查快照是否与网络不变式一致，为"在线"数据包转发行为提供保证。与控制平面验证侧重于检测协议错误配置相比，数据平面验证直接检查数据平面，更接近实际的转发行为，因此可以发现更大范围的交换机软件的错误和硬件故障引起的问题。

总之，针对 6G 智能网络架构下的资源调度策略，我们将策略验证分为控制平面验证和数据平面验证两类。控制平面验证主要用于保证策略与配置或应用程序的一致性，以保证配置和应用程序设计良好；数据平面验证则用于确保策略的一致性和网络数据平面的转发状态，以保证网络行为符合预期。两种验证方式都是为了提高网络的可靠性和安全性，是 6G 网络安全领域中非常重要的技术手段之一。

6.2.3　6G 智能网络策略管理流程

在提出的意图与知识联合驱动的 6G 智能网络架构中，策略验证是指针对由意图转译生成的网络策略，通过模拟网络行为和可能的结果，检查这些策略是否能按照用户预期的目标来配置和控制网络。策略验证的目标不仅包括确保策略的可执行性，也包括评估策略的效果和可能的风险。网络策略管理流程如图 6-3 所示，流量感知、知识获取与表征、策略生成、策略验证和策略实施这 5 个模块共同构成了 6G 智能网络架构下网络策略管理的完整流程。

1．流量感知

流量感知是管理平面的一部分，它的主要任务是实时且准确地捕捉网络的状态，并为后续的知识获取与表征、策略生成及策略验证提供有效的原始数据输入。

2．知识获取与表征

知识获取与表征位于认知平面。它根据流量感知获取的信息，利用机器学习、深度学习等方法，提取并表征网络状态中的知识，从而为策略生成提供决策依据。

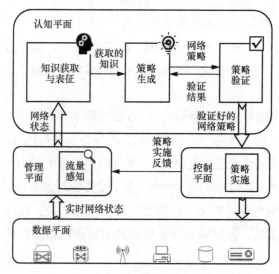

图 6-3　网络策略管理流程

3. 策略生成

策略生成也位于认知平面，它根据知识获取与表征模块的输出，生成适当的网络策略。该模块根据网络状态、业务需求及预定的网络策略目标，综合考虑网络资源的分配、网络优化、网络安全等多个方面，生成具有可行性的网络策略。

4. 策略验证

策略验证位于认知平面，它在策略生成后，检验这些策略的可行性和正确性。策略验证的目标是避免可能出现的错误或未优化的网络策略被应用到实际网络中，从而确保网络的稳定性和效率。通过验证的网络策略可以通过策略实施模块来部署。此外，策略验证的结果还可以反馈到策略生成模块，帮助优化网络策略的生成。

5. 策略实施

策略实施位于控制平面，根据策略验证的结果，实施有效的网络策略。策略实施后的网络状态变化会反馈到流量感知模块，形成闭环管理。

在这个流程中，策略反馈作为一个重要环节，既包括将策略验证的结果反馈到策略生成模块，帮助优化网络策略的生成，也包括策略实施后的网络状态反馈到流量感知模块，进一步改进网络状态认知和策略生成。这个过程实现了网络策略的动态管理和优化，使得 6G 智能网络能够有效地适应复杂多变的网络环境和业务需求。

因此，针对意图与知识联合驱动的 6G 智能网络架构，本书将网络资源调度策略验证定义为：基于当前网络环境和配置的条件，对 6G 智能网络架构中的资源调度策略和网络流控策略进行验证，以确保这些策略的行为符合预期的业务意图。在生成策略并将其实施到实际网络之前，需要进行策略验证，以确保这些策略在各种网络环境和业务需求下都能够实现其预期效果。此外，需要动态和自适应地调整网络策略，使策略验证能够应对网络环境和业务需求的动态性和复杂性。

|6.3 策略验证关键技术 |

策略验证是实现智能网络管理的关键步骤，其主要任务是在将策略实际应用到网络之前进行仿真和测试，以确保策略的可行性和效果。这在 6G 网络中尤为重要，因为其高复杂性和高动态性提高了网络管理的挑战，任何错误的策略都可能导致网络性能下降或产生故障。6G 网络所需的策略验证技术应具备快速、高准确度、对网络无干扰和高适应性等特点。基于此，本小节将重点介绍数字孪生网络和形式化验证方法这两种关键技术。此外，通过分析这两种技术在 6G 场景下的挑战，基于现有的方法提出一些优化建议，以实现 6G 智能网络架构下有效的网络策略验证。

6.3.1 数字孪生网络

网络策略验证的第一步是利用数字孪生网络[3]技术对实体网络进行建模，以构建相应的数字孪生体。与传统网络模型相比，数字孪生网络作为一种新型的网络架构，能通过实时、动态的仿真和分析，大大提高网络管理的效率和精度。但是，6G 网络的大规模和高动态给构建和维护数字孪生网络带来了挑战。

1．数字孪生网络的定义

数字孪生网络是一种基于数字技术的全新网络架构。它将现实世界的信息数字化，然后在数字孪生体这一虚拟环境中进行动态仿真和分析，显著提高了网络管理的效率和精度。网络策略验证技术的核心环节就是构建这样的数字孪生体。在网络策略验证技术中，数字孪生体是一种基于实际网络数据收集的动态网络仿真模型。它综合考虑了网络拓扑结构、链路状态、路由协议等多个因素，模拟网络中不同节点之间的交互，从而在数字孪生网络中实现策略验证。由于这样的验证不会对实际网络产生影响，因此可以有效、高效地完成对实际网络的模拟仿真、整体分析、故障诊断和网络控制。

数字孪生网络的 4 个核心要素如图 6-4 所示，数字孪生网络主要由基础数据、基本模型、映射方式和交互关系 4 个核心要素构成[3]。这 4 个核心要素共同作用于数字孪生网络，从而能够有效地提高网络的可靠性和安全性[4]。

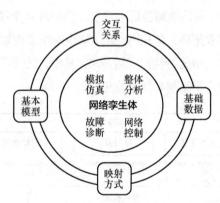

图 6-4 数字孪生网络的 4 个核心要素

（1）基础数据

基础数据可以通过构建统一的数据仓库来实现，包含了历史网络和当前网络的配置信息、拓扑结构、实时状态和用户日志等。这些数据有助于实现知识共享，从而实现基于现存知识（包括网络知识、优化算法、专家经验等）对实体网络进行全生命周期管理，从网络、用户等多维度进行监察部署，以便在实际应用中减少网络故障。

（2）基本模型

基本模型是数字孪生网络的核心组成部分，将基础数据模块化，形成具有基本功能的数据模块。这些模块可以组合成不同的实例，应用于不同的网络场景。

（3）映射方式

映射方式在数字孪生网络中构建网络的数字化镜像。这种镜像需要能够准确且实时地反映网络状态，为网络管理提供直观的视角。

（4）交互关系

交互关系需要建立虚拟网络和实体网络间的同步，使数字孪生网络能控制和调整实体网络，从而帮助网络管理人员更好地进行网络管理和优化，以便保证网络的可靠性和安全性。

2. 数字孪生网络架构

数字孪生网络通过创建实体网络的高度精确的数字副本，为策略验证提供一个可控、无风险的环境。因此，数字孪生网络架构应当支持高效的数据处理和高精度的网络模拟，以满足 6G 网络策略验证的需求。根据其 4 个核心要素，可以将网络架构设计成"三层三域双闭环"架构[3]，数字孪生网络架构如图 6-5 所示，这种架构充分考虑了数字孪生网络的特性和应用需求。其中，"三层"指的是构成数字孪生网络的物理网络层、孪生网络层和网络应用层。

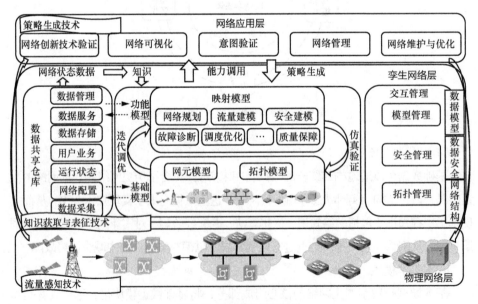

图 6-5　数字孪生网络架构

（1）物理网络层

作为数字孪生网络的底层，物理网络层涵盖了端到端网络的实体。它通过孪生南向接口完成各种网元和孪生体中网络数据和控制信息的交互[3]。物理网络层与第 3 章介绍的流量感知技术密切相关，因为它需要实时获取网络的状态信息，如拓扑结构、链路状态和设备配置等。

（2）孪生网络层

孪生网络层是数字孪生网络的标志，主要由数据共享仓库、映射模型和交互管理 3 个子系统组成[3]。数据共享仓库负责存储和处理从物理网络层获取的数据；映射模型负责将数据转化为网络模型，为策略验证提供模拟环境；交互管理则负责保证这些子系统间的交互稳定性和数据安全性。

（3）网络应用层

网络应用层位于数字孪生网络的最上层，主要用于接收需求，并通过孪生北向接口向孪生网络层输入数据。验证完成后，策略结果将通过孪生南向接口反馈到物理网络层，实现策略的实际应用。网络应用层与第 5 章介绍的策略生成技术相关，因为它需要根据网络需求生成策略，并将这些策略输入孪生网络层进行验证。

而数字孪生网络中的"三域"是指数据域、模型域和管理域，分别对应数据共享仓库、映射模型和交互管理 3 个子系统[3]。下面具体介绍这 3 个子系统。

（1）数据共享仓库

数据作为数字孪生网络的基础，为验证所需的策略提供了基础知识和环境，因此数据共享仓库是数字孪生网络的基础。数据共享仓库与第 4 章介绍的知识获取与表征技术紧密相关，它主要通过孪生南向接口完成网络数据的收集和存储，包括设备的状态信息、网络的拓扑结构、流量分布等。这些数据在 6G 网络环境下，将涵盖更多的维度，如用户设备类型、移动速度、环境特征等，这对数据的收集和存储提出了更高的要求。数据共享仓库利用分布式存储技术，将从各个子系统中收集和整理的网络数据存储到统一的仓库，以实现数据共享，从而有效地帮助网络管理者进行策略验证，确保验证过程的高效性和准确性。

（2）映射模型

映射模型是数字孪生网络中策略验证的核心。映射模型通过将现实世界的网络设备、拓扑结构和配置等信息转化为数字形式，实现了实体网络的数字化，为策略验证提供环境，从而方便对网络进行管理、维护和优化。映射模型分为基础模型和功能模型两部分。其中，基础模型是指网络的具体环境，也就是基于环境信息、拓扑信息、端口状态、配置日志等信息建立的网元模型和拓扑模型。网络管理者可以通过基础模型清楚地了解网络的实际情况。而功能模型针对不同的应用场景，充分利用数据仓库中现有的网络知识构建其基本的数据模型。这两种映射模型分别对应网络的具体环境和不同的应用场景，从而将各种网络知识转化为可用于策略验证的数据模型。

（3）交互管理

交互管理是整个控制管理任务的核心，需要维护整个数字孪生网络的拓扑结构和模型，确保各个子系统的交互，以及数据共享的安全和稳定。同时，交互管理还需要对网络数据进行监控和管理，确保网络孪生体始终保持最新状态。其主要目标是完成并可视化地呈现网络孪生体全生命周期的拓扑管理、安全管理和模型管理[3]。这 3 种管理分别对应策略验证中 3 个重要的方面：网络结构、数据安全和数据模型。

数字孪生网络技术自身存在的"双闭环"包括"内闭环"和"外闭环"。其中，"内闭环"需要对数据模型进行仿真验证，并且对网络下一时刻的属性进行优化；而"外闭环"则在完成与实体网络的交互后，通过对比实际效果与目标效果，找出其中的差异并反馈给"内闭环"，从而实现功能参数调优。这种"双闭环"结构是本章网络架构的关键部分，它允许在理想环境中测试相关策略，并通过实时反馈优化这些策略。

3．6G 网络应用场景下的挑战与方法

数字孪生网络的"三层三域双闭环"架构能够有效提高网络的可靠性和安全性。然而，6G 网络的大规模、复杂拓扑和高动态性的网络状态，使得构建和维护数字孪生网络的任务面临巨大挑战。首先，在物理网络层，6G 网络庞大的数据量和复杂的网络状态使得数据的收集、存储和利用变得异常困难。同时，实时性和准确性的要求也增加了数据管理的难度。其次，在孪生网络层，需要构建和维护能够准确反映物理网络状态的高精度模型。这使得映射模型的构建和维护需要大量的工作。最后，在网络应用层，需要设计和实施能够满足 6G 网络需求的策略，并将这些策略通过孪生网络进行验证，这对策略的设计和实施提出了高难度的挑战。

为了应对这些挑战，考虑采用基于分布式计算和高效数据处理技术的数字孪生网络构建方案[5]。这个方案充分利用了云计算与边缘计算的技术优势，通过–云–边端的协同操作，为数字孪生提供了一个强大的分布式计算基础架构。在实际应用中，可以利用分布式计算技术处理大规模的网络数据，并运用高效的数据处理和模型优化技术简化数字孪生网络的搭建和维护流程。采集数据后，边缘计算设备可以执行轻量级的机器学习和仿真，对局部数据进行快速分析。这为实时验证 6G 网络策略提供了可能性。对于更复杂的数字孪生系统，采用云边协同的方式来有效满足系统对时效性、存储容量和计算能力的需求。可以将各个数字孪生体部署在靠近其对应的物理实体的边缘设备上，以执行一些具有时效性或者较低复杂度的任务。这种布局策略可以更精确地模拟网络状态，以实现准确的策略验证。同时，所有边缘设备的数据和计算结果都会被回传至数字孪生网络的总控中心，进行统一的存储、管理和调度。这种数据集中管理和调度的方式不仅简化了网络管理工作，也使得策略验证结果能够快速反馈到整个智能网络管控中，从而实现策略的持续优化。

通过这种方式，人们能够极大地提高数字孪生网络的构建效率和改善使用体验，从而为 6G 网络的策略验证提供一种全新的、高效的方法。同时，本书也展示了这种基于数字孪生网络的策略验证技术在 6G 网络管理中的关键作用，特别是在网络大规模、高动态性的情况下，它可以为网络管理员提供一个准确、高效的策略验证工具。

6.3.2　形式化验证方法

6G 智能网络架构致力于实现各种网络策略的有效验证，以优化网络性能并提高安全性。为了实现这个目标，本书引入了形式化验证方法。形式化验证方法是一种使用逻辑来验证程序可靠性的方法，旨在证明程序能在没有错误的情况下得到预期的结果。形式化验证方法的流程与 6G 网络环境下的智能网络策略管理流程有紧密的关联，包括流量感知、知识获取与表征、策略生成及策略验证。对于本书提出的 6G 智能网络架构，在使用形式化验证方法完成验证后，还需要将验证结果反馈到 6G 智能网络管理中，根据结果对策略进行优化和调整，以实现更好的网络性能和服务质量。因此，这种基于数学技术的形式化验证方法是 6G 智能网络架构下实现网络策略验证的另一个关键技术。

本节我们首先介绍了形式化验证方法的 4 种主流方式：模型检查、定理证明、符号执行和布尔可满足性问题（SAT 问题）/可满足性模理论（Satisfiability Modulo Theory，SMT）求解器。针对提出的 6G 智能网络架构，探索了形式化验证方法应用在 6G 网络环境下的可行性。接着在此基础上，分别从数据平面验证和控制平面验证两个方面，详细阐述将现有的形式化验证方法应用在 6G 网络场景下的挑战与启发。

1. 形式化验证方法的主流方式

形式化验证方法是一种用于验证系统正确性的技术，它主要通过对系统的行为和结构进行建模和分析，验证系统是否满足给定的规范。下面主要介绍形式化验证方法的 4 种主流方式：模型检查、定理证明、符号执行和 SAT/SMT 求解器。

（1）模型检查

模型检查是一种有限状态系统的形式化验证方法，它通过算法穷尽地搜索系统的有限状态空间，检查系统的每个状态是否满足预期性质[6]。在 6G 智能网络架构中，模型检查用于验证各种网络策略的有效性和正确性，如负载均衡策略、时延策略、隔离性策略和转发循环性策略等，确保这些策略在各种网络环境和业务需求下都能达到预期效果。一般情况下，模型检查有两个要素：状态转换系统和时态逻辑表达式。其中，状态转换系统用来描述系统的行为，即系统的状态转移；而时态逻辑表达式则用来描述系统的性质，即系统属性的不变式。因此，验证问题可以转化为验证状态转换系统是否是时态逻辑表达式的数学问题。

模型检查的一般验证流程是：首先对待验证系统进行建模，并用时态逻辑表达式来表示需要验证的属性；再将验证问题表述为状态转移系统模型是否满足时态逻辑表达式的数学问题，进而计算表达式的可满足性。当发现违规时，会产生一个反例，此反例可作为诊断和修复系统错误的依据。

最早的模型检查器是文献[7]和文献[8]开发出来的，被用于检查系统模型是否满足规范。在此基础上，一些功能更加强大的模型检查器被提出。例如，以进程为单位进行建模的 SPIN[9]主要用于验证分布式和并发系统；符号模型检查工具 SMV[10]基于模块建模，以二叉图来表示状态转换关系，从而检测状态的可达性和所满足的性质。此外，采用了一阶逻辑语言的 Alloy[11]可以基于分布模型来分析用户指定的属性。而 UPPAAL[12]和 PRISM[13]可以对一些特殊的系统进行验证。具体来说，UPPAAL 可以进行实时系统检验，而 PRISM 可以对具有随机行为或者概率行为的系统进行验证。

尽管模型检查能够自动在系统满足预期性质时给出证明，且在性质不满足预期时提供反例以便网络管理者进行诊断；但是，模型检查需要对系统状态空间进行穷举搜索，而系统状态的数目往往随着并发分量的增加呈指数增加，会产生所谓的"状态爆炸"问题，因此直接搜索状态空间根本无法实现。尤其是在 6G 网络环境中，由于设备数量庞大、系统复杂度高，直接应用模型检查可能会遇到严重的状态爆炸问题。因此，需要在形式化验证方法中引入一些基于压缩状态空间思想的优化方法。例如，利用一个快速 SAT 求解器来检验有界模型，可以将状态数控制在一个可接受的范围内[14]；使用二叉判定图（Binary Decision Diagram，BDD）象征性地表示状态转换，从而可以对符号模型进行检验[15-17]；利用偏序简约技术减少系统模型中的状态数目，以缩小模型检测算法所搜索的状态空间规模[18]；利用抽象技术抽掉系统中的细节，用尽可能少的状态来刻画系统的动作过程等。还需要基于 6G 网络的特性和需求，进一步改进这些形式化验证方法，以适应智能网络的验证需求。例如，人们可能需要开发新的模型检查算法，以处理 6G 网络的超高速率、超大容量等问题。

（2）定理证明

定理证明是另一个重要的形式化验证方法。在 6G 网络环境中，针对智能网络策略的复杂性和动态性，需使用严谨的形式化验证方法对其进行验证，以确保其在各种网络环境和业务需求下达到预期效果。定理证明正是满足这一需求的理想工具，它能够利用严谨的数学逻辑符号将策略模型抽象为数学表达式[19]，并利用逻辑演算进行有效性检验[19]。

通常，定理证明的过程可以分为 3 个步骤：首先，将网络的策略模型在形式数学逻辑中抽象为一组数学定义；其次，从这些数学定义中导出策略的性质和约束；最后，使用定理证明器验证策略是否符合预期。对于目前可用的定理证明器，根据其基础逻辑可分为自动式定理证明器和交互式定理证明器。前者涉及用计算机程序证明数学定理，后者在人工协助下处理证明问题，验证者必须用专家知识来支持公理和证明策略[20]。这种基于严谨数学逻辑的方法，既可以处理复杂的系统，也可以通过数学表达式全面地描述系统的各个方面，大大提高了系统的可靠性和安全性。然而，定理证明也存在挑战，它需要人工干预并且在证明失败的情况下不会生成反例，这使得定位错误相对困难。因此，将定理证明应用到 6G 网络中，特别是在复杂的策略验证过程中，需要人们深入理解网络策略，提出有效的数学模型，以及寻找合适的定理证明器。

目前，基于定理证明的代表性工具包括：Coq[21]、HOL[22]等交互式定理证明器和 CiME[23]、Prover9[24]等自动式定理证明器。在本书提出的 6G 智能网络架构中，可以根据网络的特性和需求，选择适合的定理证明器进行策略验证。例如，利用 Coq[21]从构造证明中提取出一个已通过验证的程序；利用 HOL[22]，通过模型谓词来验证公理的可靠性；而 CiME[23]和 Prover9[24]弥补了交互式定理证明器需要手动构造证明过程的缺点，对用户更加友好。

（3）符号执行

符号执行也是一种比较常用的形式化验证方法，其主要思路是通过符号值代替具体值，对所有可能的执行路径进行遍历，以确保每一条路径都被正确处理[25]。这种方法虽然在减少输入数量上有优势，但由于 6G 网络的复杂性，传统的符号执行方法仍然面临着路径爆炸问题。为了解决这个问题，考虑使用基于约束求解器的优化方法，结合具体执行，从而减少需要验证的路径数量，并降低验证的复杂度。目前，基于符号执行技术的代表性工具主要是采用不同的方式混合具体执行和符号执行来进行形式化验证，以便在不需要遍历所有可能的执行路径的情况下，进行有效的策略验证。例如，DART[26]需要一个精确的初始值以维护程序执行时的精确状态；而 Klee[27]在执行每个操作之前，需要检查每个相关的值是精确的还是已经符号化的，然后动态地混合精确执行和符号执行。通过这些工具，无须遍历所有可能的执行路径，从而使得基于符号执行的形式化验证方法能够在 6G 网络场景下执行网络策略验证。

（4）SAT/SMT 求解器

基于 SAT/SMT 求解器的形式化验证方法的本质是约束求解，其主要思想是使用抽象和搜索来求解问题的可行解，从而解决在有限时间内无法得到精确的分析结果的问题。

SAT 就是子句集上的约束求解问题，即在给定一组子句的前提下，寻找一个布尔赋值使得所有子句为真。由于 SAT 通常是通过合取范式定义的，任何命题逻辑表达式都可以表达为合取范式，所以 SAT 可以求解任何命题的逻辑表达式[28]。因此许多实际问题都可以被简化为 SAT。SAT 的求解算法主要包括两大类：局部搜索算法和完备算法（回溯搜索算法）。局部搜索算法基于随机搜索策略，对于任意给定的问题，不一定能判断该问题是否可解；而完备算法基于穷举和回溯的思想，可以判断给定的问题是否可满足，对于无解问题也可给出无解的证明。判定 SAT 时，需要确定给出的问题是否可满足，因此完备算法是研究的重点。

而 SMT 则是 SAT 的一般形式，即给定一组理论，根据给定背景逻辑，求在该组理论解释下表达式的可满足性[29-32]。SMT 的惰性算法是目前大多数 SMT 求解器采用的算法，该算法主要对 SMT 表达式进行两步预处理（即把表达式中的命题变量替换为布尔变量，以及将 SMT 表达式转化为在可满足性意义上等价的 SAT 表达式），再通过 SAT 的基本解决方法来判断 SAT 表达式是否可满足，如果不满足，那么 SMT 表达式也不可满足；但如果满足，则需要进一步结合 SMT 的背景理论去判断可满足性。

综上，基于 SAT/SMT 求解器的验证过程可以归纳为两步：将实际问题建模为 SAT 的基本形式和利用 SAT 求解器直接求解。利用这种方法进行验证可以在很大程度上降低验证的难度，便于验证者操作。但是由于 SAT/SMT 求解器需要实例化，只能针对特定情境进行验证，所以通用性较差。尤其是 6G 网络的复杂性可能引入大量的约束条件和交互环节，因此使用 SAT/SMT 求解器可能需要处理复杂的约束和交互。

目前，基于 SAT/SMT 求解器的代表性工具中，最常用的是微软研究院开发的 Z3[33]求解器，用于检查逻辑表达式的可满足性，可以找到一组约束中的其中一个可行解，但是无法找出所有的可行解。另一个高效的 SMT 求解器是 Yices1.0[34]，可以同时对 SAT 或 MaxSAT 求解，具有很高的通用性。而 CVC4[35]、Kodkod[36]等只针对特定的场景有效，例如，CVC4[35]只用于一阶逻辑。为了让 SMT 求解器具有更好的通用性，SMT-资源库（SMT-LIB）计划得到了全球多个研究小组的支持，其目标是建立一个广泛的基准测试在线库，并促进 SMT 求解器采用通用语言和界面。该计划让 SAT/SMT 求解器的优化得到了一定的发展，并促进了一部分利用机器学习求解 SMT 的研究。例如，支持整个 SMT-LIB 语言的 MachSMT[37]求解器，通过结合机器学习的优势，可以让用户能够更好地选择 SMT 求解器。这种结合机器学习的方式，符合本书智能网络策略验证需求，因此本书在 6G 网络策略验证中，考虑引入基于机器学习的 SMT 求解方法。

综上，虽然策略验证在原则上都可以应用于 6G 大规模复杂网络，但由于状态爆炸或路径爆炸的问题，它们的准确性和可行性会受到挑战。因此，在选择适用的策略验证方法时，需要结合具体的网络环境和业务需求，确保形式化验证方法的有效性和可行性。

2．6G 网络场景下的挑战与启发

6G 网络因其大规模和高复杂性，故障频发，所以网络策略验证十分必要。然而传统的手动网络验证方法仍然存在很多问题。例如，使用 Ping 进行网络可达性、时延和丢包率检验，不仅效率低而且无法进行网络配置信息的分析，而且，这种方法无法根据网络管理员的意图进行定制验证。一些针对网络配置信息分析的方法[38]是针对定制模型配置开发的，例如，配置文件中的访问控制列表（Access Control List，ACL）缺乏通用性。此外，由于复杂网络的内部情况很难被知晓，以黑箱方法检查网络问题对于网络检测来说也过于缓慢。为了应对这些挑战，形式化验证方法被广泛应用于网络策略验证场景中。尽管现有的形式化验证工具无法完全应对 6G 网络的高复杂性和动态性，但它们的设计理念为人们在智能网络策略验证方面提供了重要的启示。由于智能网络策略验证主要分为数据平面验证和控制平面验证，接下来本书分别从这两个部分，对现有的形式化验证工具进行分析，并探索其在 6G 网络场景中的挑战和对应的解决方案。

（1）数据平面验证

随着 6G 网络的发展，数据平面验证在维护网络稳定性中的作用日益突出。传统的静态数据平面验证主要在收集转发信息库后对静态数据平面状态进行形式化分析，从而对网络实际属性进行离线验证。然而，这些工具只能在数据平面出现错误后才能发现问题，无法实时动态地验证像 6G 网络环境这种大规模复杂网络的策略，

从而导致网络瘫痪。例如，以 Anteater[39]、NetSAT[40]和 FLOVER[41]为代表的基于 SAT 求解器的验证方法，将数据平面验证转化为 SAT，有效地避免了在配置中建模复杂的协议行为，使网络策略验证具有实用性。但是这类方法无法动态收集且更新 FIB，从而无法进行实时验证，且因为需要用 SAT 求解器进行求解，存在网络状态爆炸的问题。FlowChecker[42]虽然通过对转发规则进行二进制描述编码，且利用 BDD 来缩小状态空间的规模，可以成功检验配置的正确性，但是由于使用了模型检测的方法，最终只能提供一个反例，不利于后续分析，且只适用于小规模网络。而基于符号执行的形式化验证方法[43-44]虽然可以提供所有反例，使分析错误变得高效，但是这种方法并不能促进快速验证，尤其是在传统网络中可能耗时数小时。

6G 网络具有极高的带宽、低时延和大规模设备接入等特性，使得网络动态性、复杂性和不确定性大幅度提升，从而造成传统的静态数据平面验证无法满足其对实时性、精确性和扩展性的需求。因此，需要考虑一些优化和拓展数据平面验证的方法，以满足 6G 网络管理者在这些网络场景下的需求。此外，数据平面的一些其他属性策略，例如，带宽使用率等也需要被验证。因此，本书明确了数据平面验证在 6G 智能网络中的定义和目标。数据平面验证是指在 6G 智能网络中，根据网络的实时状态，对流量管理策略进行实时检测和验证的过程，其主要目标是确保流量管理策略正确执行，防止策略冲突和策略错误，保证 6G 网络稳定运行。下面在动态数据平面验证、有状态数据平面（即网络设备中存在的中间盒）验证以及数据平面性能属性验证这 3 种情况下，针对一些已有的数据平面验证工具，探索它们在 6G 智能网络架构中进行资源调度策略和网络流控制策略验证的可能性。

① 动态数据平面验证

在 6G 智能网络中，网络设备和连接的动态性使得数据平面不断发生变化。因此，需要对数据平面的可达性和不变性进行全网范围的实时检测和验证。受当前动态数据平面实时网络验证工具的启发，研究了在 6G 网络环境下进行动态数据平面验证的可能性。

首先，明确在 6G 智能网络架构中，策略验证的主要目标是保证数据平面的稳定性和高效性。为此，将策略验证应用于网络架构的每一层，并与网络架构中的其他模块（如流量感知模块、知识获取和表征模块、策略生成模块等）进行协同工作。这样可以确保策略验证的结果能够反馈到整个网络管理系统中，从而优化网络管理和调度。然后，针对 3 种主要的数据平面验证方法对应的典型验证工具进行详细分析，并提出它们在 6G 网络中的应用挑战和可能的解决方案。

- 基于等价类的验证

VeriFlow[45]是实时数据平面验证系统的一种典型实现。它部署在控制器和转发设备之间，能够实时监控所有的网络更新事件。为了高效验证每一条新策略对网络更新的影响，VeriFlow 首次引入了等价类（Equivalence Class，EC）的概念。在数据平面上，等价类被定义为执行相同转发操作的数据包。等价类的划分主要依赖于多维前缀树，它是一种适用于包分类算法的数据结构，能够快速对数据包进行分类和定位。VeriFlow 为每一组等价类生成对应的转发图，使得每次网络策略验证只需要在受到新转发策略影响的网络部分进行，大大提高了验证效率。然而，VeriFlow 在多控制器网络中难以获取完整的网络状态视图。因此，可以考虑在 6G 网络中优化等价类的概念。例如，6G 网络中的等价类是指数据包对于整网的转发行为是等价的。这种定义结合了 6G 网络的特性（如网络设备的高动态性和大规模设备接入），对等价类划分方法进行了改进，使其更适合 6G 网络。

而原子谓词验证器（Atomic Predicates Verifier，APV）[46]是另一种运用等价类概念的验证工具。APV 只考虑转发规则，通过将数据包头的集合划分为一组端口谓词（也就是端口等价类）来实现等价类的划分。此外，所有谓词都由 BDD 表示，通过路径共享前缀、后缀或者中间部分来实现数据压缩。这样不仅可以有效消除转发和访问控制表中的冗余，而且可以使用基于图的算法对 BDD 进行逻辑操作，从而实现高效的策略验证。然而，APV 只考虑了转发行为，但真实网络具有非常多的功能（如 ACL 过滤包、网络地址转换策略重写等）。APV 因为考虑了转发行为，适合用于 6G 网络中的数据平面验证，但是因为它忽略了网络的其他功能，所以需要对谓词表达进行扩展，才能实现 6G 网络的更多功能。而 APKeep[47]是一种能够实现快速验证的可扩展验证工具。它采用模块化网络模型进行网络建模，并在此基础上进行类似 APV 的等价类划分。它还采用一种增量式更新的方法提高了等价类更新的速度。因此，在 6G 网络中可以考虑直接使用 APKeep 的方法，使得网络模型既有良好的表现性又有可扩展性，而且能够实现快速验证。

此外，文献[48]提出了一种新的等价类划分的方式，即划分商空间。这种方法可以将头空间根据转发行为来划分等价类，从而实现基于网络管理人员意图的数据平面验证。这不仅可以提高数据平面验证的效率，还可以使验证更加友好和易于操作。对于意图与知识联合驱动的 6G 智能网络架构来说，这一工具可以很好地启发我们借鉴划分商空间的方式来实现基于网络管理员意图的数据平面验证。

- 基于增量计算的验证

NetPlumber[49]是典型的增量式更新验证的工具之一。NetPlumber 的核心是根据各个转发表构建依赖图，其中图的节点对应策略，图的有向边对应策略之间的依赖关系，代表匹配数据包的可能路径。每一次网络发生变化时，NetPlumber 不会重新建立依赖图，而是采用分布式集群的思想，进行小范围内更新，从而实现实时更新。此外，NetPlumber 还提供了一种策略查询语言——FlowExp 来支持灵活的策略定义。但是，NetPlumber 需要构建依赖图，导致处理链路访问的时间较长，不适用于链路频繁变化的网络，对于如今的实际网络来说实用性不高。因此，虽然 NetPlumber 无法直接运用到 6G 网络场景中，但是其基于增量式计算的思想可被应用到 6G 智能网络架构下的策略验证模块中，以实现实时验证。

- 基于 MapReduce 的验证

文献[50]提出了一种新的验证方法 Libra，使用 MapReduce 实现了高效的大规模网络验证。MapReduce 的主要思想是指定一个映射（Map）函数，把一组键值对映射成一组新的键值对，同时指定并发的归约（Reduce）函数，用来保证所有映射的键值对中的每一个键值对共享相同的键组。因此，MapReduce 具有一定的可扩展性。而 Flash[51]则使用 MR^2（Map-Reduce-Reduce）算法，在 MapReduce 的基础上，先根据网络更新执行的动作进行聚合，再通过它们匹配的数据包集进行聚合，从而大大降低计算开销，实现了策略验证的高可伸缩性。这些基于 MapReduce 的验证方法对于 6G 网络环境下大规模的网络数据的处理具有显著的优势。因此，应考虑引入基于 MapReduce 的验证方法，以更有效地处理 6G 网络的数据平面验证。

综上，上述验证方法成功地实现了针对动态网络的实时数据平面验证。实时数据平面验证的主要目标是通过压缩动态变化的网络规模来实现快速验证，这与我们为 6G 智能网络定义的策略验证目标是一致的。目前的实时验证工具总体上的思想就是压缩网络规模并进行小规模更新。类似 VeriFlow[45]的工具将具有相同转发行为的数据包划分为同一等价类,并且对于每个等价类创建相应的转发图从而完成验证。利用原子谓词进行等价类划分的工具有 APV[46]。这类工具实际上比 VeriFlow 更加高效,因为原子谓词还可以结合 BDD 的数据结构特性,消除网络策略冗余使得验证更加快速。而划分商空间[50]的方法以头空间为基础,对具有相同转发行为的数据包进行等价类划分,可与窗口查询相结合,实现基于意图的数据平面实时验证。此外,NetPlumber[49]引入了一种"策略聚类"技术来增强可扩展性,且利用单个策略的改变并不会显著改变网络状态这一事实来执行增量计算,这意味着只需执行小的修改就可以合并策略更改。Libra[50]和 Flash[51]则是在 MapReduce 这一模型的基础上,对网络规模进行压缩,从而获取精简网络以进行快速的网络策略验证。因此,在 6G 智能网络架构的网络策略验证模块中,综合考虑以上提到的数据平面网络策略验证的优化工具,可以有效地实现 6G 网络环境下的数据平面验证。这样的验证方法,可以在保证网络的稳定性的同时,及时地反馈策略执行的结果,从而使整个 6G 智能网络的管控更加精准、有效。

② 有状态数据平面验证

在 6G 智能网络架构中,数据平面不仅包括传统的路由器设备,还引入了一系列的中间盒,如有状态的防火墙等。这些设备的转发行为同时依赖当前和历史的流量,因此,本书的数据平面验证方法也需要考虑这种历史依赖性。然而,Velner 等[52]证明了中间盒之间的有序通道无界,因此可达性策略在有状态网络中是 EXPSPACE-complete(指数空间完备)的。因此,有状态网络中的策略验证是个具有挑战性的问题。此外,由于网络的特殊性,尤其是对于复杂网络,中间盒的内部情况是难以知晓的,因此一般情况下无法直接分析中间盒的状态,从而无法进行有状态网络的数据平面策略验证。为了解决这些问题,本书选择借鉴基于 Datalog 的形式化验证方法、基于 SAT/SMT 求解器的形式化验证方法及基于符号执行的形式化验证方法的主要思想。

• 基于 Datalog 的形式化验证

对于不考虑中间盒的数据平面验证工具,因为不需要考虑历史流量的影响,所以均采用固定包头和转发策略。然而在受到中间盒影响的有状态网络验证中,固定包头和转发策略均无法满足验证需求。Datalog 作为一种数据查询语言,可以在数据库和智能系统中交互，因此可以辅助实现有状态网络策略验证。SecGuru[53]是最早使用 Datalog 思想进行有状态网络验证的工具，且被部署在微软 Azure 中用来检查数以百计的路由器和防火墙的正确性。它以位向量逻辑表达式对策略进行精准编码，并且预先创建一个公共信念数据库，从而实现在网络中存在中间盒时的数据平面验证。而文献[54]提出了一种自动验证有状态网络的方法，称为网络优化数据日志（Network Optimized Datalog，NOD）。该方法直接使用 Datalog 这一基于逻辑的编程语言对策略和协议行为编码，能够进行有状态网络的自动验证。然而，基于 Datalog 的验证方法能够应用在有状态网络中，但无法针对大规模的 6G 网络进行有效的扩展，因此在实际应用中可能存在局限性。

• 基于 SAT/SMT 求解器的形式化验证

由于网络中中间盒的情况一般未知，因此很难预测网络状态，无法直接对网络建模。而一种基于 SAT/SMT 求解器的形式化验证方法—— 中间盒网络验证（Verification for Middleboxes Network，VMN）[55]从中间盒的一般描述抽象派生出一个转发模型，并通过抽象包类对中间盒进行建模。有了对应的策略验证模型后，可以将有状态网络的数据平面验证转化为 SAT/SMT，再通过前文提及的 SAT/SMT 求解器来判断网络策略是否有误[33]。此外，VMN 利用网络拓扑对称性和策略对称性这两大特性来辅助验证，具有一定的扩展性。但是，这两大特性同时也会要求待验证的网络具有一定的网络对称性，这对于 6G 网络的验证可能存在一定的问题。而且，SAT/SMT 求解器会导致状态空间爆炸。

• 基于符号执行的形式化验证

SymNet[56]作为一种基于符号执行的形式化验证方法，主要通过注入符号数据包并跟踪它们在网络中的演化，从而确定网络的状态。其主要创新点在于设计了一种对符号执行友好的表达数据平面处理的语言——符号执行友好语言（Symbolic Execution Friendly Language，SEFL）。SymNet 通过 SFEL 获取一个抽象数据平面模型，该模型由每个节点的 SEFL 代码和节点间的连接组成，从而能够在数秒内检测包含数十万前缀和网络地址转换的路由器网络，同时具有验证包头内存安全性、有状态处理和加密等网络功能。但是由于 SymNet 使用了符号执行的思想，其应用于实际的网络代码会导致状态爆炸的问题，且验证的复杂性很高，不利于在大规模复杂的

6G 网络场景下部署。

综上,有状态网络的数据平面验证非常具有挑战性。尽管针对有状态网络的数据平面优化验证方法已经取得了一些研究进展,但仍然存在如高复杂性、状态爆炸等严重问题。特别是在 6G 网络这样的环境中,中间盒的内部状态往往难以预测,甚至无法确定其网络状态是否受历史流量影响。在这种情况下,深度学习可能提供了一种有效解决方案。

可以利用深度学习的特性,自动从大量的网络流量和状态数据中学习并理解网络的行为模式。这些模式可以帮助预测和验证网络的行为,以及验证在数据平面上实施的策略是否正确。这样,即使在网络的状态空间非常大或者无法完全知晓网络的内部状态的情况下,也可以进行有效的数据平面验证。例如,采用一种深度学习[57]的神经网络,如卷积神经网络[58]或者长短期记忆[59]网络来处理这个问题。卷积神经网络是一种特别适合处理具有网格结构数据的深度学习模型,而长短期记忆网络是一种特别适合处理时间序列数据的深度学习模型。在处理网络状态验证的问题上,将网络的流量数据和状态数据作为输入,将网络的行为或者数据平面的策略是否正确作为输出。然后,通过训练神经网络来学习输入与输出之间的映射关系。这样,在进行网络状态验证时,只需要将当前的网络流量和状态输入神经网络,就可以得到网络的行为或者数据平面的策略是否正确的预测结果。此外,还可以利用深度学习的自我学习和改进的特性,持续优化验证方法。随着时间的推移,验证方法可以不断从新的网络流量和状态数据中学习,从而逐渐提高其准确性和鲁棒性。这对于 6G 网络这种可能存在大量未知和变化的环境的网络,是非常有价值的。因此,深度学习可以作为一种有效的工具,在人们面临有状态网络数据平面验证的挑战时,提供新的思路和解决方案。然而,需要注意的是,虽然深度学习有很大的潜力,但其应用仍然面临许多挑战,如数据的质量和可用性、学习算法的选择和优化,以及验证结果的解释性等问题。因此,在实际应用中,需要对这些问题进行深入的研究和解决。

③ 数据平面性能属性验证

为了保证 6G 网络策略的有效性和稳定运行,需要进行基于数据平面的性能属性验证。这涉及网络的带宽、丢包率等性能属性,这些属性的验证与传统的可达性、无环性等布尔属性验证相比，面临更多的挑战，因为性能属性的验证需要涉及更为复杂的量化模型。例如，SLA- verifier[60]通过使用网络定量模型来描述网络的性能属性，完成性能属性验证。它主要通过将策略验证转化为对图的分析，实现快速的性能验证。而文献[61]提出了一种方法，针对服务类别（Class of Service，CoS）配置属性进行验证。CoS 配置属性是网络中重要的性能属性之一。网络复杂度的提升，尤其是虚拟专用网（Virtual Private Network，VPN）的出现使得 CoS 配置很容易出错。通过使用策略集的形式化来表示任意一组流的属性，且在路径中积累 CoS 操作，可以为网络管理者期望查询的任意流找到所有类别的服务属性（如队列和速率）。此外，该方法[61]还通过 BDD 表示访问控制列表以压缩网络规模，提升验证速度。

虽然以上工作都表明网络性能验证这一方向得到了一定的发展，但是流的实际情况仍然依赖网络状况，而复杂网络导致流的状态很难知晓，人工建模会使验证结果的准确性大打折扣，因此数据平面性能属性的验证仍然具有挑战性。为了解决这个问题，可以考虑在策略验证模块中引入多任务学习（Multi-Task Learning，MTL）技术。利用 MTL 进行网络策略验证示意如图 6-6 所示，MTL 进行网络策略验证就是通过输入网络策略，一次性实现多验证任务结果的输出。该方法通过联合学习多个任务，对网络的多种性能属性进行整体优化，从而提高策略验证的准确性和效率。例如，可以同时进行带宽验证和丢包率验证，这两个任务虽然各自独立，但是都与网络的通信质量密切相关。通过 MTL，可以找到这两个任务之间的共享特征，同时进行带宽和丢包率的验证，提高验证效率。总之，通过 MTL，人们能够有效地处理复杂网络中的数据平面性能属性验证问题，提高验证的准确性和效率。

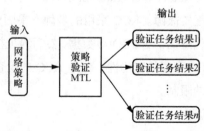

图 6-6　利用 MTL 进行网络策略验证示意

（2）控制平面验证

作为未来的无线通信网络，6G 网络的架构和资源调度策略更具复杂性和动态性，与 4G 和 5G 网络有显著的差别。面对大规模的设备和数据流量挑战，6G 网络需要更强大的网络控制能力和资源调度策略，因此，控制平面的验证对于 6G 网络至关重要。控制平面验证主要负责集成网络拓扑和链路状态信息，建立数据平面转发表的程序。然而，由于 6G 网络的复杂性和动态性，需要考虑更多因素进行控制平面验证，如网络拓扑的实时变化、各种网络设备和服务的动态接入等。此外，6G 网络中设备类型和数量的大幅增长给控制平面的验证也带来了更大的挑战。为解决这些问题，不仅需要使用传统的形式化验证方法，还需要引入新的验证方法，如基于机器学习的验证方法。

① 传统网络中的控制平面验证

传统网络中的控制平面验证流程如图 6-7 所示。其输入是网络配置文件，这些配置定义了网络可使用的协议、链路开销及向哪个邻居发送路由通告等。根据这些配置文件建立控制平面模型后，将待验证的属性表示为声明性表达后进行约束验证，从而得到验证结果。

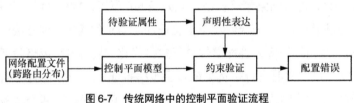

图 6-7　传统网络中的控制平面验证流程

具体的验证工具如下。

• 基于静态平面分析的验证

路由器配置检查器（Router Configuration Checker，RCC）[62]能在实际网络中自动检测边界网关协议配置故障。RCC 采用的是静态平面分析的方法，其将控制平面信息标准化成结构化查询语言（SQL）数据，然后验证根据策略转换成的 SQL 上的约束条件来判断 BGP 配置的正确性。但是 RCC 的检查范围仅限于 BGP，这导致验证范围受到很大的限制。

• 基于 LogiQL 的验证

为了提升配置验证工具的通用性，Batfish[63]没有选择在控制平面上直接建模，而是通过在控制平面生成数据平面后再进行验证。这使得 Batfish 在提前检测错误的同时，不必考虑协议的复杂交互，从而可以对通用配置模型进行验证。然而，如何根据配置和环境生成一个可靠的数据平面成为一大挑战。为了解决这个问题，Batfish 使用 Datalog 的一种变式——LogiQL[64]建立了一个陈述式模型，从而获取数据平面模型，然后使用 NOD[53]进行数据平面分析完成验证。为了帮助网络管理者更好地分析网络故障和修复网络配置，Batfish 还提供了通过数据平面模型来模拟反例数据包的功能。但是，用 Batfish 验证一个简单的配置文件时需要对整个数据平面进行模拟，这会使验证速度变慢。

- 基于抽象解释的验证

Batfish[63]通过导出数据平面来执行主动配置分析，然而，详细的数据平面生成从来不是必要的。一方面，主动分析任务往往不需要路径本身，一些不变式只关注路径的存在或依赖于所采取的路径集；另一方面，网络协议只和路径中心的某些路径进行交互。因此，控制平面抽象表示（Abstract Representation for Control Plane，ARC）[65]通过抽象数据平面实现了在控制平面上直接进行快速分析。ARC 的核心是使用与网络协议无关的加权有向图对控制平面建模，使用图算法进行分析并完成验证。但是，ARC 只对数据中心网络中常用机制（如 ACL 和静态路由）和协议（如 RIP）进行精确建模，对于 6G 网络的全局控制平面验证，ARC 需要进一步研究和优化。

- 基于等价类的验证

控制平面等价类指的是被网络中所有的设备以相同的方式处理（是否接受和如何发出）的一组路由通告。Plankton[66]中使用 Trie 树对路由通告的头空间进行等价类的划分，但此方法需要预先获取路由通告的信息，对使用场景有限制。而 ERA[67]等价类是根据 BDD 编码的路由通告的字段信息进行划分，直接在控制平面进行可达性验证。尽管基于等价类的控制平面验证可以有效减少冗余，提升验证速度，但是该方法必须提前获取路由通告的知识信息，限制了使用场景。对于 6G 网络，需要探索如何将等价类验证应用到更广泛的场景中，同时解决获取路由通告信息的挑战。

- 基于 SMT 求解器的验证

针对覆盖尽可能大的数据平面的挑战，Beckett 等[68]提出了 Minesweeper 工具。

Minesweeper 使用 SMT 表达式对稳定的网络状态建模，并将表达式放入 SMT 求解器中完成验证。这种方法可以验证更多的协议，覆盖更大的数据平面，适用于大量的网络协议、特性和拓扑，因此可以扩展到大型网络中使用。而 Config2Spec[69]则是在 Minesweeper 基础上提出的另一个基于 SMT 的控制平面验证工具。Config2Spec 的主要功能是给定网络配置和故障模型自动合成一个形式化规范，也就是符合预期的网络策略。它结合了数据平面验证方法和控制平面验证方法的优点，通过依赖过去迭代和失败模型的预测器，在数据平面验证和控制平面验证两种方法中来回切换以获取最优的验证方法，可以在大型网络中使用。然而，这些方法在 6G 网络中的应用需要进一步研究和调整，以满足 6G 网络复杂的协议和拓扑需求。

② 智能控制平面验证的启发

传统的网络控制平面验证技术在应对 6G 网络时面临许多挑战。首先，6G 网络的规模大幅增长，涵盖了更多的设备和服务，这就需要验证技术具有足够的扩展性，能够有效地处理大规模的网络。其次，6G 网络的服务类型繁多，包括物联网、车联网、工业自动化等，这就要求验证技术能够兼容各种不同的协议和配置。再次，6G 网络的动态性增强，如移动设备和服务的快速变化，这就需要验证技术能够在短时间内完成大量的验证任务。最后，6G 网络的安全性需求更高，这就要求验证技术能够检测出各种潜在的安全威胁。

因此，在进行 6G 网络的控制平面验证时，需要综合考虑这些传统的控制平面验证方法，针对 6G 网络的特点（更为复杂的网络环境、更高的数据传输速率及更丰富的设备和服务类型）进行优化。以下是本书对 6G 智能网络架构下控制平面验证方法的启示。

• 引入更加复杂的图算法

6G 网络的拓扑结构和链路状态可能会实时变化，这种高动态性使得验证任务变得更为复杂。为此，可以借鉴 ARC 的思路，使用图算法对控制平面进行建模和分析，但需要引入更加复杂的图算法以适应 6G 网络的高动态性和复杂拓扑。

• 引入机器学习技术

6G 网络的复杂性可能使得传统的形式化验证方法难以有效应对所有情况。在这种情况下，可以考虑引入机器学习技术，通过训练算法学习网络行为和配置语言的规律，提升控制平面验证的效率和准确性。

- 对动态接入的设备和服务进行有效管理

6G 网络中的设备和服务可能会动态地接入和退出网络，这将给控制平面的验证带来新的挑战。为了保证网络的稳定性和可靠性，需要针对这种情况进行特殊处理。可以借鉴 ERA 的方法，对路由通告的等价类进行划分，但需要对等价类的概念进行扩展，以适应更多样化的路由通告。

- 优化资源调度策略

由于 6G 网络中的资源调度策略将更加复杂和灵活，需要调整控制平面的验证方法，以保证资源调度的效率和公平性。例如，Minesweeper[68]通过引入新的求解策略，可以提高验证速度和准确性，这提供了一个优化验证方法的新方向。

6.4　基于知识的网络资源调度策略验证

策略验证模块是本书所提出的 6G 智能网络架构中的核心组件，它的主要任务是验证由策略生成模块生成的网络资源调度策略是否能够使网络达到预期的性能目标。它基于实际网络状态的数据平面知识，建立并更新网络的数字孪生模型。该模型用于模拟并预测在特定策略输入下的网络行为，从而验证策略的有效性，并及时反馈验证结果。

因此，基于知识的网络资源调度策略验证技术包括以下 3 个模块。

（1）网络建模

首先利用数字孪生技术，根据实时的网络状态信息，构建一个反映实际网络结构和功能的数字模型。

（2）策略仿真验证

利用数学模型和机器学习算法等工具，模拟输入策略在实际网络中的执行效果，从而预测并评估这个策略的性能和风险。在这个过程中，所构建的模型会自动检测并报告可能的网络问题，如路由黑洞、环路等。

（3）反馈告警

如果所构建的模型发现输入的策略可能会引发网络问题，或者不能达到预期的性能目标，那么验证模块会生成告警信息，将这个信息反馈给策略生成模块，以帮助它修正或者优化策略。

这 3 个模块的协同作用，使得基于知识的网络资源调度策略验证技术能够有效解决资源的可用性、策略的正确性及策略的冲突三大关键问题。该技术采用基于知识的方法，动态地获取并利用实时网络信息，持续调整和更新网络模型。此外，网络模型中通过运用数字孪生技术，不仅映射了真实设备，还将真实数据平面中的不同网络功能（如路由、缓存、安全防护等）模型化，且在模型中明确了这些功能的依赖关系和交互方式。这意味着，当网络中的路由规则、网络拓扑或其他网络参数变化时，策略验证模块可以通过简单地更新模型节点的状态或调整节点间的逻辑连接来快速反映这些变化。因此，该技术可以充分利用网络中的可用资源，增强策略验证在 6G 网络环境中的效率和精度。此外，当网络中同时存在多个策略时，验证模块会检测这些策略之间是否存在冲突，如果发现策略冲突，那么验证模块会启动冲突消解机制，来避免或者减小冲突的影响。传统的冲突消解方法包括：设置优先级，即移除低优先级策略、更新高优先级策略的条件限制；利用知识图谱推理技术和知识冲突检测技术实现网络策略中的隐式冲突检测运用知识图谱存储与更新机制，依据路径信息、拓扑信息、流量服务等内容将设备接口、功能和协议、配置等以知识图谱的形式统一存储，并随着网络状态实时更新。为了解决图谱信息不准确、不一致的问题，通过无监督学习技术获取知识图谱中的节点特征表示，并利用特征的相似关系发现图谱中同一概念的节点存在的一词多义现象。接下来将具体论述基于知识的网络资源调度策略验证技术的 3 个模块。

6.4.1 网络建模

网络建模是解决资源可用性、策略正确性及策略冲突问题的基础。构建一个高精度的数字孪生模型，能够在虚拟环境中准确验证上层生成的网络策略是否满足预期，是基于知识进行网络资源策略验证的关键步骤。在 6G 智能网络架构中，网络建模主要包括以下步骤。

（1）获取实时的网络信息

在 6G 网络中，利用软件定义网络（SDN）和网络功能虚拟化技术来收集实时网络信息。SDN 可以将网络控制层从硬件设备中抽象出来，从而实现对网络的全局视图和中心化控制。通过 SDN，可以获取包括设备状态、网络拓扑、流量信息等实时网络信息。而 NFV 则可以虚拟化网络设备的功能，使得在获取网络信息时具备更高的灵活性和准确性。

（2）构建数字孪生模型

在构建数字孪生模型的过程中，可以引入图神经网络（Graph Neural Network，GNN）。GNN 是一种处理图结构数据的深度学习模型[70]，能够捕捉图中节点之间的关系和图的拓扑结构，对于网络建模非常适用。GNN 的基本思想是利用图中节点和边之间的关系，对节点和边的信息进行聚合和更新，从而学习图中节点的表示。在网络建模中，节点可以表示网络中的设备或实体，边可以表示设备之间的连接或交互关系。通过对网络中的节点和边进行特征编码和信息传递，GNN 可以捕捉到节点之间的结构和语义信息，并生成对网络状态进行建模的表示。具体而言，可以使用下述方法对节点和边进行更新，最终对所有节点的信息进行汇总，得到整个网络图的表示。

① GNN 通过对节点及其邻居的信息进行聚合和变换来更新节点的信息。一般节点更新表达式为

$$h_v^{(l+1)} = \sigma \left(\sum_{u \in N(v)} \frac{1}{\sqrt{\deg(v)\deg(u)}} W_1^{(l)} h_u^{(l)} \right) \tag{6-1}$$

其中，$h_v^{(l+1)}$ 表示节点 v 在第 $l+1$ 层的表示，$h_u^{(l)}$ 表示节点 u 在第 l 层的表示，$\sigma(\cdot)$ 表示激活函数，$N(v)$ 表示节点 v 的邻居节点集合，$\deg(v)$ 和 $\deg(u)$ 分别表示节点 v 和 u 的度数，$W_1^{(l)}$ 表示节点更新时第 l 层的权重矩阵。

② 边的更新是通过节点的信息以及边的信息来进行的。假设每条边都有自己的特征，边更新表达式可以表示为

$$e_{vu}^{(l+1)} = \sigma \left(\frac{1}{\sqrt{\deg(v)\deg(u)}} W_2^{(l)} (h_v^{(l)} \oplus h_u^{(l)}) \right) \tag{6-2}$$

其中，$e_{vu}^{(l)}$ 表示边 (v, u) 在第 l 层的表示，$\oplus$ 表示向量的拼接操作，$W_2^{(l)}$ 表示边更新时第 l 层的权重矩阵。

③ 对所有节点的信息进行汇总，通过图池化操作得到整个图的表示。表达式为

$$h_G = \text{POOL}(\{h_v^{(L)} \mid v \in G\}) \tag{6-3}$$

其中，h_G 是图 G 的表示，$\text{POOL}(\cdot)$ 是池化函数，可以是求和、取最大值等，$h_v^{(L)}$ 表

示节点 v 在最后一层 L 的表示。

在定制化训练数字孪生模型的过程中，可以根据具体的网络架构和资源调度策略设计 GNN 的结构和参数，例如，可以调整 GNN 的层数、隐藏单元的数量、激活函数的选择等。同时，还可以结合其他深度学习技术，如注意力机制[71]和卷积神经网络（CNN）[58]，进一步提高 GNN 的性能和建模能力。通过这样的定制化训练，数字孪生模型能够模拟特定策略下的网络行为。这样就可以在虚拟环境中通过对模型进行推理和仿真来验证所提出的网络策略的有效性和性能。通过比较模型的输出结果和预期的网络行为，可以评估策略的合理性，并对策略进行调整和优化。

（3）保持模型的更新

在保持模型更新的过程中，本书所提 6G 智能网络采用增量学习的策略。增量学习是一种动态的机器学习策略，能够随着新数据的到来逐步更新模型。当网络状态发生变化时，如设备状态发生变化、网络拓扑发生变化或流量信息发生变化等，可以将新的网络信息输入模型中，通过增量学习的方式更新模型，从而保持模型的准确性。

（4）服务映射模型

结合前文提到的数字孪生网络技术，将利用服务映射模型进行策略验证的网络建模。服务映射模型包括基础模型和功能模型两部分，基础模型对应网络的实体信息，功能模型对应网络的功能信息。其中，基础模型可细分为 3 个步骤：孪生网络本体模型的构建、统一表征融合网络孪生体数据库的构建及网元模型和拓扑模型按需组合的构建。而功能模型是指针对特定的应用场景，充分利用数据仓库中的网络数据建立的网络分析、仿真、诊断、预测、保障等各种数据模型。在策略验证过程中，模型实例会在虚拟孪生网元或网络拓扑中对预测、调度、配置、优化等目标进行充分的仿真和验证，从而保证变更控制下发到实体网络时的有效性和可靠性。这里的实例可以理解为 6G 智能网络架构中定义的知识。

物理拓扑中设备 C 的服务映射模型的示意[72]如图 6-8 所示。其中，服务映射模型保留了原网络拓扑的所有设备和这些设备间的链路信息。例如，设备 C 左侧与设备 A 和设备 B 相连，则对应的数字孪生拓扑中设备 C 的左侧端口也与设备 A 和设备 B 相连。此外，根据不同的服务需求，把设备 C 表示为不同的功能模型。例如，考虑设备 C 的转发和网络地址转化两大服务，在服务映射模型中，需要用 FW-C 和

NAT-C 两个模块来表示原物理拓扑中的设备 C，而其他设备保持不变。因此，服务映射模型不仅包括网络的拓扑信息，也包括对应网络的功能信息。

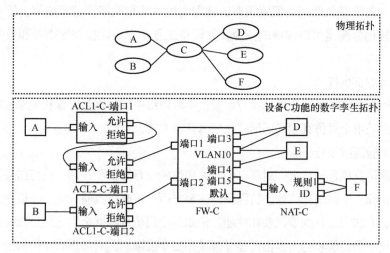

图 6-8　物理拓扑中设备 C 的服务映射模型的示意[72]

在网络建模过程中，人们还可以引入形式化验证方法，如模型检查和定理证明，帮助构建一个准确、高效的数字孪生模型，并设计一个动态、增量式的网络信息获取和模型更新机制。例如，可以使用模型检查，通过状态空间的系统性探索，检查网络模型是否满足给定的性质。定理证明可以帮助证明网络模型的正确性，从而保证策略验证的准确性。

6.4.2　策略仿真验证

当网络孪生体构建完成后，对于所提出的 6G 智能网络架构和资源调度策略进行策略仿真验证是至关重要的一步。策略仿真验证是处理资源的可用性、策略的正确性及策略冲突问题的关键手段。具体来说，通过模拟策略在网络中的执行，检查策略是否能够使网络达到预期的状态，从而确保资源的有效利用和策略的正确执行，保证策略之间不会产生冲突。

在 6G 智能网络架构中，策略仿真验证主要包括以下步骤。

（1）策略输入

利用第 5 章中提到的技术，将策略生成模块生成的网络策略输入数字孪生模型中。这些策略包括网络配置策略、资源调度策略和网络流控策略等。需要将这些策略转化为模型可以理解的指令，如设备配置指令、连接调度指令和服务级别指令等。

（2）仿真执行

在网络孪生体中运行仿真执行，模拟实际网络中的数据包传输和处理过程。这一步可以采用全局仿真和局部形式化仿真两种方式。

（3）验证结果分析

根据仿真执行的结果，对策略的行为和性能进行分析和评估。验证结果包括网络性能指标、策略的正确性、资源利用率等方面。策略仿真验证的效果取决于所选用的验证方法和工具的准确性和性能。例如，全局仿真能够全面地验证策略在不同网络环境下的性能和行为，但可能受规模和复杂度限制。局部形式化仿真通过编码不确定性因素，可以在一定程度上解决复杂网络环境下的验证问题，但也要考虑求解器的效率和准确性。

而策略仿真验证的实现主要包括全局仿真和局部形式化仿真两种形式。全局仿真运行在整个广域网（Wide Area Network，WAN），并生成相应的数据平面数据包处理规则。而局部形式化仿真则适用于处理网络动态更新时的不确定性因素，通过编码所有可能性的逻辑表达式，并结合相关验证工具和求解器计算可能出现的情况。在策略仿真验证之前，为了提高验证速度和时效性，可以对待检验策略进行分类整理。具体而言，通过对网络中具有相同网络行为的策略进行知识归纳，以降低验证模块的工作量。这些网络行为包括网络协议、收发端口和优先级等。

对于像 6G 网络这样的大规模复杂网络来说，许多网络行为是不可以被完全预测的。因此，我们考虑引入机器学习和概率规划的概念来实现策略验证。其中，机器学习是一种从数据中学习模型并进行预测和决策的方法。在网络建模中，可以利用机器学习技术从历史数据中学习网络行为的规律，从而预测和模拟网络的状态和行为。一个常见的方法是使用生成对抗网络（GAN）[73]来构建复杂网络状态生成器。

利用 GAN 生成网络状态示意如图 6-9 所示，GAN 主要由一个生成器和一个判别器组成，通过对抗训练的方式学习生成逼真的网络状态。生成器主要负责从随机噪声中生成网络状态的抽象表示。它将随机噪声作为输入，并通过一系列的神经网络层来生成逼真的网络状态，使其能够欺骗判别器。判别器则负责评估生成器生成的网络状态是否真实。它的输入包括真实网络状态和生成器生成的网络状态，通过一系列的神经网络层来判断输入是真实网络状态还是生成器生成的网络状态。判别器的目标是尽可能准确地区分真实网络状态和生成器生成的网络状态。生成器生成的网络状态经过判别器的评估后，以判别标签的形式反馈给生成器，使其能够根据判断结果进行调整和改进。通过反复迭代训练，生成器可以逐渐提高生成的网络状态的逼真程度，而判别器则可以提高对真实和生成的网络状态的判别能力。通过GAN，可以生成更加逼真的网络状态，并且可以通过生成随机抽象场景来扩展已有的数据集。这有助于提高网络建模和策略验证的准确性和可靠性。

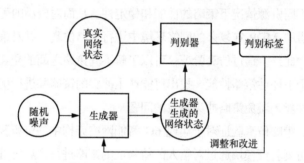

图 6-9　利用 GAN 生成网络状态示意

而概率规划是一种在面对不确定性时进行有效决策的方法，通过考虑不同的可能性和其对应的概率来做出最优的决策。在网络建模中，概率规划可以帮助人们对网络状态的不确定性进行建模，并在策略验证中帮助人们做出更好的决策。一种常见的概率规划方法是 MDP[74]。MDP 是一个基于状态、动作和奖励构建的数学框架，可以用来处理具有随机性的决策问题。其中，状态是一个描述系统当前情况的变量，而动作是可以在某个状态下执行的操作，用于改变系统的状态。MDP 的核心在于通过最大化累计奖励来做出决策，而这个累计奖励是基于状态转移概率和奖励函数的。奖励函数为每一个状态和动作分配一个对应数值，这个数值可能是正的（表示有益的结果），也可能是负的（表示有害的结果）。求解 MDP 的目标就是找到一种最优策略，即在每个状态下选择某个对应的动作，可以使得从初始状态开始遵循此策略进行的一系列动作带来的奖励期望值最大。这种策略以状态到动作的映射形式存在。在网络建模中，MDP 框架的应用极具实用性。可以将网络状态定义为 MDP 的状态，网络策略定义为 MDP 的动作，通过考虑不同的状态转移概率和奖励函数，利用 MDP 的求解方法寻找最优的网络策略，从而优化网络的总体性能。这种方法不仅使得网络的性能达到最优，也为策略验证和优化提供了一种有效的工具。

因此，在策略仿真验证中，本书考虑使用 GAN 生成随机抽象场景，并用 MDP 进行策略验证的方法处理复杂网络中无法完全预测的行为，以评估网络策略在不同场景下的性能，从而对策略进行调整和优化。具体来说，利用 GAN 模拟的随机抽象场景在验证过程中代表了各种可能的资源分布和需求状态。通过这种方法，可以预测并验证在不同资源情况下策略的性能和稳定性，从而对资源的可用性进行有效评估。其次，借助 MDP 在复杂的网络环境中进行策略仿真，并对策略的正确性进行精确的验证。此外，通过仿真验证，可以了解不同策略之间的交互和冲突情况。通过在不同场景下评估策略性能，找出可能产生冲突的策略并进行优化调整，这有助于提高网络性能，避免策略冲突导致的问题。

综上所述，策略仿真验证对于实现 6G 智能网络架构中的资源调度策略验证至关重要。策略仿真验证模块通过对输入的待验证的策略进行全局仿真和局部形式化仿真，从而全面评估策略的性能和行为，有效验证策略的可行性和有效性。此外，考虑在策略仿真验证中结合机器学习和概率规划方法，在网络行为无法完全预测的情况下，实现大规模复杂网络的快速验证。因此，策略仿真验证模块对于解决资源可用性、策略正确性和策略冲突等问题具有重要意义，为 6G 智能网络策略验证管理提供了有力的技术支持。

6.4.3　反馈告警

在验证策略的过程中，一旦出现与预期不符的结果，即面临着资源可用性、策略正确性及策略冲突问题，人们需要产生反馈告警以实现策略的持续优化和网络的稳健运行。反馈告警的机制在于能够使网络管理员及时发现并应对可能的问题，从而提高网络的可靠性和安全性。在本节的策略验证方法中，反馈告警流程分为以下几个步骤。

1. 结果判定

根据策略验证的结果来判定待验证策略是否满足预期。若策略通过验证，意味着其行为和性能符合预设要求，那么不会触发反馈告警。反之，若策略未能通过验证，表明其存在不符合预期的行为或性能问题，那么就会启动反馈告警机制。

2. 告警信息生成

当策略未能通过验证时，系统会生成相应的告警信息，如违反的策略规则、性能指标超出门限值等。这一步骤需要根据验证结果来进行，其目的是将问题的描述以清晰易懂的方式传达给网络管理员。

3. 反馈与修正

在策略验证失败的情况下，所生成的告警信息会被反馈给网络管理员或自动化管理系统。这个反馈过程通常通过网络接口进行，以便实现对策略验证结果的即时响应。网络接口是验证系统与网络管理员之间的关键连接，如图形用户界面（Graphical User Interface，GUI）、命令行界面（CLI）或应用程序接口（API）。通过网络接口，网络管理员可以即时获取告警信息，并根据需要进行修正操作。这些修正措施包括策略调整、重新验证及知识库更新。其中，策略调整是指，网络知识根据告警信息中的建议，对待验证策略进行修改或调整，以解决验证失败的问题。这包括修改策略规则、优化资源调度算法或改进网络配置等。重新验证则是指网络知识可以重新进行策略仿真验证，以验证调整后的策略是否通过验证。通过反复验证和调整，网络知识可以逐步提高策略的正确性和性能，并及时发现和修复潜在问题。而知识库更新是指告警信息提供了对网络知识的反馈，帮助其了解网络中的潜在问题和改进方向。网络知识可以根据告警信息进行知识更新，包括学习验证失败的原因、改进策略设计和优化网络资源调度等方面的知识。

基于知识的网络资源调度策略验证技术专注于将告警信息的反馈整合到网络知识库的更新中，从而使得验证结果的应用效果显著提升。根据反馈告警的准确性和及时性，以及网络管理员对告警信息的理解和响应能力，该方法能够帮助快速定位并修正问题，以提高网络的性能和可靠性。准确且及时的告警信息能确保问题得到迅速解决，减小对网络运行的负面影响。

综上，反馈告警在策略仿真验证中扮演着重要角色，它通过提供验证失败的告警信息，帮助网络知识进行策略的调整和优化。及时地反馈告警和相应的行动可以提高策略的合规性，降低运营风险，并加速问题的解决，从而提升策略仿真验证的效果及网络的性能。因此，通过反馈告警机制，策略验证结果可被及时地应用到网络管理实践中，为 6G 网络的智能管理提供有力的支持。

| 6.5　本章小结 |

在意图与知识联合驱动的 6G 智能网络架构中，策略验证的主要作用是对由意图转译生成的网络策略进行模拟和预测，以检验其能否有效地达成用户预期的网络配置和控制目标。随着 6G 网络日益复杂多变，其涵盖的场景、服务需求及用户行为模式的丰富性使得策略验证面临着更大的挑战。受益于数字孪生网络和形式化验证方法等先进技术的引入，策略验证技术也在不断发展。第 6.1 节系统性地梳理了网络策略验证技术的发展，明确了其在 6G 智能网络架构中的关键角色；还对网络策略和网络策略验证这两个基本概念进行了阐述。第 6.2 节详细讨论了 6G 网络中主要考虑的两大类网络策略：资源调度策略（如负载均衡策略、时延策略等）和网络流控策略（如隔离性策略、转发循环性策略等）。针对各种网络状态和网络策略，介绍了如何利用控制平面验证和数据平面验证的方法来保证网络策略的有效性和正确性。在明确了验证策略类型和验证方法分类的基础上，进一步介绍了策略验证管理的流程，包括流量感知、知识获取与表征、策略生成、策略验证及策略实施 5 个主要环节。通过分析这些环节的作用和相互关系，揭示了它们在网络策略验证管理中的协同作用，阐明了其在保障网络的稳定性和效率、满足变化的网络环境和业务需求中的关键作用。第 6.3 节讨论了现有的网络策略验证的关键技术，包括数字孪生网络和形式化验证方法。通过讨论现有技术的优势和局限性，指出在处理大规模和复杂网络的验证时这些技术面临的挑战，从而引出对智能网络资源调度策略验证的启发和基于现有技术的优化方法在智能网络策略验证中的可行性。最后，第 6.4

节详细讲述了基于知识的网络资源调度策略验证技术。该技术主要包括 3 个模块：网络建模、策略仿真验证和反馈告警。具体论述了这 3 个模块各自的功能、目的和构成，并进一步探讨了如何结合机器学习和深度学习方法来实现更为全面、有效的智能策略验证。

｜ 参考文献 ｜

[1]　ZHANG X, WANG C, LI Q, et al. Toward comprehensive network verification: practices, challenges and beyond[J]. IEEE Network, 2020, 34(1): 108-115.

[2]　LI Y, YIN X, WANG Z, et al. A survey on network verification and testing with formal methods: approaches and challenges[J]. IEEE Communications Surveys & Tutorials, 2018, 21(1): 940-969.

[3]　孙滔, 周铖, 段晓东, 等. 数字孪生网络 (DTN): 概念, 架构及关键技术[J]. 自动化学报, 2021, 47(3): 569-582.

[4]　王达, 孙滔, 孙晓文, 等. 数字孪生在网络全生命周期管理中的研究[J]. 电信科学, 2022, 38(4): 138-145.

[5]　艾艺上海数字孪生技术公司. 数字孪生关键技术有哪些？数字孪生技术架构[EB]. 2022.

[6]　林梦香, 吴国仕. 程序模型检查器综述[J]. 计算机科学, 2009, 36(4): 12-15.

[7]　CLARKE E M, EMERSON E A, SISTLA A P. Automatic verification of finite-state concurrent systems using temporal logic specifications[J]. ACM Transactions on Programming Languages and Systems (TOPLAS), 1986, 8(2): 244-263.

[8]　BAIER C, KATOEN J P. Principles of model checking[M]. Cambridge, Massachusetts : MIT Press, 2008.

[9]　HOLZMANN G J. The model checker SPIN[J]. IEEE Transactions on Software Engineering, 1997, 23(5): 279-295.

[10]　MCMILLAN K L, MCMILLAN K L. The SMV system[J]. Symbolic Model Checking, 1993: 61-85.

[11]　JACKSON D. Software abstractions: logic, language, and analysis[M]. Cambridge, Massachusetts: MIT Press, 2012.

[12]　LARSEN K G, PETTERSSON P, YI W. UPPAAL in a nutshell[J]. International Journal on Software Tools For Technology Transfer, 1997, 1: 134-152.

[13]　KWIATKOWSKA M, NORMAN G, PARKER D. PRISM 4.0: verification of probabilistic real-time systems[C]//Proceedings of 23rd International Conference on Computer Aided Ver-

ification, CAV 2011. Berlin Heidelberg: Springer, 2011: 585-591.

[14] CLARKE E, MCMILLAN K, CAMPOS S, et al. Symbolic model checking[C]//Proceedings of the 8th International Conference on Computer Aided Verification, CAV 1996. Berlin Heidelberg: Springer, 1996: 419-422.

[15] BURCH J R, CLARKE E M, MCMILLAN K L, et al. Symbolic model checking: 1020 states and beyond[J]. Information and Computation, 1992, 98(2): 142-170.

[16] MCMILLAN K L, MCMILLAN K L. Symbolic model checking[M]. Berlin Heidelberg: Springer, 1993.

[17] BIERE A, CIMATTI A, CLARKE E, et al. Symbolic model checking without BDDs[C]//Proceedings of the 5th International Conference on Tools and Algorithms for the Construction and Analysis of Systems, TACAS 1999. Berlin Heidelberg: Springer, 1999: 193-207.

[18] PRASAD S A. Symmetry reductions in model-checking[C]//Proceedings of the 4th International Conference on Verification, Model Checking, and Abstract Interpretation, VMCAI 2003. Berlin Heidelberg: Springer, 2003: 25-25.

[19] CHANG C L, LEE R C T. Symbolic logic and mechanical theorem proving[M]. Amsterdam: Academic Press, 2014.

[20] DAVIS M, LOGEMANN G, LOVELAND D. A machine program for theorem-proving[J]. Communications of the ACM, 1962, 5(7): 394-397.

[21] BERTOTY, CASTÉRAN P. Interactive theorem proving and program development: Coq'Art: the calculus of inductive constructions[M]. Berlin Heidelberg: Springer Science & Business Media, 2013.

[22] GORDON M J C. HOL: a proof generating system for higher-order logic[M]. Berlin Heidelberg: Springer, 1988.

[23] BERTOLISSI C, UTTHA W. Automated analysis of rule-based access control policies[C]//Proceedings of the 40th Annual ACM SIGPLAN-SIGACT Conference on Symposium on Principles of Programming Languages, POPV 2013. New York: ACM Press, 2013: 47-56.

[24] SABRI K E. Automated verification of role-based access control policies constraints using prover9[J]. arXiv preprint arXiv:1503.07645, 2015.

[25] KING J C. Symbolic execution and program testing[J]. Communications of the ACM, 1976, 19(7): 385-394.

[26] GODEFROID P, KLARLUND N, SEN K. DART: Directed automated random testing[C]//Proceedings of the 2005 ACM SIGPLAN Conference on Programming Language Design and Implementation, PLDI 2005. New York: ACM Press, 2005: 213-223.

[27] FAYAZ S K, TOBIOKA Y, CHAKI S, et al. Scalable testing of context-dependent policies

over stateful data planes with armstrong[J]. arXiv preprint arXiv:1505.03356, 2015.

[28] MALIK S, ZHANG L. Boolean satisfiability from theoretical hardness to practical success[J]. Communications of the ACM, 2009, 52(8): 76-82.

[29] DE MOURA L, BJØRNER N. Satisfiability modulo theories: introduction and applications[J]. Communications of the ACM, 2011, 54(9): 69-77.

[30] BARRETT C, TINELLI C. Satisfiability modulo theories[M]. Berlin Heidelberg: Springer, 2018.

[31] BORDEAUX L, HAMADI Y, ZHANG L. Propositional satisfiability and constraint programming: a comparative survey[J]. ACM Computing Surveys, 2006, 38(4): 12.

[32] BEN-ARI M. Mathematical logic for computer science[M]. Berlin Heidelberg: Springer Science & Business Media, 2012.

[33] DE MOURA L, BJØRNER N. Z3: an efficient SMT solver[C]//Proceedings of the 14th International Conference on Tools and Algorithms for the Construction and Analysis of Systems, TACAS 2008. Berlin Heidelberg: Springer, 2008: 337-340.

[34] DE MOURA L, DUTERTRE B. Yices 1.0: an efficient SMT solver[J]. The Satisfiability Modulo Theories Competition (SMT-COMP), 2006: 10.

[35] LIANG T, REYNOLDS A, TSISKARIDZE N, et al. An efficient SMT solver for string constraints[J]. Formal Methods in System Design, 2016, 48: 206-234.

[36] TORLAK E, JACKSON D. Kodkod: a relational model finder[C]//Proceedings of the 13th International Conference on Tools and Algorithms for the Construction and Analysis of Systems, TACAS 2007. Berlin Heidelberg: Springer, 2007: 632-647.

[37] SCOTT J, NIEMETZ A, PREINER M, et al. MachSMT: a machine learning-based algorithm selector for SMT solvers[C]//Proceedings of the 27th International Conference on Tools and Algorithms for the Construction and Analysis of Systems, TACAS 2021. Berlin Heidelberg: Springer, 2021: 303-325.

[38] YUAN L, CHEN H, MAI J, et al. Fireman: a toolkit for firewall modeling and analysis[C]//Proceedings of IEEE Symposium on Security and Privacy, SP 2006. Los Alamitos, CA: IEEE Computer Society, 2006: 15-213.

[39] MAI H, KHURSHID A, AGARWAL R, et al. Debugging the data plane with anteater[J]. ACM SIGCOMM Computer Communication Review, 2011, 41(4): 290-301.

[40] ZHANG S, MALIK S. SAT based verification of network data planes[C]//Proceedings of the 11th International Symposium on Automated Technology for Verification and Analysis, ATVA 2013. Berlin Heidelberg: Springer, 2013: 496-505.

[41] SON S, SHIN S, YEGNESWARAN V, et al. Model checking invariant security properties in OpenFlow[C]//Proceedings of IEEE International Conference on Communications, ICC 2013. Los Alamitos, CA: IEEE Computer Society, 2013: 1974-1979.

[42] AL-SHAER E, AL-HAJ S. FlowChecker: configuration analysis and verification of federated OpenFlow infrastructures[C]//Proceedings of the 17th ACM Conference on Computer and Communications Security, CCS 2010. New York: ACM Press, 2010: 37-44.

[43] KAZEMIAN P, VARGHESE G, MCKEOWN N. Header space analysis: static checking for networks[C]//Proceedings of Symposium on Networked Systems Design and Implementation, NSDI 2012. Berkeley CA: USENIX Association, 2012: 113-126.

[44] DOBRESCU M, ARGYRAKI K. Software dataplane verification[J]. Communications of the ACM, 2015, 58(11): 113-121.

[45] KHURSHID A, ZHOU W, CAESAR M, et al. Veriflow: verifying network-wide invariants in real time[C]//Proceedings of the 12th ACM Conference on Special Interest Group on Data Communication, SIGCOMM 2012. New York: ACM Press, 2012: 49-54.

[46] YANG H, LAM S S. Real-time verification of network properties using atomic predicates[J]. IEEE/ACM Transactions on Networking, 2015, 24(2): 887-900.

[47] ZHANG P, LIU X, YANG H, et al. APKeep: realtime verification for real networks[C]//Proceedings of Symposium on Networked Systems Design and Implementation NSDI 2020. Berkeley CA: USENIX Association, 2020: 241-255.

[48] INOUE T, CHEN R, MANO T, et al. An efficient framework for data-plane verification with geometric windowing queries[C]//Proceedings of the 24th IEEE International Conference on Network Protocols, ICNP 2016. Los Alamitos, CA: IEEE Computer Society, 2016: 1-10.

[49] KAZEMIAN P, CHAN M, ZENG H, et al. Real time network policy checking using header space analysis[C]//Proceedings of Symposium on Networked Systems Design and Implementation, NSDI 2013. Berkeley CA: USENIX Association, 2013: 99-111.

[50] ZENG H, ZHANG S, YE F, et al. Libra: divide and conquer to verify forwarding tables in huge networks[C]//Proceedings of the 11th USENIX Conference on Symposium on Networked Systems Design and Implementation, NSDI 2014. Berkeley CA: USENIX Association, 2014: 87-99.

[51] GUO D, CHEN S, GAO K, et al. Flash: fast, consistent data plane verification for large-scale network settings[C]//Proceedings of the 22nd ACM Conference on Special Interest Group on Data Communication, SIGCOMM 2022. New York: ACM Press, 2022: 314-335.

[52] VELNER Y, ALPERNAS K, PANDA A, et al. Some complexity results for stateful network verification[C]//Proceedings of the 22nd International Conference on Tools and Algorithms for the Construction and Analysis of Systems, TACAS 2016. Berlin Heidelberg: Springer, 2016: 811-830.

[53] JAYARAMAN K, BJØRNER N, OUTHRED G, et al. Automated analysis and debugging of network connectivity policies[J]. Microsoft Research, 2014: 1-11.

[54] LOPES N P, BJØRNER N, GODEFROID P, et al. Checking beliefs in dynamic net-

works[C]//Proceedings of the 12th USENIX Conference on Symposium on Networked Systems Design and Implementation, NSDI 2015. Berkeley CA: USENIX Association, 2015: 499-512.

[55] PANDA A, LAHAV O, ARGYRAKI K, et al. Verifying isolation properties in the presence of middleboxes[J]. arXiv preprint arXiv:1409.7687, 2014.

[56] STOENESCU R, POPOVICI M, NEGREANU L, et al. Symnet: Scalable symbolic execution for modern networks[C]//Proceedings of the 16th ACM Conference on Special Interest Group on Data Communication, SIGCOMM 2016. NewYork: ACM Press, 2016: 314-327.

[57] LECUN Y, BENGIO Y, HINTON G. Deep learning[J]. Nature, 2015, 521(7553): 436-444.

[58] WU J. Introduction to convolutional neural networks[Z]. National Key Lab for Novel Software Technology, 2017.

[59] HOCHREITER S, SCHMIDHUBER J. Long short-term memory[J]. Neural computation, 1997, 9(8): 1735-1780.

[60] ZHANG Y, WU W, BANERJEE S, et al. SLA-verifier: Stateful and quantitative verification for service chaining[C]//Proceedings of IEEE International Conference on Computer Communications, IEEE INFOCOM 2017. Los Alamitos, CA: IEEE Computer Society, 2017: 1-9.

[61] SUNG Y W E, LUND C, LYN M, et al. Modeling and understanding end-to-end class of service policies in operational networks[J]. ACM SIGCOMM Computer Communication Review, 2009, 39(4): 219-230.

[62] FEAMSTER N, BALAKRISHNAN H. Detecting BGP configuration faults with static analysis[C]//Proceedings of the 2nd USENIX Conference on Symposium on Networked Systems Design and Implementation, NSDI 2005. Berkeley CA: USENIX Association, 2005: 43-56.

[63] FOGEL A, FUNG S, PEDROSA L, et al. A general approach to network configuration analysis[C]//Proceedings of the 12th USENIX Conference on Networked Systems Design and Implementation, NSDI 2015. Berkeley CA: USENIX Association, 2015: 469-483.

[64] HUANG S S, GREEN T J, LOO B T. Datalog and emerging applications: an interactive tutorial[C]//Proceedings of the 2011 ACM SIGMOD Conference on Management of Data, PODS 2011. New York: ACM Press, 2011: 1213-1216.

[65] GEMBER-JACOBSON A, VISWANATHAN R, AKELLA A, et al. Fast control plane analysis using an abstract representation[C]//Proceedings of the 16th ACM Conference on Special Interest Group on Data Communication, SIGCOMM 2016. New York: ACM Press, 2016: 300-313.

[66] PRABHU S, CHOU K Y, KHERADMAND A, et al. Plankton: scalable network configuration verification through model checking[C]//Proceedings of the 17th USENIX Conference on Symposium on Networked Systems Design and Implementation, NSDI 2020. Berkeley CA: USENIX Association, 2020: 953-967.

[67] FAYAZ S K, SHARMA T, FOGEL A, et al. Efficient network reachability analysis using a

succinct control plane representation[C]//Proceedings of the 12th USENIX Conference on Operating Systems Design and Implementation, OSDI 2016. Berkeley CA: USENIX Association, 2016: 217-232.

[68] BECKETT R, GUPTA A, MAHAJAN R, et al. A general approach to network configuration verification[C]//Proceedings of the 17th ACM Conference on Special Interest Group on Data Communication, SIGCOMM 2017. New York: ACM Press, 2017: 155-168.

[69] BIRKNER R, DRACHSLER-COHEN D, VANBEVER L, et al. Config2Spec: mining network specifications from network configurations[C]//Proceedings of the 17th USENIX Conference on Networked Systems Design and Implementation, NSDI 2020. Berkeley CA: USENIX Association, 2020: 969-984.

[70] SCARSELLI F, GORI M, TSOI A C, et al. The graph neural network model[J]. IEEE Transactions on Neural Networks, 2008, 20(1): 61-80.

[71] NIU Z, ZHONG G, YU H. A review on the attention mechanism of deep learning[J]. Neurocomputing, 2021, 452: 48-62.

[72] 廖建新, 付霄元, 戚琦, 等. 6G-ADM: 基于知识空间的 6G 网络管控体系[J]. 通信学报, 2022, 43(6): 3-15.

[73] AGGARWAL A, MITTAL M, BATTINENI G. Generative adversarial network: an overview of theory and applications[J]. International Journal of Information Management Data Insights, 2021, 1(1): 100004.

[74] WHITE Ⅲ C C, WHITE D J. Markov decision processes[J]. European Journal of Operational Research, 1989, 39(1): 1-16.

第 7 章

知识定义的网络资源部署技术

随着沉浸式虚拟现实、卫星通信、人工智能生成内容（AIGC）等新业态的崛起，6G 通信技术面临着诸多挑战和机遇，6G 需适应包括沉浸式通信、超大规模连接、人工智能与通信的深度融合、泛在连接等在内的多种新兴场景。这些场景带来了对峰值速率、区域流量容量、覆盖能力、定位精度、AI 能力、安全隐私保护及弹性性能等指标的海量需求。然而，不同场景对网络的需求千差万别，如何设计高效的调度算法和灵活的部署框架，快速调配和部署有限的资源，从而应对实时变化的多场景业务需求，成为实现 6G 网络愿景的关键问题。本章首先介绍并分析了 6G 的业务场景，尤其着重描述了人工智能、物联网、空天地一体化等典型场景的需求和特点；随后从部署技术的角度出发，概述了当前网络资源部署技术的演进及挑战；最终提出了面向 6G 知识定义的网络资源部署技术。该技术以其业务导向和按需服务的特点，不仅能够更有效地支撑业务发展趋势，还能更灵活地满足业务对网络资源的动态需求。在 6G 时代，网络将不再是单一功能的提供者，而成为一个智能、自主的平台，能够理解业务方向、预测服务需求，并据此调整资源分配。这种智能化的网络资源管理和调度策略将为用户提供更高效和个性化的服务体验。

距离 2019 年 6 月 5G 商用牌照发放已经近 5 年，根据工业和信息化部发布的《2023 年通信业统计公报》，截至 2023 年年底，中国 5G 基站总数达 337.7 万个，占移动基站总数的 29.1%，5G 移动电话用户达到 8.05 亿户，占移动电话用户数的 46.6%，接近一半[1]。中国 5G 行业应用呈纵深发展，与不同行业应用呈梯次渗透，5G 增强移动宽带、高可靠低时延通信和大连接物联网的三大应用场景愿景正逐步发挥其在千行百业的价值。同时，随着 5G 技术的规模化商用，国内外不论是领先的通信企业，还是云计算及互联网企业都在基于 5G 技术进行云网融合趋势的关键技术布局，大家达成共识：云计算技术将进一步推进 5G 技术的深入发展，放大 5G 技术的社会价值，加速通信技术的演进。

通信技术 10 年一迭代的内在驱动力继续推动着业界从 5G 到 6G 的技术演进研究，文献[2-5]总结了业界对 6G 应用场景、网络架构以及关键技术进行的研究，具有借鉴意义。在应用场景方面，研究主要聚焦于空天地一体化网络、无线触觉网络、数字孪生等。在网络架构方面，提出了 AI 内生的泛在连接架构、全覆盖场景的新型网络架构以及面向"人-机-物-灵"的"通信、计算、控制、意识"泛在网络架构，云网融合的算力网络架构也是业界关注重点。在关键技术方面，一方面空口技术需要继续产生突破性进展，无论是频谱效率，还是开拓更多频率资源，人们都希望 6G 能够通过理论突破实现更高性能、更广泛场景、更低成本的连接能力；另一方面，端到端的整体网络和应用的结合更紧密，包括基于 IPv6 转发平面的段路由（Segment Routing IPv6，SRv6）、应用感知型 IPv6 网络（Application-Aware IPv6 Networking，APN6）等技术都成为热点，需要通过引入云原生的能力去适应和探索更多未知应用。

尽管目前 6G 研究存在应用场景不确定、网络架构面临重构以及众多关键技术并行创新的情况，但面向 6G 的网络资源如何做好部署支撑是事关 6G 成败的关键问题，毕竟资源部署是支撑各类技术、架构和应用的基石，是基础设施的"底座"，可能成为 6G 发展的"瓶颈"。因此，本章首先从 6G 业务场景定义出发，分析对应的网络资源需求；接着以 5G 部署为例，讲述当前网络资源部署技术的演进和挑战，最后提出面向 6G 知识定义的网络资源部署技术。

7.1　面向 6G 业务场景定义及网络资源需求

按照通信技术 10 年一迭代的规律，业界普遍认为 6G 商用会是在 2030 年，那么到 2030 年及以后，预计会出现许多新的应用，导致人类和机器的通信日益交织在一起。应用需求和网络能力总是在不断变化，因此，讨论网络能力资源需求和未来发展的一个重要起点来自应用和需求。深入分析那些基于现有网络能力但给网络带来重大挑战的需求，将告诉人们网络未来的发展方向。当然，这些探索不是没有规则的，而是有迹可循的。接下来，本书选择了一些具有代表性的用例进行介绍和分析，通过对这些用例的描述，和读者一起思考场景、应用、用例和方法，考虑实现 6G 场景的业务需求和发展路径，从而为研究面向场景定义的网络资源需求提供基础帮助。

7.1.1　一切内容 3D 化

1．场景描述

多媒体服务是互联网最重要的流行服务之一，以文字、语音和视频等多种形式为用户提供丰富的信息。2024 年，视频流量在互联网流量中的占比预计将达到 74%

或更高[6]。这也导致互联网技术对带宽的要求大幅增加。一个典型的 1080P 实时视频需要稳定的 5 Mbit/s 带宽，而 4K 和 8K 格式视频的相应带宽分别为 25 Mbit/s 和 60 Mbit/s[7]。当前的视频类型仍然是平面视频，只在单一维度上做定量变化，但未来视频类型将迎来一场全新的变革。

2．应用展望

未来，多媒体技术将不断发展，预计出现许多新的应用。笔者认为，在未来 6G 场景下，应用的趋势将从目前"一切内容视频化"走向"一切内容 3D 化"。据文献[8]可知，全息类通信（Holography Type Communication，HTC）是其中一个典型应用场景。预计 HTC 将以互动的方式将 3D 图像从一个或多个来源传送到一个或多个目标节点，为未来完全沉浸式的 3D 互动铺平道路。然而，这也将带来严峻的挑战。

理论上，全息技术是一种通过在照相板或胶片上记录由分裂的激光束形成的干涉图案，然后用激光或普通光通过衍射照射该图案，从而产生物体 3D 图像的方法。全息技术的优势在于能够记录光波的波长、强度和相位，从而实现对深度的感知。然而，全息技术的技术基础和生态系统目前还不够成熟，在未来 10 年也无法预见，这表明，在短期内，实现完全的沉浸式体验将采用透镜式光场三维成像技术，直接通过肉眼或头戴式显示器（Head Mounted Display，HMD）设备来实现极端增强现实（AR）和虚拟现实（VR）显示。

真正的全息技术（依靠极其庞大的数据量来记录和重建）和计算全息图（Computer-Generated Hologram，CGH）（传统的全息图被数字化），都需要高达 Tbit/s 级别的带宽来传输。此外，透镜式光场三维成像技术需要利用多个平行视图来观察三维物体，因此通常需要高带宽的数据传输，通常是 Gbit/s 级别。最后，点云三维数据是目前最常用的三维成像技术。点云可以作为 3D 模型的输入数据，用于包括 CGH 在内的各种 3D 显示。在未来，HTC 可能会有广泛的应用场景，特别是在远程教育、新的互动娱乐，甚至是在线商务会议中，会有绝对的新体验，就像在科幻电影中看到的那样。

3．资源需求

结合以上分析，对网络资源的主要需求推断如下。

（1）高带宽

与传统高清和 3D 虚拟视频相比，全息通信传输的流媒体对网络带宽的需求已达 Mbit/s 级别。文献[9]研究表明摄像头传感器（如微软 Kinect for Windows V2）输出的 1080P 图像，每个像素有 4 B 的彩色数据，深度图像的分辨率为 512 dpi×424 dpi，每个像素有 2 B 的深度数据，相当于每帧 70.4 MB 的原始数据。并且，随着传感器和视点数量的增加，在更高的分辨率和帧速率下，需要的网络带宽会更高。对于 70 英寸显示屏，全息通信需要约 1 Tbit/s 的网络带宽。使用更高效的图像压缩技术和编解码方案（如 H.266），在一定程度上可以缓和全息通信的带宽需求，然而未来网络仍需要超高的带宽。对毫米波、太赫兹、可见光等更高工作频段的研究表明，未来网络可提供的用户体验速率能达到 100 Gbit/s，峰值速率超过 1 Tbit/s[10-11]。与此同时，开发这些新频谱对天线和射频技术亦提出了更大的挑战。

（2）低时延

视觉运动效果的底线是需要大于 24 f/s 的刷新率。而对于全息显示，它通常采用 60 f/s 或以上的刷新率。特别是在极度沉浸的情况下，需要 120 f/s 的刷新率才能让使用者享受 3D 视觉效果。因此，换算成网络时延，应该在几十毫秒到几毫秒之间。此外，在一些特定的未来用例中，如基于全息技术的远程操作，可能会进一步要求确定的时延和有限制的抖动。

（3）多数据流同步

为了支持多方全息通信或多主单从控制，多个传输路径或具有不同地理位置的数据流应适当同步，并具有有限的到达时间差，时间间隔通常在毫秒级。

（4）边缘计算

边缘计算在三维数据接收端附近有很高的要求。因为基于全息图（如 CGH）的显示通常需要很高的计算能力来合成、渲染或重建三维图像，然后再进行视觉显示。

（5）安全性和可靠性

对于许多未来的应用，例如，基于全息图的远程手术控制需要确保在操作过程中没有人能够入侵传输系统，同时保持高安全性和可靠性。

7.1.2　网络从传输走向控制

1．场景描述

目前的网络应用主要采用基于文件的模式，即应用服务是由文件传输触发和推动的，例如，在访问网站时，人们实际上是从网络服务器上下载多个文件。类似的场景还包括音乐、游戏和在线电影，这些内容通常被分成若干个文件，一个接一个地传输到用户终端。基于文件传输的应用对网络性能的要求相对有限，通常只关注特定文件的总完成时间的统计，而不关心每个数据包的到达时间，特别是抖动。因此，网络的主要任务是传输文件，更多的带宽意味着更好的性能。目前 IP 网络出色地实现了"尽力而为"的设计，即统计学上的最优解决方案，完全满足了这种需求。

2．应用展望

然而，随着网络技术的快速发展和部署，越来越多的行业开始在实际场景中使用网络技术并打破了"带宽等于质量"的规律。例如，设想对远程基础设施进行实时控制的触感互联网，将为工业 4.0 或远程医疗等多种应用领域提供支持。沉浸式视频流应用，如前面提到的 HTC 3D 图像流，将帮助人类操作员和远程机器之间实现实时和沉浸式互动。具体来说，在远程工业管理中，需要实时监测和控制工业基础设施的运行。触感传感器帮助远程人类操作员通过他们的动觉反馈来控制机器。操作员和机器之间的这种交互的一个重要组成部分是实时的视觉反馈[7]。在这些场景下，网络需要具有非常低的时延（接近 0）以进行实时互动，同时需要提供高带宽以支持视频传送。此外，网络还需要在各种信号之间进行严格的同步，以实现互动控制。

未来，这种基于控制的触感网络和相关应用将有广泛的应用场景，特别是在制造业、远程控制（包括手术、汽车控制、相互合作）等领域。这将打破物理距离的限制，引发更多新的互动应用。因此，在未来的网络设计中，需要考虑支持更多实时应用的需求，并以更高的性能和更低的时延为目标来设计网络。

3．资源需求

这种新型的服务可能给未来的网络带来新的需求，推断如下。

（1）超低的时延

人眼无法察觉的最大时延约为 5 ms。而且，为了使操作顺畅和身临其境，新模式甚至要求亚毫秒级的端到端时延[12]，用于具有即时触觉反馈的触觉案例。

（2）超低的丢包

在这种关键的应用中，信息的损失意味着系统的可靠性损失。因此，数据损失应尽可能小，同时可以启用重复信号以提高可靠性。

（3）超高带宽

同第 7.1.1 节的场景。

（4）严格的同步

人脑对不同的感官输入有不同的反应时间，如触觉（1 ms）、视觉（10 ms）和听觉（100 ms）[13]。即使在超低时延的情况下，同步也是很重要的，需要在时间尺度上明显短于人脑反应时间。同一应用甚至可能涉及多个数据流，而其中一些数据流又有不同的时延要求。

（5）差异化的优先级

网络应该能够根据流的直接相关性来确定其优先级。由于视觉反馈涉及沉浸式媒体的多个视图和角度，应该从操作者的视角考虑这些不同流的相关性，对当前任务更重要的流应该具有高优先级。

（6）可靠的传输

可靠性是应用的首要关注点，在这种情况下，数据包的丢失几乎是不可容忍的。此外，重传也应在可容忍的时延内进行。

（7）安全性

在远程操作中，数据传输的安全性应该得到保证。

7.1.3　无处不 AI

1．场景描述

目前，人工智能与物联网系统常见的应用包括预测未来情况、检测异常情况并采取控制决策。例如，自动驾驶汽车通过车载传感器提供的大量数据实现图像识别，及时发现障碍物并进行相应操作。在智慧城市中，通过摄像头传输数据进行人脸识别以实现监控目的。预测性维护和状态监测可从嵌入生产线的传感器收集的数据开始实施。无处不 AI 的场景如图 7-1 所示。

图 7-1　无处不 AI 的场景

通常，这些应用利用集中式的数据管理，在云端实现。由于人工智能算法对内存和算力要求较高，大多数物联网设备只能将原始数据发送到云端，由云端负责建立、训练和推理模型，然后将结果返回请求的设备。

2．应用展望

未来的趋势将是边缘设备的普及，物联网将成为新的发展趋势，人工智能优化市场的机会越来越多。根据国际电信联盟（ITU）在《Network 2030 典型网络场景需求报告》[14]中的数据，到 2025 年，45% 的物联网数据将在网络边缘存储和分析。如果深度学习服务被部署在靠近请求用户的地方，将减少数据发送到云端处理的时延和成本，在保护隐私和卸载核心网基础设施方面有好处，这对未来的网络设计提出了艰巨的挑战。

3．资源需求

人工智能若要在终端设备、网络节点和边缘/云基础设施上分布，则要考虑将人工智能工作负载和数据动态地分布在众多的人工智能基础设施中，以满足应用要求，特别是在准确性和隐私方面。原生 AI 概念变得更加重要，例如，深度学习推理的一部分可以在物联网设备中执行，而更重要的任务则卸载到边缘和云基础设施中。因此，根据具体的人工智能部署，需要在网络工作中有效地交换不同大小的数据和来自大规模部署终端的不同格式，在需要做出实时决定的同时满足时延需求。网络必须提供促进这种普遍的人工智能部署的可能性，并且这些智能设备之间也可能需要自主互动。因此，人工智能组件的可及性需要更灵活的网络寻址方案，而不管它们在网络中的具体位置如何。例如，同一神经网络的各层可以根据其能力在多个设备上分割；一个新安装在办公楼的监控摄像机可以要求部署在同一公司的不同大楼的摄像机共享最新的物体检测和跟踪模型，而不需要从头开始训练模型[15]。

此外，人工智能推理结果一旦计算出来，就可以重复使用，为不同的请求服务。为了这个目的，缓存程序可能非常重要。这种程序应该直接设计在网络层，以便更快、更灵活地实施。

然而，这种毛细血管式的人工智能部署有可能对未来的网络提出新的需求。关键的需求包括如下几个方面。

（1）移动性

智能终端可能是移动的（如汽车、用户携带的智能手机）或静态的（如智能电表）。因此，网络需要灵活地支持按需移动。

（2）能源效率

需要网络协议来确保智能事物之间互动的低能耗，以分享原始数据或推理的知识。

（3）虚拟化

人工智能解决方案将在很大程度上受益于能够以敏捷的方式部署组件的虚拟化技术。

（4）网络、智能和计算的联合协调

关于如何分配人工智能工作负载的决定应该通过计算、缓存和通信（3C）资源的协同整合来执行，以考虑计算资源的可用性、网络条件和模型/推理的缓存请求的受欢迎程度。

（5）带宽和容量

大规模部署的智能终端可能会产生极其大量的数据，以实现人工智能模型的充分训练，并且要在几个实体（即物联网设备、边缘节点、云设施）之间交换大量的原始数据/中间结果进行训练或更新模型，因此需要大量的带宽和容量。

（6）时延

实体之间的数据交换需要尽可能快，在实时决策的情况下，需要小于 1 ms 的时间，因此需要在网络上进行极低时延的数据传输。

（7）统一的开放接口

许多专有的人工智能解决方案将被开发出来，通过专有的应用程序接口（API）为特定的场景服务。网络应该提供统一的开放接口，向第三方描述智能终端的人工智能能力，并确保可重复使用。

（8）安全和隐私

用于建立推理模型的大部分信息，都与个人设备以及用户利用和携带这些设备（如智能手机、汽车和可穿戴设备等）的方式有关，因此应该设计适当的安全和隐私框架。

7.1.4 社交 IoT

1. 场景描述

工业网络与 IT 网络在性能和可靠性要求方面存在根本的不同。工业网络需要超越连接后台和工厂车间的范围，实现从设备层面到企业业务系统的整合，从而实现工业流程的自动运行和控制，而不需大量人工干预。因此，这些网络需要提供卓越的性能，并要求实时、安全和可靠的全工厂连接，以及未来大规模的工厂间连接。

工厂自动化和机器控制应用通常要求较低的端到端时延，范围为从亚毫秒到 10 ms，以及较小的抖动（在 1 μs 水平），以满足关键的闭环控制要求[16]。除此之外，许多机器控制是多轴应用，需要时间同步化来管理轴之间复杂的位置关系。此外，现在的工业网络的系统可靠性被要求达到 99.999 999%，因为生产线的任何中断或暂停都会导致不可估量的业务损失[16]。出于同样的原因，这些系统的安全要求也保持在较高的水平。同时，在第四次工业革命（即工业 4.0）下，操作技术（Operation Technology，OT）和信息技术（Information Technology，IT）开始融合。传统上由用户硬件平台承载的控制功能，如可编程逻辑控制器，已经慢慢虚拟化并转移到边缘/云端，以减少系统的资本性支出（Capital Expenditure，CAPEX）和经营性支出（Operating Expenditure，

OPEX），提高系统灵活性和大数据分析能力。工业云化对线下网络也提出了更高的要求，因为同样的时延、抖动、安全和可靠性要求应该在更大范围内实现。

美国国家标准与技术研究所（NIST）预测，到 2025 年，全球物联网连接数将有 750 亿。互联网中的物联网设备如图 7-2 所示，这些设备产生了大量的数据，并提供了数量可观的服务，这些服务需要进行网格化和互联，以提取真正的价值，造福社会。以上可以通过集中式方法实现，即每个平台的对象被连接起来，并由一个集中式组件管理，该组件负责混合来自不同对象的数据以提取有用的信息。不同的平台可以相互连接，避免形成物联网的孤岛效应。交互和信息流的控制权将掌握在每个平台的中心平台手中，它们将决定每个领域可以得到什么，以及如何与外部世界共享。

图 7-2　互联网中的物联网设备

2．应用展望

社交物联网（Social IoT，SIoT）模式的提出旨在利用社交网络技术的潜力，开发一种分散的方法来促进拥有数万亿成员的社区中的物体之间的互动。SIoT 提出了一个不同的愿景，即物体能够创造和管理类似社会的关系。相较于传统的方法，SIoT 具有许多优势。

① 通过适当设置应用于建立对象之间的社会关系的规则，产生的社会图具有理想的结构特征，并根据它们在社会图中的位置来识别特定信息的目的地。

② 简化了对象之间可信关系的建立，因此实现了不同级别的安全，从而减轻了其负担。

③ 在不同的物联网平台上发现资源/服务。

为了实现这一方案，网络运营商应该发挥关键作用，通过提供适当的服务来支持物体之间社会关系的建立和管理，以增强连接物体的社会能力。因此，每个对象都得到网络的支持，网络提供功能和 API 来实现一个虚拟的社会对应物（即虚拟实体），让对象与网络中的其他虚拟实体进行机会性的互动。电子商务爆炸性地增长，其中一个真实的场景是与包裹递送有关，其以指数级的订单量为特征，从根本上改变了货物交付给客户的方式，特别是在"最后一公里"。在这样的背景下，物流运营商必须将解决方案落实到位，以最大限度地降低成本，实现可持续性。为了实现这些目标，必须持续监测所有物流资产的状态，从环境中收集大量数据，并通过利用多模态和非竞争性参与者之间的合作提供的可能性来处理这些数据，以实现优化。

3．资源需求

新的物联网应用可能为未来的网络带来新的要求，具体包括以下内容。

（1）低时延

IoT 系统包含许多控制子系统，其运行周期从亚毫秒到 10 ms 不等。因此，要求极低的时延是至关重要的。

（2）时间同步

多轴系统的一个基本要求是要有时间同步，以便在各种设备之间进行合作，有时甚至是远程的。

（3）高可靠性和高安全性

IoT 系统需要高可靠性和高安全性，以避免生产程序中断带来潜在风险。具体来说，IoT 应用的可靠性要求通常为 99.999 9%～99.999 999%。

（4）大规模的确定性网络能力

由于工业云化，上述的网络要求在不久的将来应适用于大规模的确定性网络。

（5）开放的网络服务接口

可以利用 SDN/NFV 技术，获取开放的网络服务接口。

（6）安全/隐私工具和基础设施

虽然 SIoT 完全承担了管理智能对象之间信任的责任，但是网络应该提供工具来保护 SIoT 免受攻击。

（7）网络边缘的计算和存储资源的可用性

在 SIoT 中，每个对象都由附近的服务器中实例化的虚拟实体代表。这样的服务器必须在网络的"内部"，以保证支持 SIoT 关系管理所需的许多交互带宽的显著可用性。然而，服务器也应该靠近物理对象以减少时延。

7.1.5 空天地一体化

1．场景描述

空天地一体化的目的是通过相互连接的低地球轨道（Low Earth Orbit，LEO）卫星来建立一个平行的互联网，该网络可以与作为传统基础设施的地面互联网对等存在。空天地一体化网络如图 7-3 所示，其设想的主要价值包括：全球范围内无处不在的互联网接入，包括海洋、沙漠等地区以及船舶和飞机等移动平台；更丰富的互联网路径，相比那些由跨域的边界网关协议配置决定的地面网络，有可能产生更好的数据传输性能。此外，由 LEO 卫星上的轻型机载计算和存储资源提供无处不在的边缘缓存和计算服务，这也是空天地一体化的重要价值点之一。

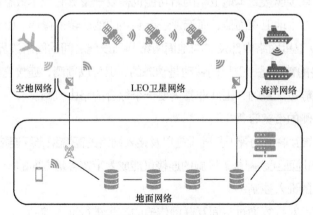

图 7-3　空天地一体化网络

2．应用展望

与现有的卫星网络基础设施相比，未来一个重要的不同点在于，移动设备（如智能手机、平板计算机等）可以与本地可访问的 LEO 卫星直接通信，而不需要依赖受地理分布限制的传统地面站基础设施[17]。这将极大地扩大互联网的覆盖面和提高灵活性，为人们提供更便捷、更快速的数据传输服务。然而，实现空天地一体化还需要应对许多技术和商业挑战，如卫星制造、通信子系统设计、地面站和用户终端设备的开发等方面的问题。尽管如此，随着技术的不断进步和商业模式的不断改善，空天地一体化的概念正在变得越来越实际。例如，SpaceX 公司已经开始实施名为星链（Starlink）的计划，该计划利用 LEO 卫星提供全球范围内的高速互联网服务，这标志着空天地一体化的商业化应用正在逐渐成为现实。

3．资源需求

这种新型的基础设施有可能给未来的网络带来新的要求，主要包括以下内容。

（1）新的寻址和路由机制

当前的 IP 前缀分配通常是通过主要的区域互联网注册机构（Regional Internet Registry，RIR）根据特定的地理位置进行的。考虑可能有数以千计的 LEO 卫星及其星座上的 IP 寻址问题，与地面互联网基础设施的互操作将产生新的挑战，因为空间的 IP 地址将动态地与地面上不同的域（自治系统）互联，有不同的 IP 地址前缀。允许移动设备直接连接到本地卫星的新功能也需要一个具有成本效益的寻址方案，以便移动设备与本地卫星通信，而无须进行必要的地址转换操作。IP 寻址策略也将直接影响 LEO 卫星网络内部及它与地面网络基础设施之间的网络边界的路由机制。LEO 卫星网络的特点是，卫星的移动是动态的，但可以预测，连接它们的绝大多数网络链路都是静态配置的，因此非常需要一个综合的路由机制。

（2）卫星侧的带宽容量

与构成传统互联网的骨干基础设施以及接入网络的高容量光纤连接相比，空间中的 LEO 卫星和地面互联网基础设施的连接可能成为带宽容量方面的一个重要瓶颈。

（3）卫星的准入控制

地面站可以对打算通过空间互联网传输的流量进行准入控制，与此相反，移动设备被允许直接访问卫星网络，把准入控制功能交给直接与这些移动设备连接的独立卫星。

（4）边缘计算和存储

每个卫星上的数据/内容运行的复杂性将受电源或电池能力的限制。轻量级的边缘计算仍然可能是用于改善用户体验的，这要归功于空间本地缓存内容访问时延的减少。与边缘计算的情况类似，内容缓存将受每颗卫星所能携带的数据存储容量的限制。

如何满足以上典型场景下业务对网络的各类差异化需求？首先需要从部署层面来解决，部署不仅需要解决成本效率的问题，还需要提供对应灵活、可规模化的网络服务能力，作为 6G 网络的基础设施。基于该基础设施构建业务应用并服务社会。下面以 5G 网络部署为例详细讲述。

5G 诞生于 IT 和互联网高度发展的时代，NFV 和云计算技术的引入，为 5G 网络在功能架构和部署方面增加了极大的灵活性，满足了未来多样化业务场景的需求。5G 网络设计中已经体现了功能模块化、接口软件化、网络可编程等云计算的特点。同时，5G 作为拥有大带宽、低时延和海量数据处理等的基础通信技术，也使得十分依赖通信能力的云计算本身得到了更多的云化发展空间。本章将对 5G 场景下网络资源部署的技术方案进行阐述，并且结合现有的部署实践来描述应用过程中的技术挑战。

7.2　当前网络资源部署技术的演进及挑战

移动网络正在从基于专用"黑盒子"硬件、专有固件和软件的单体架构过渡到基于在通用计算设备上运行的分布式部署。这种趋势对于蜂窝网络来说并不新鲜，因为它一直是围绕 4G 蜂窝网络部署讨论的。然而，虽然基于软件的设计代表了 4G 网络背景下的一个较新的演变，但 5G 规范在 5G 网络早期阶段已经预见了灵活部署敏捷的软化服务，并将其应用于核心网（Core Network，CN）、无线电接入网（Radio Access Network，RAN）和边缘云等关键基础设施组件。这种设计的灵活性使 5G 网络处于有利地位，通过统一、开放和动态变化的设计，满足异质流量类别、移动性和高级应用的要求。因此，本节首先从 4G/5G 移动网络架构本身出发来识别对应的关键部署技术。

7.2.1 4G/5G/6G 网络架构

蜂窝网络由无线电接入网和核心网组成。尽管这种分离在 4G 和 5G 的部署中没有改变，但核心部件的实施和配置有很大的不同。对于 CN 来说，4G 全 IP 的演进分组核心网（Evolved Packet Core，EPC）有多个组件，传统上是在专用硬件上执行的，最近才过渡到基于软件的部署。而 5G 核心网（5GC）从一开始就按照基于服务的方法设计。EPC 服务被分割成多个虚拟网络，提供特定的功能。它们通过开放和标准化的接口相互连接。5G RAN 也考虑了类似的分离原则，现在的设计是在基站的异构部分（如控制、计算和无线电单元）之间提供功能分割，协议栈的不同层被实例化在位于网络不同部分的不同元素上，4G/5G 网络架构如图 7-4 所示。

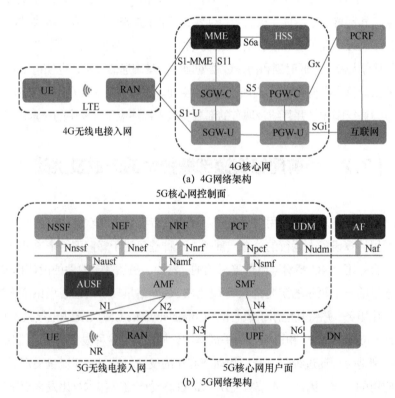

(a) 4G网络架构

(b) 5G网络架构

图 7-4　4G/5G 网络架构

（1）LTE RAN

LTE RAN 由基站（evolved Node B，eNB）组成，它为移动用户设备（User Equipment，UE）提供无线连接。eNB 一般作为单件设备部署在专用硬件组件上，并与核心网联网。

用于用户平面的 LTE 技术协议栈由以下几部分组成。

① 分组数据汇聚协议（Packet Data Convergence Protocol，PDCP）层，实现安全功能（如数据包的加密），进行头的压缩，并处理在 eNB 和 UE 之间的端到端数据包传输。

② 无线链路控制协议（Radio Link Control，RLC）层，提供数据链路层的服务（如纠错、数据包碎片和重建）。它支持 3 种不同的配置：透明传输模式（Transport Mode，TM），简单地在介质访问控制（Medium Access Control，MAC）层和 PDCP 层之间中继数据包；未确认模式（Unacknowledge Mode，UM），用于缓冲、分段、串联和重新排序；确认模式（Acknowledge Mode，AM），用于反馈回路重传数据包。

③ MAC 层，执行调度，与 RLC 层互动以发出传输信号，将传输块转发到物理层，并通过混合自动重传请求（Hybrid Automatic Repeat Request，HARQ）执行重传。

④ 物理（PHY）层，负责信道编码，调制信号，并以基于 OFDM 的帧结构进行传输。

这些层也执行控制面功能，涉及测量收集和信道质量估计。此外，无线资源控制（Radio Resource Control，RRC）层管理 eNB 到 UE 连接的生命周期，是与核心网的联系点。

（2）EPC

EPC 的主要组成部分是：分组数据网网关（PDN Gateway，PGW）和服务网关（Serving Gateway，SGW），它们是进出互联网的分组网关；移动性管理实体（Mobility Management Entity，MME），它从核心网的角度来处理交接与 UE 连接的生命周期；归属签约用户服务器（Home Subscriber Server，HSS），它管理签约和计费。

（3）NR

新空口（New Rodio，NR）：3GPP NR RAN 代表了 4G LTE 技术的演变，特别是在协议栈、功能和能力方面。首先，它支持更广泛的载波频率，包括部分毫米波（mmWave）频谱。其次，框架结构虽然仍然基于 OFDM，但更加灵活，每个子帧的符号数量可变，可以选择使用比 LTE 大得多的带宽（每个载波高达 400 MHz）。再次，5G RAN 可以连接到 4G EPC（非独立组网）或新的 5GC（独立组网）。最后，NR 基站允许分布式部署，协议栈的不同部分在不同硬件组件中。

NR 协议栈的特点是在 PDCP 层之上有一个新的层，即服务数据适应协议（Service Data Adaptation Protocol，SDAP）层，它管理端到端流量的服务质量（QoS），并将它们映射到 gNB-UE 链路的本地资源。其余各层的设计已被更新，以支持上述 NR 特性，NR 协议栈的基本架构如图 7-5 所示。

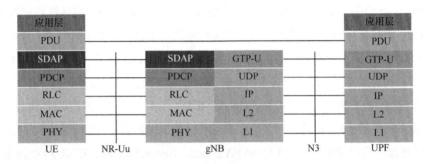

图 7-5　NR 协议栈的基本架构

（4）5G RAN

5G RAN 架构如图 7-6 所示，NR 引入的主要创新来自将 3GPP 堆栈的高层（RRC 和 PDCP）和低层（RLC、MAC 和物理层的高层部分（High-PHY））拆分为两个不同的逻辑单元，称为中央单元（Centralized Unit，CU）和分布式单元（Distributed Unit，DU），它们可以被部署在不同的位置。此外，物理层的低层部分（Low-PHY）可以在独立的无线电单元（Radio Unit，RU）中与 DU 分离。

（5）5GC

开放性和灵活性指导着 5GC 的设计，目前根据基于服务的方法实现。从图 7-4（b）中可以看到，控制面和用户面的核心功能已经被分割成多个网络功能。3GPP 还定义了网络功能之间的 API，这些功能可以快速被实例化，从而实现弹性网络部署和网络切片。用户面功能（User Plane Function，UPF）是一个通往公共互联网的用户面网关，作为移动性锚点和传入流量的 QoS 分类器。在控制面方面，大多数功能，例如 MME，被分配给接入和移动性管理功能（Access and Mobility Management Function，AMF）。

会话管理功能（Session Management Function，SMF）为 UE 分配 IP 地址，并协调用户面服务，包括选择 UE 应使用的 UPF。

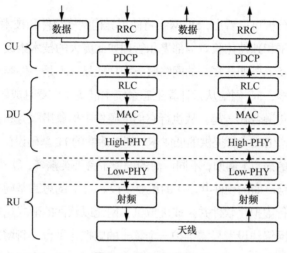

图 7-6　5G RAN 架构

（6）6G 网络架构

面向未来的 6G 网络架构，虽然目前没有统一的标准，但根据业界研究的趋势来看，核心网和无线电接入网将进一步服务化，对应的管理功能单元将更深入地融合，对应的转发面架构也将形成更为统一的转发模型。6G 服务化设计如图 7-7 所示。例如，将多种接入类型的控制面以虚拟化部署的方式进行服务化重构，实现多网络制式融合而不是多网络制式同部署，将类似通用的鉴权服务、接入服务、数据库服务、策略服务、移动性服务和转发服务等功能抽象化形成单独微服务，再根据不同的接入类型进行不同的流程编排以满足各自接入类型的需要，同时实现后台服务的一致性。

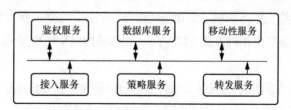

图 7-7　6G 服务化设计

7.2.2　4G/5G 网络架构部署演进

从以上架构分析可以看出，5G 网络将使用异构网络组件和技术，为用户提供前所未有的性能水平和独特体验。但部署和管理如此庞大的技术集成、控制如此多样化的基础设施以及编排如此复杂的网络服务和功能显然不是一件容易的事。为了解决管理和控制问题，5G 网络从云计算生态系统中借鉴了广泛且成熟的流程和架构，将软件化和虚拟化融合在一起，从执行它们的硬件中抽象出服务和功能。

云计算、虚拟化技术所提供的低成本、高灵活性的 IT 基础设施，是解决其传统通信网络所面临的痛点（例如，不同厂商的设备平台种类繁多，软件与硬件紧绑定，不支持跨网元、跨厂商的硬件共享）的重要手段。NFV 的思路是硬件平台采用通用服务器，其上运行虚拟化软件并生成虚拟机，网元以软件的形式运行在虚拟机中。采用这种架构，网络建设者只需维护一个统一的虚拟化平台，新增网元或者网元升级体现为新虚拟机的导入或虚拟机中软件版本的变更。由于虚拟化技术屏蔽了底层物理平台的差异性，跨网元、跨厂商的硬件资源共享问题迎刃而解。同时，得益于虚拟机的动态迁移、动态生成等特性，结合对虚拟化平台的智能管理，可以根据业务量的变化实现对网元的动态扩容、缩容，从而实现对硬件资源更高效的利用。

NFV 技术带来了可扩展和灵活的管理和编排。这是通过虚拟化网络服务和功能并将其与执行的硬件解耦来实现的。每个功能都通过虚拟网络功能（Virtual Network Function，VNF）在软件中实现，这些功能在通用硬件上实例化的虚拟机（Virtual Machine，VM）上执行。NFV 的主要优点之一是，每个 VNF 都提供原子性的功能。因此，多个 VNF 可以组合在一起，以创建更复杂和定制的网络服务。NFV 架构如图 7-8 所示，其主要组成部分包括：网络功能虚拟化编排器（NFVO），实例化并管理物理基础设施上的虚拟机及其运行的服务；VNF，在虚拟机上执行并实现网络服务；网络功能虚拟化基础设施（NFVI），由承载网络功能虚拟化的通用物理硬件组成。

NFV 将部署在网络中的服务与运行这些服务的硬件基础设施解耦。应用程序被打包成与硬件无关的虚拟机，可以在不同的物理机上实例化。这样，NFV 消除了对每个网络功能专用硬件的需求，并实现了网络服务的可扩展性。它提供了许多不同的方法，将应用和服务与运行它们的通用基础设施脱钩，从而提高可扩展性和可移植性。而回溯整个电信业发展背景，可以看到，对应的网络服务和运行服务的硬件基础设施经历了专有网络设备、VNF 以及云原生网络功能（Cloud-Native Network Function，CNF）3 个阶段。

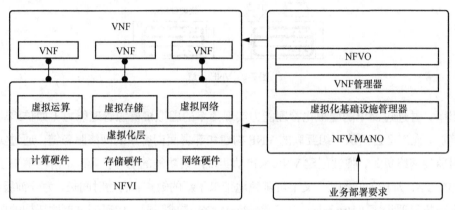

图 7-8　NFV 架构

第一个阶段为专有网络设备，也称为物理网络功能（Physical Network Function，PNF）。这个阶段通常由专业的通信网络设备厂商（如华为、中兴、诺基亚、爱立信等）通过专用硬件实体提供通信软件功能。部署在网络中的 PNF 包括核心网、无线电接入网和传输网等设备。网络功能直接在物理服务器上运行应用程序，这也是最传统的运行应用程序的方式，它的优点是单个应用程序可以访问整台服务器的计算资源、存储资源和内存资源。对应的缺点也很明显：无法对服务器进行切片/分区以运行更多应用程序/VNF；网络功能与设备厂商深度绑定，成本过高；传统设备厂商提供的网络功能为私有操作系统，配置方式不统一、难维护；网络功能处理能力不能随网络负载的增加而弹性增加，扩容难；云场景对于新业务支持需要反馈设备厂商进行开发，开发周期长。

第二个阶段为 VNF。VNF 示意如图 7-9 所示，本阶段的特点是实现网元软件与底层硬件分离，网元功能实体被从通信网络设备厂商专属、封闭的一体化解决方案中剥离，并以虚拟化软件形式部署在标准化硬件平台上[18]。VNF 部署在基于 Hypervisor 的虚拟化基础设施资源上，有效地提高了虚拟化基础设施的资源利

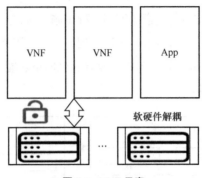

图 7-9　VNF 示意

用率，并通过简单的虚拟化管理能力实现简单的虚拟机资源管理能力（如扩缩容等）。允许运营商从一组互联的 VNF 构建和部署面向客户的网络服务链；通过实时监控网络负载，弹性创建 VNF 来自动实现网络功能的动态扩容。本阶段解决了部分 PNF 阶段的问题后，又不可避免地带来了新的缺点：启动时间长，为分钟级；虚拟机管理程序（Hypervisor）以及 Guest OS 造成开销；代码通过单体架构的形式实现；所有开发、测试、维护、部署和故障排除都必须将 VNF 视为单个原子单元；等等。最为重要的是，尽管在本阶段实现了信息与通信技术（Information and Communication Technology，ICT）网络设备硬件的标准化和虚拟化，但在软件架构、运营、运维模式上还是沿袭传统方式。后期增加了基于统一的编排器实现的全局资源管理能力、自动化部署和网络产品架构重构。基于统一控制和编排的电信云化环境，能构建以数据中心为核心的资源池化管理平台，从而更好地实现全网络范围内的资源共享、按需部署、弹性伸缩和动态编排，使网络具备云化网络的能力和特征。通过 VNF 控制与转发分离、程序与数据分离，将业务数据状态存储在分布式数据库中，实现业务无状态化设计，使业务模块可以进行分布式并行处理。

第三个阶段为 CNF，是一种在容器内运行网络功能的架构。CNF 继承了所有云原生架构的操作原则，包括 Kubernetes（K8s）生命周期管理、敏捷性、弹性和可观察性。CNF 示意如图 7-10 所示。CNF 将 PNF 和 VNF 放置在容器中，不仅可以拥有许多 VNF 的优势，还无须承担虚拟机（VM）的软件开销。

通信行业引入该技术的过程包含了几个子阶段。

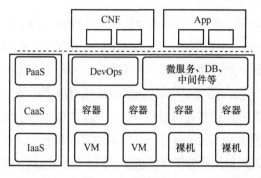

图 7-10　CNF 示意

（1）子阶段 1

重点引入云原生的两个关键技术：容器和微服务。一方面，在业务侧，通过服务化架构进行业务重构，将复杂的网络功能分解成多个高内聚的微服务基本单元，微服务间松耦合且彼此不需要关注对方的具体实现，通过契约化的服务接口进行通信，从而快速并行地实现多个微服务的解耦开发、测试和灰度发布。基于容器化部署的网络功能微服务可以减少网络产品的初始部署时长、弹性伸缩时长，从而实现业务的敏捷发布。另一方面，在平台侧，网络云通过引入通信即服务（Communications as a Service，CaaS）功能，构建一个轻量、敏捷的云化基础设施平台，以支持容器化网络应用的敏捷弹性伸缩、敏捷部署以及灰度升级的基础能力。

（2）子阶段 2

增加电信 DevOps 能力，以支撑电信业务 DevOps 工程技术实践，提升网络业务端到端自动化能力，支撑业务的敏捷上线，并解决工程交付和运维的痛点，进一步提升用户体验。电信 DevOps 能力将推动网络功能的"持续集成（CI）"流程打通，其中 CI 在设备商侧完成，由运营商进行新业务测试规范的制定和自动化测试工具的定制，并通过自动化集成测试环节将 CI/持续交付（CD）打通，后续再通过自动化运维管理工具保证业务上线的可靠性。电信 DevOps 能力将保证网络的稳定与安全，同时充分发挥云原生的敏捷、高效的特点。

（3）子阶段 3

逐步将基础公共能力下沉，引入包括公共中间件服务、公共数据库服务、统一的服务治理框架等基础能力；通过统一工具链的引入支持统一的 DevOps 基础能力，从而实现统一的基础平台即服务（Platform as a Service，PaaS）底座平台，支撑上层通信技术（Communication Technology，CT）应用的端到端（End to End，E2E）敏捷开发、流水线测试到自动化上线、灰度发布、自动运维等全流程自动化能力。除基础 PaaS 之外，本阶段还将对网络功能进一步分解重构，使其以更灵活的基本微服务子功能的形式存在。运营商可以利用这些基本的微服务子功能快速动态拼接出全新的业务。为提高客户体验，部分子功能组件可以智能化地被推送到客户侧或者网络边缘，一些更为通用的业务子功能组件可以下沉到 PaaS，作为公共的基础应用平台能力统一对外提供。新业务可以采用统一的 DevOps 模式开发并以敏捷、弹性的方式部署。PaaS 阶段网络完全开放、可编程，业务功能组件化，统一基于微服务架构，并可让第三方进入组件编排。

7.2.3　全球 5G 云网融合实践及探索

正是看到云网融合带来的优势，通信行业、云计算行业中各个领军企业对云网融合的重视程度不断增强，纷纷立足自身优势领域，开展产品研发和应用探索。

2022 年 6 月，美国谷歌公司正式推出面向企业的蜂窝无线专网方案[19]。谷歌分布式云计算方案如图 7-11 所示，这一方案是基于其 2022 年发布的产品"谷歌分布式云计算"，利用谷歌的独立软件开发商（Independent Software Vendor，ISV）生态系统，通过将专网能力与完整的边缘计算应用堆栈相结合，满足关键垂直行业的独特性能、服务水平和经济需求。谷歌在发布中透露，其蜂窝无线专网方案是借助基于谷歌分布式云计算和谷歌合作伙伴的产品组合，为客户提供"交钥匙"的专网解决方案，使客户可以灵活地在云端和边缘部署管理、控制用户面功能。由于每个企业对其应用都有独特的位置、时延和 QoS 的要求，谷歌分布式云计算为客户的网络提供了一个集中的控制和管理平面，可以从一个位置扩展到数千个位置，借助谷歌分布式云计算，客户可以在单个解决方案中运行专网，包括用于连接和边缘应用的虚拟化接入网。

可以看出，谷歌的蜂窝无线专网产品的基座是其分布式云边缘产品，该产品的多个其他功能也需要合作伙伴来一起提供，是一个集成化的解决方案，谷歌正通过专网场景从云计算领域扩展到通信领域。

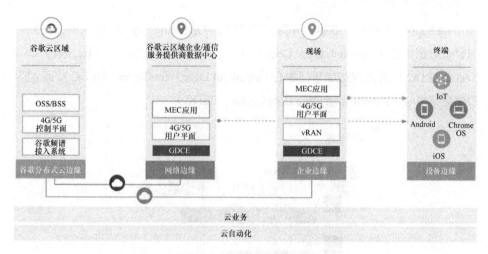

图 7-11　谷歌分布式云计算方案

　　无独有偶，在 2022 年 8 月，美国亚马逊公司（AWS）推出了 AWS Private 5G 正式发布版[20]，它是一项托管服务，可帮助企业在其设施内设置与扩展私有移动网络，整个过程只需要几天。只需在 AWS 管理控制台中单击几下，即可指定构建移动网络的目的地以及要连接的设备数量。然后，AWS 会提供并维护小型蜂窝无线电装置、移动网络核心和无线电接入网络软件，以及设置私有网络和连接设备所需的用户身份识别模块。AWS Private 5G 实现了网络设置和部署的自动化。AWS Private 5G 没有预付或按设备收取的费用，用户只需要为请求的网络容量付费。AWS Private 5G 简化了采购和部署，让用户能够在数天内部署自己的私有移动网络，而不需要耗时数月，并能快速地纵向扩展及缩减互联设备的数量，从熟悉的按需云定价模型中受益。

　　AWS 云网架构示意如图 7-12 所示。其在提供 5G 专网服务的同时，利用自身的基础设施来托管运营商的 5GC 和无线电接入网。作为美国第四大移动运营商的 Dish Network 率先和 AWS 合作，并且在官网上公布了此次合作的技术细节[21]，从架构设计中可以看到，这个平台最大限度地利用云基础设施和服务，实现了完全自动化地在多个目标环境（开发/测试/集成）中启用 5G 组件的服务（如图 7-12 所示）。最大限度地使用 AWS 提供的本地自动化结构，而不是将构建自动化结构与保持灵活使用云原生 API 及现有电信协议的方式相叠加。图 7-12 所示架构包括：可用区（Availability Zone，AZ）、虚拟私有云（Virtual Private Cloud，VPC）、计费支撑系统

（Billing Support System，BSS）、运营支撑系统（Operating Support System，OSS）、国家级数据中心（National Data Center，NDC）、区域级数据中心（Regional Data Center，RDC）、分流级边缘数据中心（Breakout Edge Data Center，BEDC）、直通级边缘数据中心（Passthrough Edge Data Center，PEDC）。

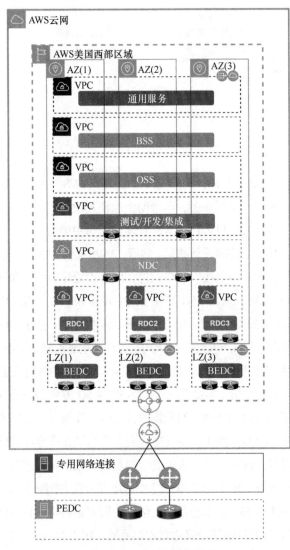

图 7-12　AWS 云网架构示意

对于网络自动化以及可扩展性，AWS 和 Dish Network 架构团队选择了基础设施即代码（Infrastructure as Code，IaC）来实现自动化。在短期内手动创建资源是很诱人的，使用基础设施即代码有以下优势。

- 实现对基础设施部署和变更的全面审计能力。
- 提供快速和大规模部署网络基础设施的能力。
- 通过使用代码和模板，简化了操作的复杂性，并减少了错误配置的风险。

所有的基础设施组件，例如，VPC 到腾讯网关（Tencent Gateway，TGW）均使用 AWS 云开发工具包（AWS CDK）和 AWS CloudFormation 模板进行部署。AWS CDK 和 AWS CloudFormation 都使用参数化和嵌入式代码（通过 AWS Lambda）来实现各种环境部署的自动化，而无须在模板中硬编码动态配置信息。

双方团队合作按照云原生原则部署 CNF，通过云原生工具（如 Helm 和 ConfigMaps）进行全面的 CI/CD、可观测和配置。这种方法与前面讨论的弹性组件相结合，在网络领域的中断场景下或网络功能（Network Function，NF）受到故障影响时，最大限度地提高了 5G 服务的可用性。基于以上原则构建的 CI/CD 流程与传统已有模式相比大幅缩短了部署时间，提升了部署效率。

作为云计算三巨头的美国微软也不甘示弱，它不仅收购了 Affirmed Networks 和 Metaswitch Networks 两家通信设备服务商，而且全面整合了美国电话电报公司（AT&T）的 5G 网络部门，其中最为引人注意的就是网络云平台技术（Network Cloud Platform Technology）。

2018 年 5 月，美国 AT&T 联合韩国 SKT、美国英特尔和 OpenStack 基金会推出了一个名为 Airship[22]的开放式基础设施项目，于 2019 年在开源基础设施峰会发布了 1.0 版本，于 2021 年 4 月发布了 2.0 版本，这个项目是 AT&T Network Cloud 的基础，Network Cloud 取代的是之前的 AT&T's Integrated Cloud（AIC），下一步将演进到 Network Cloud for 5G。之前 AIC 使用的是开源 OpenStack 技术，人们通常会把 OpenStack 和虚拟化联系在一起；而 Network Cloud 使用的是将容器构建在 OpenStack 平台上的方式，而这样一体化管控的实现依靠的是 Airship。按照其网站的说法，Airship 是一款开放基础架构的全生命周期管理平台，作为一组松耦合、具有互操作性的开源工具，可以实现云平台自动化配置与部署，同时适用于将容器作为大规模基础设施交付新单元的组织。Airship 2.0 架构[22]如图 7-13 所示。

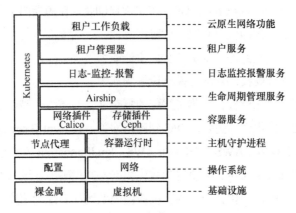

图 7-13　Airship 2.0 架构

虽然 Airship 看上去只是一个开源软件，但是 AT&T 已将其使用在移动网数据中心的运维建设上，这些技术实践将有助于微软加强其面向运营商的 Azure（Azure for Operators）产品能力，从而服务于更多的运营商。这从另外一个角度说明了云计算公司本身的技术应用于通信行业也是有一定的门槛的，云计算不是"银弹"。

7.2.4　5G 网络资源部署阶段性问题实践

理想和现实总是会有差距的。5G 作为最新的通信技术，云计算作为已经支撑了大部分互联网应用发展的技术，两者的结合在具体的实现落地阶段还是遇到了很多之前规划设计时没有预料到的问题，例如，其电信网元自身的软件架构变革程度不高，未能充分利用云计算消息队列，数据库、负载均衡、编排自动化等中间件能力，因此未能充分发挥云计算弹性计算和敏捷运营的优势。另外，5G 作为一类特殊的IT 应用，在连接能力、控制面/用户面网元功能、分布式计算架构等方面具有特殊性，这和云计算之前所支撑的互联网应用也有很大的差异，因此希望结合目前人们在实践中遇到的难题，为下一步面向 6G 的部署提供输入。

1. 虚拟机还是容器？

如上所述，通信行业正在积极从虚拟机过渡到基于云原生容器的设计，并将在许多年内继续保持这样的趋势。云原生容器也成为部署 5GC 的首选架构。但大多数传统的云平台要么支持 VNF，要么支持 CNF。即使是那些声称同时支持这两种功能的平台，通常也是通过隐藏在图形用户界面下的两个独立平台来实现的。看上去是一体化的平台，但在运营、集成、故障排除和规划方面的孤岛仍然存在，并将阻碍运营商的云原生之旅。

为 CNF 提供一个平台，为 VNF 提供另一个平台，这种烟囱式的部署方式不是一种迁移策略，而是一个可能产生严重后果的"技术债"，主要可能的后果如下。

① 烟囱式部署方式限制了部署灵活性和时间表。所有供应商都可能有自己不同的容器化路线图。当运营商推迟或不进行容器化时，就需要部署更多的传统 NF 和平台，使 5GC 几乎不可能迁移到一个现代、高效的 Kubernetes 基础设施。

② 烟囱式部署方式降低了资源利用率。传统平台无法在 VNF 和 CNF 之间有效地共享资源，这还影响了用户在特定数据中心可以运行的应用程序的数量。

③ 孤立的操作重复了操作流程。管理系统、协调平台、自动化方案、资源池和培训也都是重复的。

因此，最好的技术方案是拥有一个统一的平台，同时支持裸机上的 CNF 和 VNF。

2．微服务架构的适配和挑战

所有的 5G 都需要一个能迅速实现各种服务的云平台。5GC 不仅是一个分布式服务的交叉连接，还是一个高度分布式的"大脑"，需要根据新应用的特点快速添加和删除功能，并以高度可扩展的方式进行。出于这个原因，5GC 正在转向 Kubernetes 架构，采用容器化的微服务 NF 设计，类似于现代云计算使用的设计。微服务通过将 NF 分解为其组成部分来帮助运营商，从而具备以下优势。

① 微服务允许 NF 以较小的规模扩展。

② 可以更快地进行扩展，因为运营商只是在整个 NF 和资源中的一小部分里"旋转"。

③ 随着微服务的扩展，运营商只需要提供额外的微服务，这使资源利用率大大提高。

④ 促进了更好的故障隔离和更高的可靠性。

⑤ 在 DevOps 环境中，微服务简化了构建、测试和部署操作。

虽然微服务有很多优点，但它确实意味着有更多的容器在运行。这在一定程度上增加了复杂性，需要通过云平台和协调工具的智能工作负载放置和闭环自动化机制来完全解决。但在解决了基本服务能力之后，面对 5G 数亿级的连接设备数量，NF 性能将是 5G 成功部署的最重要原因之一。为了实现高吞吐量和低时延，每个 NF 供应商有具体的硬件和软件要求，以配置和调整各自的软件，使其按所发布的要求运行。工作负载可以被分为许多类别，它们对信令面/控制面和用户面/数据面功能资源的需求各不相同。

① 信令面/控制面 NF 是 I/O 密集型的，数据包非常小，需要大量的计算资源。

② 用户面/数据面 NF 是网络 I/O 密集型的，具有非常高的带宽要求。这使得它们既是计算密集型的，也是网络密集型的。

③ 用于保存如用户签约数据的数据库 NF，是计算和存储密集型的。

④ 深度包检测应用是高度资源消耗的 NF。

高性能的 NF、移动边缘计算应用和支持它们的云平台都需要大量远程的配置功能，以实现自动化和远程管理参数调优，具体如下。

① 裸金属配置的改变和操作系统的升级。

② 固件更新。

③ 核数、内存和网络资源之间的非统一内存访问（Non-Uniform Memory Access，NUMA）的感知资源配置。NUMA 可感知的颗粒度是每个服务器和每个 NUMA 节点，而不仅是每个 Kubernetes 工作节点。

④ 亲和性配置、IP 地址、Underlay 网络和 Overlay 网络的组合等。

⑤ 存储配置。

所有这些调整选项都是正确的 NF 所需要的，并且必须是可实现远程管理的。

3．5GC 遇上 Kubernetes

（1）Kubernetes 的优势

Kubernetes 是第一个云原生计算基金会（Cloud Native Computing Foundation，CNCF）项目，它是开源软件历史上发展非常快的项目，仅次于 Linux 操作系统。许多人认为 Kubernetes 会像 Linux 一样变得无处不在。它已经被证明在云中是不可或缺的。为什么这么多组织选择 Kubernetes 并迁移到容器？有很多原因，但主要围绕着灵活性、敏捷性和性能。而这些原因正是本节前述讨论的 5G 部署阶段遇到的挑战所关注的。

NF 是相当重要的。随着解决方案向边缘扩展，资源性能和效率变得越来越重要。虽然人们通常不认为 5GC 是边缘网络的一部分，但它被设计成分布式的，并且随着应急响应、远程医疗和国防等关键任务应用而出现，低时延的通信路径变得越来越必要。

Kubernetes 是为性能和规模而设计的。容器的前身、虚拟机和每个应用程序需要大量的额外开销，这些开销最起码包括额外的操作系统（Operation System，OS），OS 是一个在高度 I/O 密集型方案中模拟资源的软件。Kubernetes 完全取消了客户操作系统，大大减少了开销和操作系统许可成本。这意味着资源消耗大幅减少了，每个数据中心的性能和应用实例都得以优化。

如前所述，自动化是 5G 部署成功的一个关键因素。自动缩放和自动修复可以大大改善任何应用解决方案的可靠性。在这方面，Kubernetes 有很多优势。大多数 Kubernetes 应用程序被分解成功能，称为微服务。在虚拟机场景下为了扩展应用程序的一个部分或一个简单的功能，人们需要实例化整个虚拟机，包括一个额外的客户操作系统，以及与之相关的所有计算/存储/网络资源，即使只是为了满足扩展一个简单功能的需求。有了 Kubernetes 容器化的微服务，人们只需要扩展专门用于某个特定功能的微服务，这可以在几秒钟内完成，而且只需要使用一小部分资源。

Kubernetes 很容易被配置为基于一些关键绩效指标（Key Performance Indicator，KPI）的自动缩放微服务。例如，CPU 使用率达到 80%就可以作为一个触发器。通过类似的声明式自动化，Kubernetes 在声明的最佳状态、任何次优状态以及无法到达、资源故障或崩溃等状态之间出现差异时进行自我修复，其中每个状态都可以触发不同的自动化响应。

就像在 NF 供应商和云平台领域，没有人喜欢供应商的锁定。移动核心网功能供应商的选择应该更开放。Kubernetes 在云平台层面上实现了这一点，使其更容易混合和匹配供应商的 5GC NF，因为它在云中已经做了很多年了。这种开放性的另一个好处是，它使企业可以自由地选择规模较小、领先的公司，而且风险小得多。

Kubernetes 是一个完全开源的、由社区主导的项目，由 CNCF 监督。对许多企业来说，这种开源策略使 Kubernetes 比其他封闭的和特定于供应商的解决方案更受欢迎，从而促进了多供应商的互操作性，而不会被锁定。

任何中央数据中心都可能是异构的，因为它们容纳了许多跨越几代的产品。此外，大型运营商已经在多个地点部署着来自不同供应商的 NF。因此，最重要的是，任何软件都能在不同的环境中有效运行。

可移植性表明，一个应用程序可以很容易地在某些情况下以零接触的方式，适应在不同的环境中运行。可移植性允许用户在任何地方立即运行服务，没有额外的限制或软件调整，从而缩短了解决方案的交付时间。

Kubernetes 在不同的环境中具有高度的可移植性。它几乎可以在任何类型的底层信息技术基础设施（计算/存储/网络资源）上运行，并且不关心自身是否存在于私有云、公共云或混合云上。

与可移植性类似，多云允许解决方案提供商和他们的客户在资源所在之处进行部署，让他们有机会为这些资源选择最佳位置。

Kubernetes 可以托管在单个云上运行的工作负载，也可以托管分布在多个云上、在不同环境中运行的工作负载。Kubernetes 可以轻松地将其环境从一个云扩展到另一个云。这种技术敏捷性导致了业务敏捷性。有了合适的 Kubernetes 平台，人们可以在任何时候、任何地方进行部署，而不必纠结于迁移任务、平台依赖性和配置细节。

从早期开始，Kubernetes 就被设计成为 DevOps 友好，使开发团队能够更快地进行迭代、测试和部署，这在不断创新和改进现有设计的 5G 环境中至关重要。Kubernetes 以其声明式的结构和有利于操作的方法，改变了部署方式。Kubernetes 应用程序使用高度模块化的方法，通过更小、更集中的团队来实现更快的开发，这些团队各自负责特定的任务。这种模块化使其更容易隔离依赖关系，同时适合于跨集群的可控更新、金丝雀部署和自动回滚计划。

Kubernetes 是当今领先的云解决方案，已被部署在几乎所有的供应商和企业市场，具有高可用性和大规模。根据 Enlyft 的数据，Kubernetes 已被 92 000 多家公司部署。

（2）针对 5GC 的 Kubernetes 增强实践

虽然 Kubernetes 是边缘计算的指路明灯，但它最初不是为基于 NF 的解决方案设计的。因此，对于大多数支持 Kubernetes 的平台，面对 5GC 的部署还是存在很多挑战。为了更好地发挥 Kubernetes 和 5GC 的能力，产生"1+1>2"的效果，需要在真正部署阶段做 Kubernetes 的增强。

前文讨论了在 5GC 数据中心中发现的不同类型的工作负载的各种性能需求。5GC 的 NF 可能与控制多个 MEC 节点、大数据和分析的应用同平台部署。它们可以是 CPU、内存、存储和网络密集型的，也可以是这四者的任何组合。在多厂商 5GC/EPC 环境中，每个厂商都有不同的底层硬件设备，这些设备在没有可预测的低时延和抖动的环境中无法有效运作，因此平台需要相应的能力来自动化和远程管理性能参数。

网络作为另一种可建模和可重复使用的资源，也需要通过网络即服务的方式为上层业务所用。但需要考虑的是 NF 的网络要求与传统云应用不同。传统云应用的网络连接很简单，在大多数情况下可以通过默认的 Kubernetes 网络进行连接，用一个简单的 Overlay 网络将节点分离成独立的子网络，再连接各节点，也许还有一个内部的负载均衡被放在入口处。在某些时候，Kubernetes 服务被连接到一个外部网络，网络上面接有路由器、安全设备和外部负载均衡设备等。但供应商的 NF 需要更强大的连接选项，其中也包括高性能的底层，以提供 5G 应用中的高吞吐量、低抖动服务。这些额外的网络需求并没有被大多数云平台完全满足，具体包括以下内容。

（1）每个 Pod 的多 IP 网络支持

NF 需要多网络连接，这样的需求在 Kubernetes 缺省场景下是不支持的，但可以通过使用开源项目 Multus 来解决。Multus 使 Kubernetes Pod 能够连接到多个网络并支持多个网关，从而满足 NF 服务的需要。Multus 通过充当一个"元"插件，调用其他容器网络接口（Container Network Interface，CNI）插件来实现。Multus 能够连接到底层网络，如单根输入/输出虚拟化（Single Root I/O Virtualization，SR-IOV）网络、Open vSwitch（OVS）和 Overlay 网络等。因此 Pod 既可以连接到高性能网络，也可以连接到 Pod 间或者 Pod 到外部网络的最佳访问路径。

（2）跨节点的第 2 层连接

在 Kubernetes 中扩展虚拟局域网（VLAN）的例子很多。当连接到传统的运营系统时，虚拟局域网是一个关键的组成部分，可能涉及运营支撑系统、业务支撑系统（Business Support System，BSS）、监控、日志和配置工具。对于许多现有的企业，这些系统在虚拟机中是不可用的，更不用说容器了。最有效的方法是通过 Open vSwitch 将 VLAN 连接直接扩展到 Kubernetes NF。

（3）支持高吞吐量、低抖动和冗余的 SR-IOV Underlay 网络

一个关键的网络例子是跨节点扩展高性能的 VLAN，用于服务链或期望直接连接的 NF 组。这就需要一方面可直接连接到高性能的底层网络，另一方面也进行 NUMA 和 SR-IOV 端口的自动配置，从而保证一个高吞吐量、低时延的数据路径，并具有逻辑和物理的多样性以满足服务的要求。

（4）IPv4/IPv6 支持

在接口和同 Pod 层面提供对 IPv4 和 IPv6 的双栈支持，不仅是满足 NF 的应用支持，也是云平台面向未来演进的必要路径，基于 IPv6 的创新促进上层应用及 5G 能力的进一步提升，若平台不支持此方案其本身就会成为创新的瓶颈。

（5）IP 地址持久性

服务可靠性难题的一个关键部分是跨越服务的整个生命周期的 IP 地址持久性。即使有生命周期管理，在重启、移动和修复过程中 IP 地址缺乏持久性也可能导致服务中断。传统的 Kubernetes IP 地址管理（IP Address Management，IPAM）插件可以使 Kubernetes 节点的 IP 地址和子网划分更容易，但它不能实现 NF 或任何其他关键任务应用所需的持久性 IP 地址。通过增强型 IPAM 插件可以在所有生命周期事件中实现持久的 IP 地址。再加上策略固定，用户可以将一个服务从一个集群迁移到另一个集群，而不必担心 IP 地址或资源影响。这些集群可以在任何地方，从区域数据入口，到边缘或远处的边缘。

（6）源路由支持

源路由技术是指在数据中心之间有多个高性能底层的较为理想的解决方案，通常在边缘和远端之间会看到这种情况。例如，一个开放式无线电接入网（O-RAN）CU 连接到多个 DU 底层。源路由技术被用来取代多个静态路由，当人们在网络上

增加越来越多的 DU 时，这些静态路由就会增加。

通过以上的具体核心网的增强实践可以看出，虽然 Kubernetes 在云计算领域已经有了广泛的应用，并且支持众多的业务类型，但是考虑移动通信的应用场景、协议流程和服务类型的差异，Kubernetes 需要做更多的适配和修改才能既满足移动通信的网络和业务部署需求，又能利用声明式的云原生管理模式提供的便利和弹性。

部署技术走向 CNF 模式是一个确定性的技术趋势，即将到来的 6G 也会在这个技术趋势下进一步深化应用，因此我们需要以以上实践为基础去思考面向 6G 未来更多差异化业务场景的需求、更大范围的网络能力覆盖以及更多样的终端类型接入下网络资源部署技术的演进。

┃7.3　面向 6G 知识定义的网络资源部署技术 ┃

自动化是实现规模化的通用手段，在 5G 下已经实现了一定程度的自动化配置、自动化监控、自动化告警、自动化变更等场景的覆盖，但在部署场景下还属于传统的规划模式。6G 网络相比 5G 网络，拓展了更多的新型应用，覆盖了更多的场景，网络的参数复杂性进一步提升，其网络质量以及交付给客户的服务等级协议（Service Level Agreement，SLA）更加严格且复杂，部署也从一次性的投入变成随需而变的动态投入，从而对部署场景的自动化提出更加全面、更高水平的需求。云原生的系统设计中，自动化部署也是一种天然的需求，需要对各类 IT 基础设施进行管控，并通过加强集中化软件系统的能力进行全方位的管控、变更、调整。因此，面向 6G 时代，天然融合的云网一体部署将成为发展趋势。

鉴于大多数运行机制正在转换为在商业现成（Commercial Off-The-Shelf，COTS）软件上运行的模式，能够自动、快速适应 RAN 和通过互联网提供应用服务（Over The Top，OTT）资源变化趋势的运营商将赢得明天。其中，为了实现上述高水平的自动化，网络建模是至关重要的。然而，传统人工难以手动配置 SR-IOV 底层的每个虚拟功能端口，以及连接到具有内存亲和性的 NUMA 核的每个网卡等。即使网络管理员考虑了冗余、备份和恢复配置的种种预案和操作流程，但人为错误的数量也是灾难性的。因此，云平台和编排工具需要具备排障和配置能力，为 NF、应用程序、网络、存储和数据中心整体建立资源模型。此外，自动工作负载放置对于大规模部署来说也是至关重要的。

每一个地点、边缘、远端和核心都可以被看作一种集群或数据中心。在自动化和工作负载配置层面，解决方案需要对物理资源、云平台、NF 和服务进行深入了解。反过来，这将使该解决方案能够关联和显示任何阶层的视图，NF、应用、服务、Pod、节点、集群、服务器、数据中心、多云等名词和概念都会在整个解决方案视图的各个层面得以关联和显示。这些信息可用于故障排除、自动修复、迁移、通知和使用策略引擎触发响应等。

网络资源的全生命周期管理平台需具备跨多个集群和站点的资源的可见性，以实现故障排除自动化和规划。查看每个服务在哪里运行以及资源和健康状态，并收集解决方案在全栈各环节的许多性能指标（从裸机到服务）。例如，从裸机基础设施出发，涉及所有相关 IT 资源的配置、系统健康状况、准备情况和使用情况。监控 Kubernetes 集群，查看 Pod 级别的统计数据、集群健康状况、性能和资源利用率、事件、持久卷的创建、资源池容量、节点容量、kubelet 守护程序、master 状态变化等。在服务层面需要获取服务、NF 和第三方应用程序的性能、利用率和健康状况等。

在生命周期管理平台的架构设计上，传统移动通信网络运维虽然采用了分级运维的架构方式，但是由于组织架构管理、设备厂商技术依赖等方面的综合因素，本地运维系统还是比较复杂和沉重的，并且对专家支撑的依赖度较高。云服务运维中采用的本地轻量、云端复杂计算分析处理的架构形式，将会成为 6G 时代按需服务场景的主流一体化运维架构。此外，云服务运维中也引入了很多先进的云原生工具和云中间件，如先进的 Kubernetes 架构，其中使用的各项监控、进程守护工具比较完备，并且能够依托云服务上承载的各类应用来持续更新和优化。同时，在方法和思路上，也可以借鉴云服务运维中所引入的一些不同于传统移动通信网络的自动化、智能化的思路和方法。例如，在云服务运维中，为了规避人工运维误差对网络运维的影响，引入了基于意图网络的网络运维，并降低复杂运维对维护人员的高专业性要求。基于意图的自动化运维，首先可以通过设计语言或者系统，来保证运维人员的意图能够精确表达并被系统理解，然后通过算法对理解后的意图进行操作，自动生成变更方案。同时，能够通过形式化验证对各类变更方案进行充分准确的论证，保证在任何情况下运维变更方案都准确反映意图，达到最佳的实施效果。例如，在云服务的运维机制中，针对出现的各类故障，一方面通过建成问题案例专家库快速定位问题，并不断迭代优化，另一方面设计了先止血（即先快速恢复网络）、再定位问题并更新案例库的机制，这也是可以重点参考的方法。

基于前文对通信网络资源部署演进的介绍，在当前的 CNF 阶段，Kubernetes 作为一个围绕应用程序的生命周期管理的存在，其控制逻辑很简单，即使用控制器来调谐应用当前状态到期望状态，在这样的逻辑下不再控制何时启动或关闭服务，甚至用户不需要启动服务，也不需要检查日志是否已经启动。用户不必手动升级实例——支持声明式部署的 Kubernetes 可以为用户做到这一点。根据用户选择的策略，Kubernetes 可以停止旧实例并启动新实例。此外，如果出现问题，可以进行回滚。创建服务时，用声明式的配置告诉平台该服务需要多少 CPU 和内存。Kubernetes 利用这些信息为用户的工作负载找到最佳节点。在使用 Kubernetes 之前，用户必须根据标准将实例手动放置到一个节点上。现在，用户可以根据自己的偏好来指导 Kubernetes，它将为用户做出最佳的决策。简单来说，用户对于生命周期的管理都可以通过声明式的策略告诉 Kubernetes，剩下的则是 Kubernetes 满足生命周期需求。

通过 Kubernetes，可以为应用程序提供一个有用的生命周期，但对于通信网络非常复杂的场景，Kubernetes 可能无法进行生命周期管理。并且 Kubernetes 更加擅长的是对无状态应用的管理，而通信网络则更关注上下文复杂的有状态应用，Kubernetes 中的部署原语无法为应用提供支持。在这些场景下，用户可以使用操作者（Operator）模式。例如，用户可能发现 Kubernetes 的实际健康检查机制不够好。假设存活检查和就绪检查不够好，可以使用 Operator 对应用进行更智能的存活和就绪检查，然后在此基础上进行恢复。面对业务量的增加，以及对应网络资源的自动伸缩和调整，也可以使用 Operator 模式更好地了解相关应用，并在平台上进行自动调整。

综上所述，云原生为移动通信网络的部署提供了新的动能，通过声明式的方式简化了部署、运维和监控，实现了系统部分的自动驾驶，但是如何理解当前网络的运行状态，并将这一理解应用到控制器或者 Operator 中，是一个难题。

在经典的 Kubernetes 场景下，一般通过静态的 YAML 文件来描述期望的状态。YAML 是专门用来写配置文件的语言，非常简洁和强大，远比 JSON 格式方便。但 YAML 在实际应用中存在两个缺陷：第一个缺陷是其中的资源定义有限，例如，一个简单 Pod 资源的定义如图 7-14 所示，可以看到，Kubernetes 仅对 CPU 和 memory 做了资源配额的设定，而根据之前核心网实践中了解的，这些远远不能满足通信网络部署需求。Kubernetes 也利用自定义资源的方式来进行资源的自定义，从而增加特定场景或者扩充特定业务下的资源定义，但是这样的定义非标准化，目前也没有对应通信网络的最佳实践，还是以经验积累的方式存在。同时，控制器为了调谐到期望状态是需要不断获取当前状态信息的，而不论是系统缺省的资源定义还是自定义的资源，对应状态信息的采集都是保证系统能正常运行的重要依据，但也存在 Kubernetes 所面对的自定义问题。业界注意到了这些问题并提出了解决方法，例如，云基础设施电信工作组（Cloud Infrastructure Telco Taskforce，CNTT）就提出了相关的参考模型[26]、架构和基础设施所需要开放的能力接口等。

```yaml
spec:
  containers:
  - name: db
    image: mysql
    resources:
      requests:
        memory: "64Mi"
        CPU: "250m"
      limits:
        memory: "128Mi"
        CPU: "500m"
```

图 7-14　一个简单 Pod 资源的定义

第二个缺陷是 YAML 文件通常都是人工静态配置的,这在很大程度上限制了网络部署的灵活性,面对千变万化的业务,这样的配置反而会成为一种束缚。另外,这样的配置更多基于操作维护人员的经验输出,局限于特定的场景和特定的条件,对于满足 6G 这种随需而变的网络需求还有一定差距。

业界对于这样的人工配置带来的问题一般都借助人工智能或者数据层来解决,如欧盟委员会 6G 旗舰项目 Hexa-X 在 6G 服务编排交付文档[24]中提到的基于 AI 闭环逻辑增强的意图管理架构(如图 7-15 所示)。图 7-15 展示了该架构对网络切片场景的支持,通过理解自然语言并将其转化为意图,然后进行意图验证和意图转译,最终作用于网络切片管理功能(Network Slice Management Function,NSMF)或者 NFVO 的生命周期管理系统,并行地进行服务关键性能指标的监控,以确保结果符合意图。以上也是在 6G 研究中经常提到的 AI for Network 的一种常见应用场景。

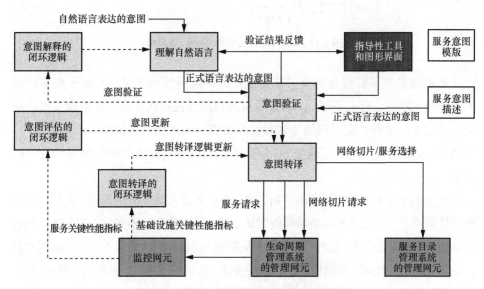

图 7-15　基于 AI 闭环逻辑增强的意图管理架构

Bertin 等[25]提出了一层统管所有(One Layer to Rule Them All)的理念,其架构如图 7-16 所示。Bertin 等认为为了获得更高水平的效率和灵活性,6G 将部署更多的网络管理和自动化功能,并广泛使用机器学习和人工智能技术。但通常原有的监控管理层和智能层的两个系统的主要要求是从网络本身获取信息，以及基于自动行为或通过学习在系统上生成新信息。为了实现其真正的潜力，必须在不同的网络元素之间，按需不断地交换数据。只有这样，网络才会有足够快速的反应和适应能力，以便立即用作设备连接控制的一部分。因此，本书提议在 6G 网络中增加数据层，通过这样的设计来提供更为智能的运维、监控和部署。

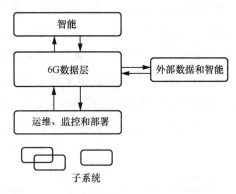

图 7-16　One Layer to Rule Them All 架构

虽然以上方案都部分解决了前面提到的缺陷问题，但无论是基于更多资源的规则定义模式，还是基于 AI 和大数据的智能管控架构，都需要依赖人机协同的管控模式，这种"面对旧场景依赖经验规则，面对新场景依赖从 0 开始学习"的 AI 和大数据显然是无法迎接 6G 愿景下的业务按需服务及网络按需调度的挑战的。

21 世纪初，Clark 等[26]提出"知识平面"的概念来降低网络管理中配置、诊断和设计的成本，知识平面应当能够应对从基础网络收集到的不完整、不一致、具有误导性的、甚至恶意的数据；应当能够协调网络成员间的冲突或不一致的高层次目标；应当能够应对网络环境短期或长期的变化。知识平面提议，借助人工智能技术，将"智能"根植在未来网络的基因里。

近年，Mestres 等[27]重新整理了这一概念，认为 Clark 等的愿景可以被实现，并进一步提出"知识定义网络"的概念。中国科学技术大学朱近康教授[28]提出未来智能网络中有三大核心：智能管控的极其简洁的网络架构、知识+数据双驱动的学习机制和全场景全业务动态联合优化。

鉴于云原生技术在移动通信网络的深入，在知识定义网络中，知识定义的系统可以进一步具体化，在构建 Kubernetes 的 API 服务器（Server）的基础上，成为控制器的智能大脑，该大脑可以获取全局当前的网络状态信息，以及根据业务发展预测出动态期望状态，然后借助控制器来实现状态的调谐，从而让通信网络无限逼近期望状态，并且在这个模式下完全不需要传统的意图输入及人工干预。知识定义网络概念如图 7-17 所示。

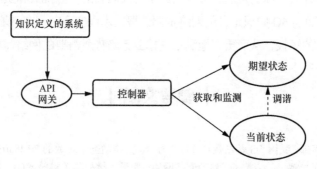

图 7-17　知识定义网络概念

相比之前基于规则和大数据的数据驱动来说，知识定义的模式属于一种更高级的形态，且有一定通用性。以全局视角代替具体案例的局部视角，以全局视角打通多个网络管控问题域，将按需服务的相关网络规律、机理、策略凝练为知识，构建全域资源调度的知识空间。引入外部先验知识来提升单纯数据驱动无法满足的效果，机器学习的神经网络模型也是知识的一种载体。笔者认为网络知识包含 4 种形式：历史记载、客观现状、主观体验和动作反馈。依赖于以上 4 种形式的网络知识，结合机器学习、自然语言处理等自动化的方式，可以构建网络管控知识图谱。网络管控知识图谱是针对网络管控的人类经验知识的抽象，可以用于智能化管控策略的验证与补充，提升网络管控知识的可用性。区别于传统数据驱动，网络管控知识图谱可以更好地解决策略生成的可解释性和逻辑推理的问题，挖掘已经学习的知识点之间的深层关系，推理探索新的知识点。

总的来说，知识定义由于具备了对知识的分析使用功能，使 6G 网络具备了情商和智商，具备"两商"的大脑加上 Kubernetes 自身的调谐机制将会使 6G 网络资源的部署直面业务按需服务、网络按需调度的巨大挑战。

| 7.4　本章小结 |

　　本章首先从面向 6G 的业务预测出发，分析潜在的业务趋势及其对网络的需求，这些需求将成为 6G 网络部署能力的输入，接着讲述移动网络资源部署的演进，分别从现状、国外云厂商的进展、进入云原生阶段面临的一些挑战和实践等角度来分析，进而提出面向 6G 知识定义的网络资源部署技术以实现对现有部署技术的增强，弥补对应技术的短板，从而更好地满足支撑业务趋势所需要的网络需求。

| 参考文献 |

[1] 徐恒. 工信部: 我国 5G 基站数达 337.7 万个, 占移动基站总数的 29.1%[EB]. 2024.

[2] 赵亚军, 郁光辉, 徐汉青. 6G 移动通信网络: 愿景、挑战与关键技术[J]. 中国科学: 信息科学, 2019, 49(8): 963-987.

[3] 中国移动研究院. 2030+愿景与需求报告[EB]. 2019.

[4] 陈亮, 余少华. 6G 移动通信关键技术趋势初探(特邀)[J]. 光通信研究, 2019(5): 1-8, 51.

[5] ZHANG P, ZHANG J H, QI Q, et al. Ubiquitous-X: constructing the future 6G networks[J]. Scientia Sinica Informationis, 2020, 50(6): 913-930.

[6] 封薇薇. 2024 年视频在移动端流量占比将达 74%或更高, 将极大促进多媒体技术发展[EB]. 2019.

[7] 声网团队. 什么是视频带宽[EB]. 2022.

[8] ERICSSON. Imagine possible perspectives: how connectivity can change the world[R]. 2022.

[9] 中国移动研究院. 6G 全息通信业务发展趋势白皮书[R]. 2022.

[10] XU X W, PAN Y C, LWIN P P M Y, et al. 3D holographic display and its data transmission requirement[C]//Proceedings of the 2011 International Conference on Information Photonics and Optical Communications. Piscataway: IEEE Press, 2011: 1-4.

[11] OH K J, CHOO H G, KIM J. Analysis on digital holographic data representation and compression[C]//Proceedings of the 2016 Asia-Pacific Signal and Information Processing Association Annual Summit and Conference (APSIPA). Piscataway: IEEE Press, 2016: 1-4.

[12] FITZEK F H P, LI S C, SPEIDEL S, et al. Tactile Internet with human-in-the-loop: new frontiers of transdisciplinary research[M]. Amsterdam: Elsevier, 2021: 1-19.

[13] ITU-T. The tactile internet ITU-T technology watch report[R]. 2014.

[14] ITU-T. Additional use cases and key network requirements for Network 2030[R]. 2020.

[15] SUPPA C. MetaSwitch aims to rescue providers[J]. Network World Canada, 2001, 11(13): 20.

[16] 3GPP. Service requirements for cyber-physical control applications in vertical domains: TS 22.104[S]. 2019.

[17] CHIEN W C, LAI C F, HOSSAIN M S, et al. Heterogeneous space and terrestrial integrated networks for IoT: architecture and challenges[J]. IEEE Network, 2019, 33(1): 15-21.

[18] 中国移动通信有限公司研究院, 中国电信股份有限公司研究院, 中国联合网络通信有限公司研究院. 电信行业云原生白皮书[R]. 2020.

[19] AMOL P. Announcing private network solutions on Google distributed cloud edge[EB]. 2022.

[20] AWS. 5G 现已正式发布[EB]. 2022.

[21] AMMAR L, ASH K, SUNDEEP G, et al. Telco meets AWS cloud: deploying DISH's 5G network in AWS cloud[EB]. 2022.

[22] ALAN M, RODOLFO P, RYAN V W. Airship 2.0 white paper[EB]. 2020.

[23] Cloud iNfrastructure Telco Taskforce. CNTT reference architectures[EB]. 2022.

[24] IGNACIO L P, ADRIÁN G S, RICARDO M A. Design of service management and orchestration functionalities[EB]. 2022.

[25] BERTIN E, CRESPI N, MAGEDANZ T. Shaping future 6G networks: needs, impacts and technologies[M]. Piscataway: IEEE Press, 2022.

[26] CLARK D D, PARTRIDGE C, RAMMING J C, et al. A knowledge plane for the Internet[C]//Proceedings of the 2003 Conference on Applications, Technologies, Architectures, and Protocols for Computer Communications – SIGCOMM'03. New York: ACM Press, 2003: 3-10.

[27] MESTRES A, RODRIGUEZ-NATAL A, CANCER J, et al. Knowledge-defined networking[C]//Proceedings of 2017 ACM International Conference on the Applications, Technologies, Architectures, and Protocols for Computer Communication (2017 SIGCOMM). New York: ACM Press, 2017: 2-10.

[28] 朱近康. 知识+数据驱动学习: 未来网络智能的基础[J]. 中兴通讯技术, 2020, 26(4): 46-49.

第 8 章

典型应用案例

本章详细介绍了知识定义的意图网络在典型应用场景中的应用，从不同的网络类型、功能服务和资源形态来描述这些典型应用案例。首先，介绍了边缘计算网络、数据中心网络、光网络这 3 种不同类型的网络。对于每种网络类型，说明了其在典型应用场景中的应用案例。其次，讨论了内容分发网络资源智能调度、园区网络智能运维和智能基站节能这 3 类功能服务的应用。对于每一类功能服务，详细描述其在典型应用场景中的具体应用案例。最后，探讨了网络带宽、切片资源和网络路由这 3 种不同类型的资源形态在典型应用场景中的应用，阐述了这些资源形态在支持全场景按需服务方面所发挥的关键作用。

本章建立了基于流量感知技术、知识获取与表征技术、调度策略生成技术、调度策略验证技术的智能调度闭环。通过对一些典型的应用案例的分析，从不同网络类型、功能服务、资源形态等方面介绍了知识定义的资源智能优化调度的可能应用场景和技术方案。这些应用场景和技术方案包括以下几个方面。

① 边缘计算网络资源智能调度：通过对边缘计算网络资源的感知和分析，以及基于知识的调度策略生成，实现对边缘计算网络资源的智能优化调度。

② 数据中心网络智能运维：通过对数据中心网络资源的智能监测和运维，及时发现和解决问题，保证数据中心网络的高效运行。

③ 光网络资源智能调度：通过对光网络资源的感知和分析，以及智能调度策略的生成和验证，实现对光网络资源的智能优化调度。

④ 内容分发网络资源智能调度：通过对内容分发网络资源（如用户需求和网络状态）进行智能的资源调度，提高内容分发网络的性能和效率。

⑤ 园区网络智能运维：通过对园区网络的监测和管理，及时发现和解决网络问题，保障园区网络的正常运行。

⑥ 智能基站节能：通过对基站资源的智能管理和调度，实现基站的节能运行，提高能源利用效率。

⑦ 网络带宽智能调度：通过对网络带宽资源的智能调度，根据不同应用和用户的需求进行动态的带宽调度，提高网络的带宽利用率。

⑧ 切片资源智能调度：通过对网络切片资源的智能调度，根据不同切片的需求和网络状态进行资源的调度和优化，提高切片网络的性能和效率。

⑨ 网络路由智能调优：通过对网络路由的智能调优，根据网络拓扑、流量状况和服务质量要求等因素，生成智能的路由策略，优化网络的传输效率和性能。

|8.1　边缘计算网络资源智能调度|

8.1.1　场景描述

MEC 是一种在网络边缘提供云计算能力和 IT 服务环境的网络架构，其目标是减小时延、确保高效的网络运营和服务交付，并改善用户体验。MEC 的概念最早源于美国卡内基梅隆大学在 2009 年所研发的一个叫作 Cloudlet 的计算平台。这个平台将云服务器上的功能下放到边缘服务器，以减少带宽和时延，又被称为"朵云"。2014 年，欧洲电信标准组织（European Telecommunications Standards Institute，ETSI）正式定义了 MEC 的基本概念，并成立了 MEC 规范工作组，开始启动相关标准化工作，ETSI 指定的 MEC 框架如图 8-1 所示。2016 年，ETSI 把 MEC 的概念扩展为 Multi-access Edge Computing，意为"多接入边缘计算"，并将移动蜂窝网络中的边缘计算应用推广至类似 Wi-Fi 的其他无线接入方式。多接入技术有两层含义：从用户的角度看，用户可以通过不同接入网络统一接入 5G 的 MEC，接受网络的统一管理控制；从各行各业应用的角度看，MEC 作为统一业务平台，可以承接各种途径接入的应用。在 ETSI 的推动下，3GPP 及其他标准化组织也相继投入 MEC 的标准研究工作中，MEC 环境可实现超低时延和高带宽，以及提供可供应用程序实时使用的数据。

MEC 是以边缘网络+边缘计算资源为基础，提供连接、计算、能力、应用的积木式组合，就近为用户提供服务。因此，可以看出 MEC 具备以下 3 点优势[1]。

① 网络与业务协同，能够实现差异化定制、灵活路由，提供低时延、高带宽的智能连接。

② 提供以"连接+计算"为基础，以连接为切入点，计算、能力、应用灵活组合的全新服务，突破业务边界。

③ 通过云边能力协同，延展云服务边界，实现云服务质量改善，提供便捷的、无处不在的云服务。

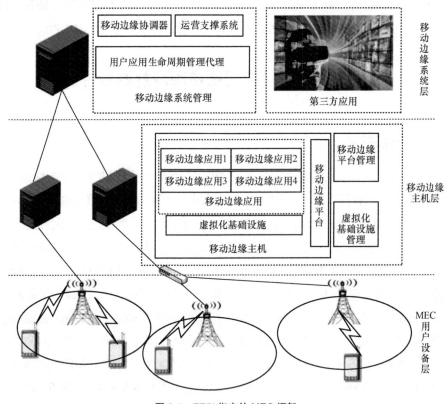

图 8-1　ETSI 指定的 MEC 框架

根据 ETSI 发布的标准，MEC 分为七大应用场景。ETSI 发布的 MEC 应用场景见表 8-1。

表 8-1　ETSI 发布的 MEC 应用场景

场景	特点	解决的问题
智能视频加速	大容量	网络拥塞
视频流分析	大容量	视频流分析
密集计算辅助	大连接	密集计算能力
AR/VR	低时延	信息处理精度和时效性

续表

场景	特点	解决的问题
车联网	低时延	分析和决策的时效性
IoT 网关	海量数据	数据本地处理与存储
企业网与运营商协同	企业网业务平台化	运营商网络与企业网络智能选择

除了各标准组织，目前业界也已开展针对 MEC 应用场景的相关研究和探索工作。华为核心网自动驾驶网络方案中给出的 MEC 场景[2]如图 8-2 所示。其中实现的具体功能如下。

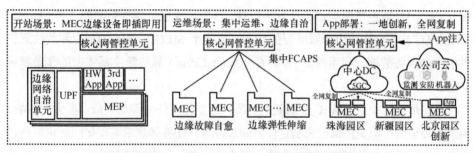

图 8-2　华为核心网自动驾驶网络方案中给出的 MEC 场景[2]

（1）MEC 边缘设备即插即用

网络连接自动建立，边缘网元自动纳管，站点业务配置、测试、上线全程自动化，实现设备即插即用，降低了安装部署成本，一次上站开通业务，令站点上线时长从周级缩短至天级[2]。

（2）集中运维、边缘自治

边缘站点由核心网管控单元进行集中管理，支持对所有 MEC 设备的全局监控，支持批量远程升级和策略下发，减少近端频繁上站带来的运维成本。同时，边缘站点自身支持自动弹性伸缩（可快速响应业务调整诉求），以及基于自定义策略的故障自愈（例如，边缘脱管时，部分故障可快速自愈）[2]。

（3）一地创新，全网复制

App 升级部署时，支持导航式快速部署，可由 App 提供商自主完成，大幅降低了操作人员的学习成本和技能要求。App 部署完成后，对相关应用软件、分流规则和策略等进行集中管理。App 可由人工指定一键式复制到其他站点，也支持基于自定义部署策略自动复制到其他站点，实现一地创新、全网复制[2]。

随着 MEC 的不断发展及其应用场景的不断增多，如何进行高效的任务卸载，以实现联合资源调度并使资源利用最优化，是一个不可避免的问题。针对 MEC 中多用户多服务器环境下存在的任务卸载与资源调度问题，已有专家学者开展了相关研究。文献[3]提出一个任务卸载和异构资源调度的联合优化模型，以寻求最优的任务卸载。文献[4]提出一个基于博弈论的分布式任务卸载方案，在优化能耗的同时使得用户间的博弈最终达到纳什均衡状态，但是该方案需要每个用户频繁地从 MEC 服务器获取通信资源和计算资源的信息，对移动设备造成很大的能耗负担。文献[5]将数字孪生与边缘计算相结合，其中边缘服务器的数字孪生体（Digital Twin，DT）负责估计边缘服务器的状态，而整个 MEC 系统的 DT 为卸载决策提供相应的训练数据，利用演员–评价者（Actor-Critic）算法解决系统中的移动卸载问题。

在多用户场景下，MEC 边缘侧的资源状态变化对任务卸载决策有很大的影响，因此需要根据资源变化情况来制定任务卸载策略。任务卸载策略优化问题可以通过找到最佳的计算资源调度策略来解决，但由于 MEC 边缘侧资源的状态空间为无限大，传统资源调度优化方法很难达到最优解。随着人工智能技术的发展，利用深度神经网络可以很好地拟合资源环境的变化，并学习强化学习策略做出的决策。因此，通过建立一个计算任务卸载和异构资源调度的联合优化模型，利用 DRL 的方法及神经网络的学习能力和泛化能力为用户提供更适合的通信资源和计算资源。

8.1.2　技术方案概述

通过 DRL 方法及神经网络等的学习能力，基于深度学习（Deep Learning，DL）的 MEC 资源优化算法考虑 MEC 框架中联合资源优化问题，联合考虑网络、缓存和计算资源的动态编排，实现 MEC 场景下资源的最优化调度。但是，由于目前网络边缘侧用户移动性较高，资源状态空间的变化性高，导致用基于 DL 等人工智能算法的训练难度增高。因此，考虑使用知识定义的意图网络的 MEC 场景资源调度方案，以优化算法的训练速度，使其能够更快速地生成相应的满足 MEC 场景需求的资源调度方案，实现资源的联合优化，最大限度地减少移动设备和 MEC 服务器的长期资源占用，实现资源调度的合理化及效益最大化。

具体的知识定义的意图网络的 MEC 场景资源调度过程如下。

① MEC 场景用户将自身的需求输入意图面中，通过意图解析模块识别出相应的不同 MEC 场景用户的意图，之后意图转译模块将多 MEC 场景用户的意图转换为相应的不同 MEC 场景用户的不同资源需求。

② 将不同的网络资源需求（如计算、存储、频谱等）发送至知识平面，由策略生成模块生成相应的 MEC 资源调度策略。在知识定义的意图网络的 MEC 场景资源调度方案中，可以通过与知识库交互，提高所使用的智能算法本身的训练速度，使其更快地达到收敛点，满足动态发展的服务质量要求。

③ 此外，在生成资源调度策略后，知识平面中的仿真验证平台将对其进行模拟验证，判断所生成的资源调度策略是否合理。若生成的资源调度策略无法满足 MEC 用户需求，则重新进行相应的策略生成，直至资源调度策略能够满足需求且能够达到相应的效用均衡，如总时延最低或传输功率最小等。同时，将用户移动性对边缘节点的影响及所引发的资源调度策略的变化存储至知识库中，用于指导之后的训练过程及资源调度策略。

④ 将经过验证的资源调度策略下发至具体的 MEC 网络设备中，即将资源按照所生成的策略调度给不同的用户，之后通过控制面收集信息发送至意图验证模块，判断该调度策略是否满足 MEC 网络中的多用户需求，以及是否能够实现流量均衡或卸载方式最优等目标。例如，若因用户移动而未能满足 MEC 用户需求，则重新进行算法训练，生成新的 MEC 资源智能调度方案。

8.2　数据中心网络智能运维

8.2.1　场景描述

当前，数据中心正从云计算时代走向智能时代。华为全球产业展望（Global Industry Vision，GIV）预测，到 2025 年，97% 的大企业将采用 AI 技术，人机协创无所不在，AI 技术成为企业数字化转型的下一站，利用 AI 技术助力决策、重塑商业模式与生态系统、重建用户体验的能力将是数字化转型计划取得成功的关键推动力。

随着软件定义网络（SDN）时代、云计算时代的到来，计算和存储资源池化，让企业的数字化转型变得更简单，但是让数据中心网络变得越来越复杂，运维面临人工排障难、状态感知难、故障定位难、业务恢复慢等巨大挑战。

① 网络规模和数据量越来越大。运维对象从物理设备延伸到虚拟机，网元管理规模增加了几十倍；而且由于实时性分析的要求，设备指标的收集粒度从分钟级提升到毫秒级，数据量增加了上万倍，故障分析难度持续加大。

② 网络复杂度高、业务转发路径多。网络为了提供高可靠和高带宽，往往被设计成负载分担方式来转发流量，此方法会使节点间流量通过哈希算法来选择路径，转发路径的可能性随网络节点数指数级增加，管理员无法确定某业务流量究竟通过网络中什么样的路径转发，而传统的定位手段时间长，且严重依赖运维人员的个人经验。

③ 单纯依靠人工经验分析无法快速实现故障定位和排除，影响业务快速恢复，成本高、时效性差，而且人工修复容易引起二次故障，导致额外投入成本和业务损失。

④ 当前网络运维主要是告警驱动，属于事后修复，难以实现预测性运维，不能掌控运维主动权，在业务可靠性要求苛刻的场景（例如金融等）中，被动运维加长了故障定位周期，平均故障定位时间为 76 min，不能保障业务连续性。

为解决以上问题，实现对网络的主动运维，提升网络服务质量，知识定义的意图网络技术实现智能化运维是一种重要解决方案。

8.2.2 技术方案概述

知识定义的数据中心网络智能运维包含数据平面、控制平面、知识平面、意图平面和用户平面。数据平面是数据中心网络基础设施，提供智能运维的原始数据；控制平面实现数据采集、配置下发；知识平面实现数据分析、策略生成；意图平面实现用于意图的转译和验证；用平户面实现用户需求输入、结果呈现。以上 5 个平面协同实现用户意图的实时闭环验证。其中，数据收集、数据分析、数据呈现是用户意图正确实现的关键。

（1）数据收集

控制平面向设备下发订阅消息，网络设备通过数据采集协议实时上传运行数据、配置数据、资源数据给知识平面进行分析。

（2）数据分析

数据分析实现对网络数据（设备、连接、协议、安全）和业务数据的分析，包括 3 个方面。

① 对网络数据进行网络健康度分析、评估，向用户平面提供健康分析数据，并将分析评估后的网络隐患上报用户，实现网络的主动运维。

② 对业务数据进行业务质差分析，识别出质差业务（业务未中断但主观感知体验差），上报给用户平面，对于有自愈需求的业务可同时实现业务路径自动切换，实现业务的主动故障感知、主动运维。

③ 对网络数据和业务数据进行关联分析，基于 AI 大数据及专家经验等，实现故障的智能诊断，生成故障诊断报告上报给用户平面。

（3）数据呈现

将接收的数据分析结果多维度展示给用户，并可通过北向接口供第三方调用数据分析结果。

基于以上架构，可实现网络健康度评估和故障快速诊断。网络健康度评估是对整个网络进行系统化的网络级的评估检测，帮助运维人员实时诊断网络质量，提升运维效率和业务体验。通过随流检测等多种网络质量检测技术，对业务故障，尤其是质差业务进行端到端逐跳检测，快速得到故障点。通过 AI 算法，也可对一些未知故障进行学习和故障推理，帮助运维人员深度探索造成未知故障的原因。

对网络健康度进行智能评估，并基于评估结果实现网络的自诊断、自分析已有较为成熟的实现案例，例如，华为的超融合数据中心网络智能运维方案，实现了网络与 IT 融合的全系统智能运维，以及运维系统与业务系统融合的全生命周期管控，利用大数据关联分析与机器学习技术为运维系统赋予人工智能，提供从故障预防到故障定位，再到故障闭环的智能保障能力。

| 8.3 光网络资源智能调度 |

8.3.1 场景描述

随着通信网络技术的应用发展，全国网络流量将呈现持续爆炸式增长的趋势[6]。同时，超高清视频传输、自动驾驶和工业互联等新兴业务的大量增加，在网络带宽、时延和可靠性等方面对承载网络提出了更高的差异化服务要求。传统网络模式形态难以满足日益增加的业务流量及其差异化的服务要求，迫切需要借助大数据、人工智能等技术推动光网络朝着智能化变革[7]。光网络朝着智能化迈进，对光网络的物理层、网络层和业务层 3 个层面分别提出了新的发展需求。

1. 物理层状态感知需求

随着通信技术的迅速发展，网络承载数据业务逐渐趋于多样化，例如，远程手术、自动驾驶等新型业务需要光网络提供超高可靠服务。光网络在信息传输过程中需要经过多个物理器件（如光纤、放大器、光复用/解复用器等），这些物理器件的制造工艺、生命周期及其工作环境具有较强的不确定性，导致经过这些物理器件的光路传输状态存在不确定性。此外，由于不同种类数据业务的动态变化，光网络资源配置需要不断进行重置调整，以保证网络的传输性能。然而，光路的频繁拆除和重建会严重加剧其传输状态的不确定性，严重影响网络传输可靠性，因此需要对光路物理层传输状态进行准确感知，从而实现网络资源和传输配置的优化选择，以保证网络传输可靠性[8]。

2. 网络层资源联动需求

传输网络的多样性和异构性体现在多种传输资源的共存，数据信息的传输需要经过无线设备、光传送设备、信息处理等多种设备组成的端到端传输链路，使得光、无线等多种异构网络相互交织，增加了网络的复杂性和异构性，从而导致网络资源配置与部署的难度加大。同时，业务流量的动态变化（如时空潮汐效应），使得不同地区、不同时间的带宽资源消耗存在较大差异，这一特性加剧了光网络资源配置的复杂性。仅通过单一的网络资源控制方式，依托网管控制和人工干预的控制方法，难以实现网络资源的高效灵活分配，尤其是在复杂环境下，网络容易陷入局部优化"陷阱"，严重影响网络整体性能优化。因此，需要建立更加智能的网络资源分配模式，实现光与无线网络资源的高效部署与跨域资源的联动[8]。

3. 业务层切片定制需求

随着超大连接、超高带宽、超低时延应用技术的发展，光网络需要承载的业务需求种类日益增加。不同应用场景下的业务对网络性能（如传输速率、时延、带宽、安全可靠性、隔离性等）的要求具有较大差异。为了高效地承载差异化业务需求，网络切片（Network Slicing，NS）技术通过在逻辑上相互隔离各个网络切片，使得每个网络切片可拥有自己独立的网络资源和管控方式，提供不同类型业务服务。随着通信网络应用规模不断升级优化，不同的应用网络服务模式、可用带宽、传输速率、安全可靠性等差异逐渐增加，对网络切片技术的要求增加，因此需要根据多样化业务的严苛要求，通过将基础设施网络切分成面向不同业务类型，定制得到隔离度不同的多个网络切片来实现网络差异化服务[8]。

8.3.2　技术方案概述

基于知识的智能光网络系统如图 8-3 所示，其包含 4 个平面，即数据平面、控制平面、知识平面和用户平面。其中，数据平面包括用户终端、无线传输网络、光传输网络和边缘/核心计算网络；控制平面包含网络数据采集模块及网络资源控制器；知识平面包含 AI 模型库、业务/网络数据库和智能算法/模型，AI 模型库包括经典的机器学习模型，业务/网络数据库存储业务速率信息和网络资源信息，用于智能算法/模型中物理信道、网络优化等模型的训练与性能评估；用户平面包括结果呈现和需求输入。

通过知识定义的智能光网络系统可实现物理层状态可感知、网络层资源可联动和业务层切片可定制。物理层状态可感知是指上层的控制层和网络决策层可以感知底层物理层设备和资源的使用情况，用于做出相应分析和决策；网络层资源可联动是指通过对网络中光域、无线域和电域等多维资源进行联合建模及协同调度，打破多种网络资源因物理属性不同而造成分域自治的限制；业务层切片可定制是指在同一物理设施的基础上，通过软隔离/硬隔离的方式切分得到多个虚拟网络，进而实现对多种差异化业务的高效承载。

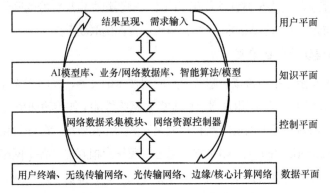

图 8-3　基于知识的智能光网络系统

1. 物理层状态智能感知技术

物理层状态智能感知技术作为实现智能传输网络的硬件基础，通过对物理层参数数据的智能分析实现对光链路和网络性能的评估，从而影响网络智能决策。以光路传输质量（Quality of Transmission，QoT）预测为例，对物理层状态的感知技术进行研究。光路 QoT 作为物理层传输状态的综合表征指标之一，其预测感知方法研究得到了广泛的关注。传统的分布傅里叶法[9]的 QoT 预测方案是基于光信号在光纤中的传输理论进行数理建模，从而进行光路 QoT 预测，精度较低，难以用于光物理层状态的在线感知和预测。ML 可以通过大量样本数据自动学习拟合样本间的非线性关系，且训练完成后可快速计算，因此，以数理模型为指导，基于 ML 的 QoT 预测方案可以弥补数理模型的缺陷。

2. 网络层资源智能联动技术

网络层资源智能联动技术主要通过控制层对跨域网络资源的协同控制，实现网络层异构资源的统一调度，从而实现光与无线等多种融合异构网络资源优化配置。以华为 5G 承载解决方案 X-Haul 为例，对光电跨层网络资源的联动技术进行研究。X-Haul 被认为是未来 5G 网络通用的、灵活的异构传输网络解决方案，将前传、中传和回传及其所有的光与无线技术整合到一个基于分组的通用传输网络中。X-Haul 采用双层网络架构，即跨层网络架构，如图 8-4 所示，包含 IP 层和光层，其中 IP 层节点装配了路由器/交换机等网络设备，负责细粒度业务流的汇聚；光层包含光纤、光模块、可重构光分插复用器（Reconfigurable Optical Add/Drop Multiplexer，ROADM）等光层设备，负责为业务提供大容量"刚性"的传输通道。X-Haul 作为承载网组网方案，其业务具有高动态性的特点。业务流量在其生命周期内随时间不断变化，不同业务连接建立（因服务开始进入网络）和连接拆除（因服务结束离开网络）的时间具有随机性，业务的到达和离开具有较大的不确定性。基于"IP+光"双层网络架构的复杂特性及业务的高动态性，如何实现资源高效的跨层网络路由配置成为 X-Haul 中面临的一项重要问题。

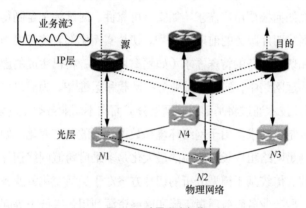

图 8-4　跨层网络架构

　　光电跨层网络中的路由设计是一个典型的光网络资源的联动问题，需要联合决策业务路由波长分配及节点间光路的建立与拆除。同时，由于网络接入业务流量通常表现为"时空潮汐效应"，即不同地区、不同时间的带宽资源消耗存在较大的差异，这一特性加剧了光网络资源联动的复杂性。在保障接入业务高质量承载的前提下，传统网络场景中算法对时间维度变化业务的感知能力不足，且跨层路由采用固定策略决策模型，导致网络波长资源使用利用率低下。采用 DRL 等智能化方法成为网络层资源智能联动的核心技术。这类"黑箱"方法在理论特性分析上往往存在困难；然而，因其高度依赖高质量大数据，随着网络规模的进一步扩大，规划问题的解空间面临维度灾难问题，为路由决策效率带来了严峻挑战。基于知识的智能光网络系统通过建立跨层网络智能路由，实现了光与无线网络层资源的可联动功能，有效提高了网络资源使用率。研究结果表明，随着网络数据业务的大量增加，网络建设和运维成本得到有效降低。

3．业务层切片智能定制技术

业务层切片智能定制技术基于数据与模型协同的思想，通过智能决策层对业务/网络数据进行建模，找到网络切片资源的最佳配置方式，从而对网络性能进行优化配置。不同应用场景下的业务对网络性能的要求差异明显，比如传输速率、时延、带宽、安全可靠性、隔离性等要求都不一致。为了高效地承载差异化业务需求，需要通过网络切片技术为业务提供差异化的网络服务。现有网络切片定制化研究主要分为切片定制化生成、切片实例化部署及切片动态调整和删除 3 个部分。切片定制化生成主要研究如何根据用户需求（如安全可靠性、时延等）定制得到虚拟切片网络拓扑，完成网络切片服务的前期准备[10]。切片实例化部署将考虑当前时刻下物理网络资源状态和切片业务的特殊需求（如隔离性等），将已生成的虚拟切片网络拓扑结构部署到物理网络中，实现切片业务的承载和运维[11]。为满足多样化业务的严苛要求，网络切片技术通过将基础设施网络分成面向不同业务类型的多个逻辑网络，来满足租户的定制化需求。由于网络环境和数据业务的动态变化，如何在保证服务质量的同时，满足网络租户长期收益的最大化是多维度跨域网络切片资源的端到端管理面临的挑战。传统基于模型分析的切片方案对于灵活变化的业务和网络状态的适配能力不足，导致业务服务质量下降和网络资源利用效率低下等问题。因此，如何实现切片资源定制化是实现网络自动化与高效服务的关键问题。

| 8.4　内容分发网络资源智能调度 |

8.4.1　场景描述

目前，内容分发网络（Content Delivery Network，CDN）业务主要通过传统的数据网管系统进行设备纳管和告警监控。利用互联网探针拨测，收集业务下载速率、首包时延、成功率等指标来监测和评估 CDN 业务质量。然而，这种方式存在一些问题，包括 CDN 业务全流程运营时效性差、准确率低、协同性不足[12]等。为了解决 CDN 运营的困扰，需要构建基于知识的 CDN 业务质量检测系统，快速找出告警的根本原因，准确地定位问题，并提高工作效率。该系统应当具备以下特点。

（1）质量大数据采集入库能力

系统全面采集 CDN 业务日志、服务器性能、路由器/交换机属性、网络链路数据等四大模块质量数据，为构建 CDN 全景质量运营画像提供全方位的数据支持。

（2）海量数据实时关联压缩能力

以 CDN 业务日志为例，每天的日志量可达 TB 级，实时计算和关联分析的存储压力非常大。随着指标采集粒度和维度的不同，检测和分析的高复杂度对计算能力提出了极高的要求。

（3）端到端异常检测能力

由于 CDN 业务具有多样性和动态性特点，对异常检测的准确度要求较高。需要通过积累的样本数据进行反复训练，才能获得良好的异常检测性能，以满足业务快速检测异常的需求。

（4）告警智能根因分析能力

CDN 业务需要快速定位导致业务质量差的原因，解决传统的根因分析方式中各专业运维专家协同核查处置效率低、时间成本高的问题。

8.4.2　技术方案概述

在 CDN 智能运维中引入人工智能技术，将大幅提升运维的智能化水平和有效性，CDN 智能调度决策系统如图 8-5 所示。其中，基于人工智能的 CDN 智能调度是至关重要的，以中兴通讯推出的智能 CDN 调度方案为例，该方案支持基于 CDN 指标体系的告警、监测、报表、智能调度、访问日志记录等功能，以满足 CDN 智能运维的需求。

CDN 智能调度决策系统由调度决策支撑系统和服务系统两个功能模块组成，可适用于互联网电视（IPTV）CDN、OTT CDN、企业对企业（B2B）CDN 等多种业务场景，以满足 5G 时代运营商视频业务融合与开放的价值诉求。调度决策支撑系统提供 CDN 智能调度决策能力，并通过服务系统来执行策略。

① 基于调度决策支撑系统平台，实现地市内和地市间的负载均衡。

② 通过 SLA 调度保证用户服务质量，通过 QoS 调度快速恢复用户服务质量。

③ 通过内容热度分析，实现点播热点内容的精准下沉。

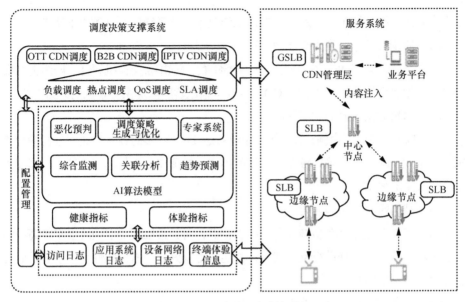

图 8-5　CDN 智能调度决策系统

调度决策支撑系统借助人工智能预测技术实现智能调度，通过提前预测网络的拥塞点和节点负荷情况，将用户精准调度到最优的服务节点，平衡各节点的负荷，实现整个网络的智能调度，从而节省传输成本，提高能效。一些实践证明，应用了 CDN 智能调度决策系统后，整体 CDN 资源利用率提升了 50% 以上，系统可用性提升了 20% 以上。

| 8.5　园区网络智能运维 |

8.5.1　场景描述

园区与园区网络如图 8-6 所示，园区作为城市的基本单元，是人口和产业聚集的核心区域。为提高生产和办公效率，各行各业纷纷引入信息化技术，并构建智慧园区应用，例如，自动导引车（Automated Guided Vehicle，AGV），借助一些开放行业应用平台软件开发工具包（Software Development Kit，SDK）和应用程序接口（API），通过园区网络实现对园区内人、事、物的全面高效管理。园区网络包括本地网络和园区间、园区与云之间的互联网络，为园区业务提供可靠的连接和高速数据传输。

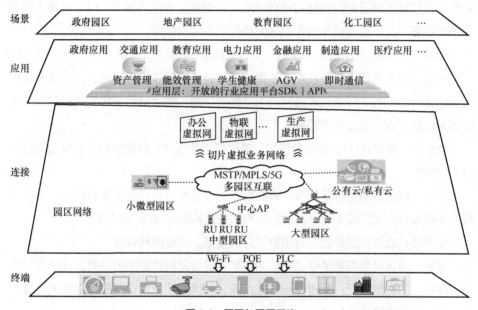

图 8-6　园区与园区网络

园区网络作为企业数字化转型的基石，面临着一系列挑战，随着移动办公、云计算、SDN、物联网、人工智能和大数据等概念的不断升温，新技术、新应用不断涌现。这些应用和业务的引入使得传统园区网络面临着以下挑战。

① 规划部署效率低，影响业务开通速度：网络的规划、部署、配置和优化等工作都需要现场专业 IT 人员逐步完成，导致效率较低。

② 网络优化困难，效果不尽如人意：实时无线调优可能中断业务，凌晨定时调优因信息缺失而效果不佳。

③ 故障运维管理复杂，运营成本居高不下：专业隔离和人工化的运维模式导致运维效率低下，人力成本居高不下，运营成本高昂。

关键场景：基于意图的园区网络需要实现网络规划、建设、维护、优化各阶段的全生命周期自动化。

场景一：网络及业务即插即通。通过业务场景意图化，实现网络拓扑及基础配置的自动编排和自动下发。

需求：园区网络多种多样，可以根据不同行业和业务进行意图化封装和实现，最终实现根据不同场景的网络拓扑自动规划、业务配置自动编排，以及设备上线后的自动部署下发，从而极大简化园区网络规划和建设过程。

场景二：园区无线网络自动调优。通过大数据分析历史干扰数据，实现自动调优。

需求：园区无线网络存在众多干扰。通过后台持续收集干扰信息，形成干扰的大数据源，结合人工智能技术进行未来干扰的预测，然后自动编排和执行最优的无线射频调整方案，全过程不需要人工介入。

场景三：海量告警/故障自动识别。通过聚类和压缩，形成少量、有效的关键告警/故障信息。

需求：园区网络的告警繁多，需要根据业务场景进行自动聚类和压缩，并呈现最为关键和有效的高级信息，及时向管理员发送网络/设备异常通知。

场景四：故障根因分析。自动触发应急预案，实现网络自愈。

需求：园区网络需要能够实时感知终端、设备及网络发生的故障，并结合专家经验库和人工智能分析，及时得出故障根因，从而主动触发该类故障根因的应急处理预案，对网络进行修复处理。

8.5.2　技术方案概述

园区网络作为可单独闭环的网络管理域，面向智慧园区提供网络资源和自动化能力。园区网络领域引入意图驱动式交互，自助、自足、自保障的运营能力，可逐步降低园区网络运维管理过程中人的参与程度，提升系统的自动化、智能化水平。

知识定义的意图网络技术方案，为园区网络装上洞悉商业意图的智能引擎。以用户业务意图和网络知识为驱动，基于极简、智能、最优的理念，构建以用户体验为中心的网络，加速企业业务创新，使企业商业价值最大化，助力企业全面实现数字化未来。园区网络知识定义的意图网络架构如图 8-7 所示，架构主要由 3 个部分组成。

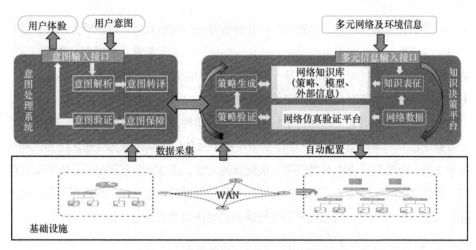

图 8-7　园区网络知识定义的意图网络架构

基础设施：接入、核心、汇聚交换机组成园区内核心的骨干网络，Wi-Fi 6 AP 提供室内、室外高覆盖的无线接入能力，下一代防火墙和出口网关提供全面的安全防护及便捷的园区互联能力。针对各层级设备，通过支持高性能 NetConf 配置功能、遥测主动上报功能，以及内嵌 AI 芯片，逐步在园区网络基础设施层构建网元级的 AI 能力，为园区网络自动驾驶目标打下坚实的基础。

意图处理系统：通过意图解析、意图转译、意图验证、意图保障四大核心构成完整的意图闭环，将园区用户的意图精确转译并传递到园区网络知识决策平台，同时，需要对园区网络知识决策平台下发的策略的运行结果进行验证，确保用户的意图已经得到满足。意图解析和意图转译需要保证用户意图表达的完整性和可实现性，同时要解决由于用户疏忽或者其他原因带来的意图冲突。一部分冲突可以反馈给自动化修复模块，由系统智能协调并自动给出和解方案；多数情况下，意图或配置冲突需要反馈给用户，由用户明确修改原始意图缓和或解决冲突。意图保障将实时验证用户意图是否得到了满足，以及通过园区网络知识决策平台分析诊断，并自动修复与用户意图偏离相关的故障。

知识决策平台：接收园区网络智能管控单元上报的各种网络状态数据，并协同环境、用户等多维度网络数据，完成数据处理与模型训练，将训练所得的网络知识存入网络知识库。增强的 AI 处理能力可采用 SaaS 化的云端 AI，基于不同垂直行业的网络状态数据进行数据训练，得到具备行业普适特征的网络知识。以意图为核心，针对不同业务场景对网络诉求进行抽象，结合网络知识库的智能算法和模型，实现园区网络运维的最优方案推荐。同时，基于数字孪生技术构建园区网络的虚拟网络孪生体，可作为网络仿真验证平台，助力完成支持决策平台内优化策略的闭环验证。

数据采集和自动配置模块是系统的关键连接组件。数据采集模块通过遥测技术采集海量设备的网络数据，为园区网络知识决策平台和园区网络意图处理系统提供基础数据支撑。自动配置模块负责整体网络配置的发放，通过网元配置模型、网络配置模型、业务模型的逐层抽象，实现业务与具体网元配置的分层解耦，提供可编程、可扩展的自动化配置能力，从而提升系统整体的自动化能力及业务处理的实时性。

| 8.6 智能基站节能 |

8.6.1 场景描述

我国的三大运营商每年需要耗费巨额资金用于能耗支出，其中基站能耗占网络总能耗的 60% 以上，其成本占网络运营成本的 12% 以上。尤其在 5G 时代，其能耗是 4G 的 3～4 倍，平均每日耗电量可达 50～70 kW·h。昂贵的能耗成本成为限制 5G 快速发展的重要因素，因此如何降低 5G 能耗、打造绿色 5G 网络、更好地服务数字经济的发展成为全球运营商的关注焦点，5G 设备功率见表 8-2。

表 8-2　5G 设备功率

类别	RRU/AAU 功率/W	BBU 功率/W
4G	200～300	100～200
5G	500～1 000	200～300

对基站能耗进行分析，射频设备能耗占基站能耗的 80%，而功放则占射频设备能耗的 75% 以上，因此功放占基站能耗的 60% 以上。为应对这一挑战，智能基站节能采用人工智能算法设定节能策略，并下发给基站执行。4 种节能方式及对应的典型场景如图 8-8 所示，节能方式包括符号关断、通道关断、载波关断和深度休眠。

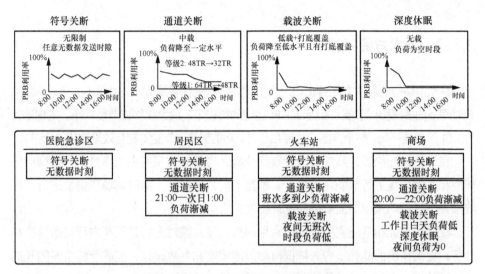

图 8-8　4 种节能方式及对应的典型场景

① 符号关断：当无数据发送或有少量数据发送时，启动时隙调度，瞬时关闭功放。

② 通道关断：当负荷降至一定水平时，可以关闭部分通道。

③ 载波关断：在有基础网络覆盖层时，当处于低话务时可以关闭容量层载波。

④ 深度休眠：在网络几乎无负荷时，基站进入深度休眠状态，最大限度降低能耗。这一策略通常用于 5G 初期无负荷小区、低负荷容量层和室内皮基站（PicoRRU，pRRU）夜间低负荷部分关断。

传统基站节能通常由人工定义关断时间段，节能时间段固定且无法制定差异化的策略。然而，为避免对网络关键绩效指标（KPI）产生影响，运维人员往往不敢开启节能模式，即使启用，策略也较为保守，通常只选择小范围基站和相对较短的时间段，导致实际节能效果有限。

智能基站节能采用基站实时上报的数据，通过内嵌轻量化人工智能引擎的节能系统生成智能节能策略，由网管下发给基站执行。相比传统基站节能，智能基站节能具备以下优势：可对小区话务负荷进行预测，及时调整节能关断策略；根据不同场景生成差异化的门限；同时保障用户体验，实时监控运营商 KPI，一旦发现 KPI 异常立即启动节能策略回退。

8.6.2　技术方案概述

移动网络节能解决方案旨在利用人工智能技术实现智能节能，满足不同场景、站点和时间下的多网协同节能。在保证 KPI 稳定的前提下，最大化网络节能效果，实现能耗与 KPI 的最佳平衡。整个方案分为评估设计、功能验证、节能实施及效果调优 4 个阶段。

在评估设计阶段，系统通过大数据分析，自动整理现网主流场景，并根据业务模型和基站配置进行节能场景分析。根据不同特性组合、网络环境和场景进行节能效果评估，自动预估节能效果并设计相应的方案。

在功能验证和节能实施阶段，利用网络管理系统对全场景能耗进行自动监控和分析，提供精确的能耗报告。依据自动节能策略和参数设计，完成节能功能的开通和效果验证。实现一站式策略制定，快速高效启动全网节能。

在效果调优阶段，基于全场景话务模型、节能效果和 KPI 趋势的大数据分析，系统采用人工智能算法自动调整节能门限参数、监控指标和能耗，实现节能效果与 KPI 的最佳平衡。

在整个过程中，有 3 项关键技术发挥重要作用，分别为小区共覆盖学习、自动化多模节能策略协同及 AI 载波关断门限寻优。

（1）小区共覆盖学习

智能节能系统采用共覆盖学习算法，针对容量小区用户，统计终端对异频的支持率并主动发起异频测量。通过周期性刷新学习结果，系统自动建立站内和站间的频段共覆盖关系，提高节能的生效场景占比约为 20%。

（2）自动化多模节能策略协同

智能节能系统实现多制式多频段的协同关断、频段内跨制式协同关断及频段间多载波关断。同时，实现小区级自动化节能参数差异配置，无须人工参与。该技术可提升多模站点的节能效果超过 5%。

（3）AI 载波关断门限寻优

采用 AI 载波关断门限寻优技术，系统可以自动识别各种不同场景，制定匹配的节能策略。寻找负载门限与性能拐点，实现最大化节能效果。

智能基站节能方案采用人工智能技术，对大量小区的历史数据进行多维度分析，包括时间、负荷信息、邻区关系及外部因素（如天气和特定事件）等。借助 AI 建模，对小区/小区簇/区域进行预测，准确预测未来一段时间的负荷情况。结合不同的节能功能（如载波关断、通道关断、符号关断等），确定最佳的节能时间段，以实现节能目标。

在预测建模中，还需要监测网络的 KPI，并根据 KPI 的变化情况对预测模型进行反馈，进一步优化预测模型，达到节能和系统性能的最优点。AI 的精确预测能力使得网络在低负荷时可以预判可实施的节能功能，同时预估节能效果，从而提高节能时间段的节能效率。通过 AI 方法精准预测节能有效时间段，避免不合理的节能配置对性能 KPI 的影响。对于重点保障场景，可以通过预设白名单，在这些场景下不实施节能功能，以避免节能对场景的影响。

智能基站节能方案不仅在节电方面取得显著效果，还在以下方面具有应用前景。

① 基于 AI 的迭代学习功能，兼顾网络安全与节能效果：系统可以自动学习和调整节能优化参数，提升节能效率。根据业务繁忙程度自动判断是否进入节能模式，秒级自动唤醒可保证用户感知不受影响。KPI 自动监控，超过门限后可自动回退节能策略。

② 提升运维效率，减少运维人员投入：AI 在线节能自动分析现网数据，输出节能策略，避免了人工手动分析可关断站点。自动下发节能脚本，无须人为干预，减少了操作次数。KPI 自动监控降低运维投入。

③ 节能前后 KPI 平稳：AI 节能方案通过分析生成节能策略，最大限度地保障 KPI 稳定，避免对 KPI 和用户感知产生影响。相比传统节能方式，AI 节能更能保持 KPI 的平稳性。

| 8.7 网络带宽智能调度 |

8.7.1 场景描述

随着网络通信技术的迅速进步，网络承载的应用和业务不断增加。特别是随着

5G 网络的推广及应用，一系列新型网络业务涌现，如增强现实和远程医疗等。物联网技术的发展使得网络通信模式从以往的"人与人"转变为多种类型的通信模式，包括"人与人""人与物""物与物"。因此，连接到网络的设备数量呈几何级增长，对各类网络资源的需求也急剧增加。此外，5G 网络的三大应用场景，即超可靠 URLLC、eMBB 和 mMTC，对网络提出了不同的资源需求。传统的统一资源调度方案已无法满足不同应用场景下不同的网络用户需求。

不同类型的应用具有各自不同的业务需求。国际电信联盟（ITU）总结了如图 8-9 所示的 5G 的关键性能指标。从图 8-9 中可以看出，大多数网络性能指标已有了数量级的提升，因此对网络质量的要求也显著提高。如果继续采用现有的资源调度方案，而不改变网络基础设施，将无法满足相应的性能需求。另一方面，如果仅依靠扩展网络基础设施来满足业务需求，将导致网络基础设施无序扩张，致使整体网络资源利用率低下。因此，需要在现有网络基础设施保持不变或有序扩容的基础上，通过合理的网络资源调度方案来满足不断增长的业务需求。

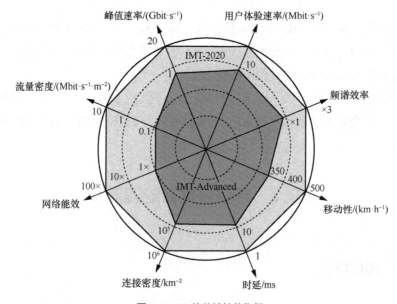

图 8-9　5G 的关键性能指标

在不同的网络资源调度方法中，带宽资源的调度是一种非常重要的方法。带宽调度的目的是在有限的带宽内尽可能多地保证实时业务的传输，以避免业务量过大或突发业务等现象导致的网络拥塞。可以基于合理有效的拥塞控制算法为网络找到合适的带宽调度方法。除了基于拥塞控制，还有基于队列调度、基于业务效用及基于机器学习等的带宽调度相关方法和算法，带宽调度方法分类如图 8-10 所示。

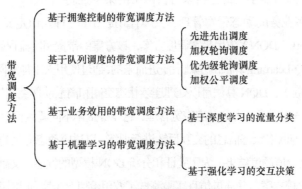

图 8-10　带宽调度方法分类

一个理想的带宽调度算法应满足以下 3 个条件：首先，网络的利用率应最大化，即利用所有可用的网络容量为整个传输实体有效调度带宽；其次，多个传输实体在带宽竞争中应公平竞争，不能在增加一个数据流带宽的前提下损害其他数据流的带宽；最后，在满足上述两个条件的前提下，算法应能够快速收敛。由于网络业务需求是动态变化的，一个良好的拥塞控制算法应能够快速生成公平而有效的带宽调度策略。如果收敛速度太慢，算法无法适应网络需求的变化，也就无法生成有效的带宽调度方案。

相对较为成熟的带宽调度算法之一是最大最小公平（Max-Min Fairness）算法，这是一种理想且公平的带宽调度算法。Max-Min Fairness 算法首先考察网络中的所有流，在迭代过程中，各个链路将容量平均调度给所有流经的流。然后，每条流的速度等于其所经过的最小链路调度的带宽。接着，每条链路的剩余带宽等于该链路的容量减去所有流经的流的速度之和。然后，将链路的剩余带宽作为容量进行上述迭代，直到所有流所获得的带宽都小于一个门限时，算法结束，带宽调度完成。然而，该算法的收敛速度相对较慢，无法适应当前网络发展引起的网络需求快速变化的情况。

8.7.2　技术方案概述

静态和动态带宽调度方案是根据带宽调度是否随网络需求变化而定的。为了满足不断发展的网络需求和差异化的服务质量需求，动态带宽调度被认为更适用于当前的多业务场景。为了实现动态带宽管理，可以使用知识定义的网络模型，并结合 SDN 和人工智能/机器学习的分析来进行网络的集中控制。

为了实现多业务的动态带宽管理，文献[13]提出了一种知识定义的深度 Q 网络（Deep-Q Network，DQN）效用带宽调度方案，该方案的带宽调度流程如图 8-11 所示。DQN 算法是在 Q-Learning 算法的基础上演进而来的，通过使用人工神经网络代替 Q-Tabel（即动作价值函数），DQN 算法可以处理连续状态空间和离散动作空间的问题。

DQN 算法适用于多业务的动态带宽管理，它能够量化不同调度目标的效用价值，并通过 DQN 模型与网络状态信息的交互反馈进行训练，以适应动态变化的带宽需求，并获得最大化的效用价值调度结果。为了验证和分析 DQN 模型的性能，文献[13]设计了多业务效用公平的比较方案，并通过仿真实验测试了效用价值、带宽利用率和性能方面的结果。实验结果表明，该方案可以实现最大的调度带宽效用，适应带宽需求的动态变化，并提高链路带宽利用率，从而在网络效用和性能方面具有优势。

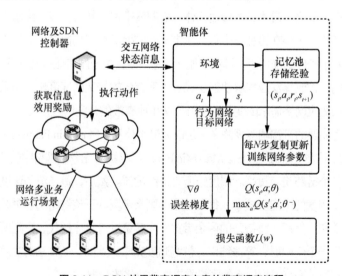

图 8-11　DQN 效用带宽调度方案的带宽调度流程

基于上述 DQN 效用带宽调度方案与知识定义的意图网络架构，具体的知识定义的意图网络的 DQN 效用带宽调度方案流程如下。

① 网络应用层中的不同业务将自身的需求输入意图平面中。通过意图解析模块，业务意图被识别并转换成对网络带宽资源的需求。

② 将网络带宽资源需求发送至知识平面。策略生成模块利用知识平面的信息（包括策略、模型和外部信息等）生成相应的带宽资源调度策略。这使得带宽调度算法能够更准确、更快速地生成策略，提高带宽调度算法的准确性和收敛速度。

③ 生成的带宽资源调度策略由知识平面中的仿真验证平台进行模拟验证，以确认其合理性和正确性。如果存在问题，策略生成模块会进行调整，直至策略无误。同时，网络状态的变化和相应带宽调度方案的变化将被存储至知识库中，用于指导后续的训练过程。

④ 经过验证的策略被下发至物理网络中，即按照生成的方案将带宽资源调度给不同的网络业务。控制平面收集信息并发送至意图验证模块，以判断该调度方案是否满足网络中多业务的需求。如果未能满足需求，将重新进行算法训练，生成新的 DQN 效用带宽调度方案。

|8.8　切片资源智能调度|

8.8.1　场景描述

在 6G 网络的发展中，人们可以预见新的智能终端将被广泛普及，垂直行业市场的新应用也会迎来爆发式增长。移动网络运营商需要处理更加复杂的场景，并为网络用户提供多样化的服务。此外，随着网络从 5G 发展到 6G，用户对网络的需求也会更加多样化，网络需要提供定制化的服务。未来应用场景对网络的需求[14]如图 8-12 所示，在这些需求中，实时性的要求提高使得定制化决策也需要更加贴近实时决策。

为降低运维成本，切片架构通过共享网络资源为不同的租户提供服务，因此，未来的 6G 时代该架构将仍被保持使用。网络切片租户通过向移动网络运营商和/或

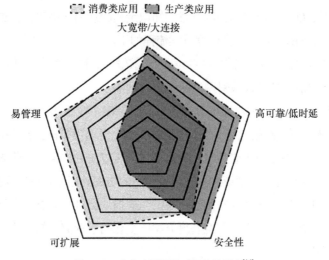

图 8-12　未来应用场景对网络的需求[14]

基础设施网络供应商租用物理资源来支持其多样化的服务。未来，为了进一步降低成本并创造更多收入机会，租户有理由和动机将不同基础设施网络供应商提供的资源联合起来，以提升其产品的吸引力，并吸引更多用户[15]。

　　因此，在满足多租户在动态环境下对严格和多样化服务的需求的同时，有效地管理多个基础设施网络供应商的多维资源将成为一个巨大挑战。根据不同租户的偏好，为他们创建定制化的切片，从而实现灵活性和适应性更强的资源管理[16]。此外，允许租户定制每个切片的资源调度，可以动态地适应用户移动性、时变信道条件等引起的网络环境变化。然而，支持更多的 6G 创新业务和满足日益多样化的用户需求也给定制化切片带来了巨大的挑战，尤其是在端到端切片管理和多维资源协调方面。

　　为了提高服务质量和增加收入，实现网络基础设施的有效共享成为当前研究领域的热点问题[17]。目前，专家学者们提出通过建立高效的网络共享方案，为可能存在资源需求冲突的多个租户分配物理资源池的不同部分资源。

　　通过复用知识经验可以提高学习效率并增强深度神经网络（Deep Neural Network，DNN）的稳定性，因此基于 Q 网络的 DRL 也将优于传统的强化学习（RL）。

　　在 Q-Learning 算法中，不再使用 Q 表来存储 Q 值，而是使用深度卷积网络来解决由相关性引起的不稳定性。使用经验复用存储器对数据进行随机处理，从而提高效率，并打破样本之间的强关联性。因此，DNN 能够提高 Q-Learning 算法的收敛性，使深度 Q 学习（DQL）算法能够解决具有高维状态动作空间的问题。

8.8.2　技术方案概述

考虑切片流量负载的变化可能会降低体验质量（QoE），传统的集中式管理方法在性能方面存在问题，并限制了租户的自主性。为解决这个问题，5G 多域切片的管理和编排架构（Management and Orchestration Architecture，MANO）引入了一种基于人工智能的分层资源管理框架，以提升 6G 场景下定制切片的智能性，尤其是在多个基础设施网络供应商和多租户的情况下。

为了满足不断发展的服务质量要求，并支持精细化的网络决策优化，该框架引入了全局资源管理器（Global Resource Management，GRM），用于处理不同租户之间的资源差异请求、多个本地资源管理器（Local Resource Management，LRM）及单个租户的资源需求变化。通过在系统中部署 GRM 和 LRM，实现了切片的两层定制。首先，根据不同切片的性能要求，为每个租户调度资源，然后根据实时需求变化对每个切片的资源调度进行优化和调整。此外，在全局资源调度和局部切片资源调整过程中，可以采用不同的基于人工智能的算法。

在收到来自多个租户的实时切片请求后，部署在功能层的 GRM 会使用机器学习模型进行准入控制。网络业务提供商（Network Service Provider，NSP）需要在满足需求的资源消耗和收入之间进行权衡。为了最大化 NSP 的长期收入，多维资源被调度给租户。在 GRM 中执行基于 DRL 的资源调度时，状态被定义为已接收的来自不同租户的请求数量，每个 DRL 智能体可以选择接受或拒绝新收到的切片请求，奖励与切片收益率相关。随着 GRM 中 DRL 算法的输出，新的切片配置策略被部署，同时切片的状态被定期记录。

根据网络状态的感知，系统可以捕获当前的服务质量，并与目标质量要求进行比较。当前的服务质量指数反映了实际服务质量值与目标服务质量值之间的差距。目标服务质量值是由租户需求定义的，它们是对服务质量的期望，具体体现在基础设施网络供应商可提供的资源数量上。因此，它们是预先设定的值，并作为输入来优化切片资源调度问题。当前的服务质量指数作为切片级的反馈信息，用于改进 ML 模型的性能，并根据可能发生的需求变化来更新模型。当切片需求发生变化（如资源需求突然增加）时，通过 ML 模型动态调整资源以维持被调整切片的服务质量。

部署在服务编排器中的 LRM 执行基于 DRL 的切片资源调整。算法的状态值与当前的服务质量指数相关，其行为决策指示是否需要进行切片资源调整。奖励值被定义为通过资源调整获得的收入与资源消耗成本和运营成本之差。收入与用户为保证服务质量所支付的金额有关，也取决于切片类型。资源消耗成本代表提供更多资源所需的成本，如处理额外到达的流量所需的额外资源。运营成本包括重新配置的成本，以及重新调度资源和在物理服务器之间迁移 VNF 模块所导致的服务中断成本。以上方案中使用的 DQL 可以被其他更先进的基于 DQL 的算法代替，以实现更好的性能。

通过部署 GRM 和 LRM，上述框架实现了面向多租户的智能资源管理，最终优化了切片服务提供商的长期收入，并实现了精细化的资源定制，同时保持了不同租户的服务质量。此外，通过 ML 算法，资源管理框架能够适应资源需求的变化并学习最佳策略。

在基于人工智能的资源管理框架的学习阶段，机器学习方法的收敛时间较长，这削弱了其实用性。为了进一步提高算法效率，更有效地满足动态发展的服务质量需求，可以通过使用知识库来缩短 ML 算法的训练时间，提高学习效率。面对日益多样化的用户需求，如何实现快速准确的预测，以及如何将需求变化趋势与网络切片中的资源调度方式快速准确地对应起来，是人们需要考虑的问题。利用知识库中的相关经验知识，可以指导切片资源的调度和调整，更好地满足业务需求。知识定义的切片资源智能调度方案的具体流程如下。

① 租户将其需求输入意图面中，意图解析模块会识别不同租户的意图，并将多租户的意图转换为不同租户所需的不同切片资源的需求。

② 不同切片资源需求会被发送到知识平台，在该平台上，策略生成模块利用切片资源智能调度算法生成相应的切片资源智能调度策略。知识平台中包含了策略、

模型和外部信息等构成的知识库，为策略生成模块提供相关信息，以便能够快速准确地生成适用的切片资源调度方案，提高切片资源智能调度算法的收敛速度。换而言之，通过与知识库互动，知识定义的切片资源智能调度方案可以提高智能算法自身的训练速度，使其更快地满足不断变化的服务质量要求。

③ 在生成切片资源智能调度策略之后，仿真验证平台在知识平台中对其进行模拟验证，以判断所生成的切片资源智能调度策略是否合理。若出现问题，则需要重新生成相应的策略，直至满足租户的需求为止。同时，将需求变化趋势和网络切片中的资源调度方式存储在知识库中，用于指导后续的训练过程和调度方案。

④ 经过验证的资源调度方案将被下发到物理网络中，即按照生成的方案将资源调度给不同租户。之后，通过控制平面收集信息发送到意图验证模块，判断该调度方案是否符合网络中多个租户的需求，以及是否能够为切片提供商带来收入。如果无法满足租户需求，则需要重新进行算法训练，生成新的智能切片资源调度方案。如果除了满足租户需求外，还能为切片提供商带来收入，则将相应的切片资源智能调度方案存储在知识库中，用于指导后续切片资源智能调度方案的生成。

| 8.9　网络路由智能调优 |

8.9.1　场景描述

为了承载大量数据，互联网服务提供商（Internet Service Provider，ISP）不得不主动对网络容量进行扩容升级。虽然许多 ISP 报告指出，即使容量已经超额配置，网络链路上仍然会发生频繁的拥塞和数据包丢失事件。这种现象形成的根本原因有两个：一方面，互联网上的流量分布在拓扑上是极其不均衡的；另一方面，互联网上的流量大小是不可预测的，一些链路上的流量很大，而其余的链路却没有得到充分利用。在广域网上被广泛部署的路由协议，如开放最短路径优先和中间系统到中间系统（Intermediate System to Intermediate System，IS-IS）也表现得不尽如人意，因为它们只关注将流量转发到目的地，而很少关注网络负载均衡功能。因此，流量工程（Traffic Engineering，TE）技术在互联网上的研究和部署的相关议题得到了广泛的关注。

作为应用最广泛的域内路由方案，OSPF/IS-IS 是最简单、最便于计算的路由方案。OSPF 是运行在 IP 上的开放系统互连（OSI）模型第三层的协议，而 IS-IS 则是在数据链路层（OSI 模型第二层）上的协议，它们虽然在实现上有一些不同，但在选路逻辑上是一致的。它们均使用迪杰斯特拉（Dijkstra）算法来计算节点对之间的最短路径，保证信息能在最少的跳数内到达目的地。这种基于最短路径的算法时间复杂度极低，且能通过逐跳传递数据包快速找到最短路径，在网络出现故障、部分链路失效时也能快速恢复网络的连通性，因此被广泛应用于对流量工程性能不敏感的场景中。但在大规模、复杂的网络拓扑中，由于选路逻辑是通过单纯的贪心算法来找到最短路径，完全没有利用流量特征或者考虑其他点的选路情况，常常会让拓扑中一些中心的边承载过多流量，无法保证负载均衡的性能。

等价多路径（Equal-Cost Multi-Path，ECMP）路由改良了单一最短路径的选路方案，被应用在不少流量工程问题中。ECMP 被 OSPF、IS-IS 这一类协议支持，能比较简单地实现负载均衡。较之单一的最短路径算法，ECMP 会同时记录多个跳数相同的路径，并且在这些路径之间调度流量。ECMP 可以根据数据流的 N 元组的哈希值决定具体的路径，或者通过轮询在多条路径上顺次调度数据流。通过在多条路径上调度流量，ECMP 取得了比 OSPF/IS-IS 更强的负载均衡能力。在一些高度有序的拓扑（如无阻塞交换网络架构的数据中心）中，点和点之间的路径大多是等长的，此时 ECMP 能保证把流量尽可能地均分到各个路径中，有相当好的性能。但在不规则的网络拓扑中，节点之间的最短路径极可能是唯一的，即不存在多条路径，导致 ECMP 退化为 OSPF。这一问题限制了 ECMP 在流量工程中的应用范围。

流量工程问题可以转化为优化问题，也称为多商品流（Multiple Commodity Flow，MCF）问题：给定一个容量受限的网络和一组节点之间的流量会话需求，MCF 旨在找出如何将流量负载调度给各种可行路径，以最小化最大链路利用率（Max Link Utilization，MLU）。如果允许分数分割比，则可以使用线性规划模型求解器在强多项式时间内找到最优解。近年来，流量工程领域引起了研究界的广泛关注，大多数解决方案涉及流量矩阵，它表示每个入口节点和出口节点对的流量需求。

无关路由（Oblivious Routing，OR）[18]将流量工程问题转化为 MCF 问题，并基于线性规划模型将其形式化。然而，它以最佳/最坏情况下的性能为目标，通过参数化流量矩阵计算所有可能的流量矩阵，而线性规划模型的流量矩阵则提前给出。因为已有研究[19]表明，常态流量的出现时间占了整个网络周期的绝大部分，而由于无关路由的优化目标是保证最坏情况下的性能，它极大地牺牲了平均性能。与所有流量无关路由一样，无关路由只使用一种预先计算好的静态路由策略来处理所有的流量矩阵，因此它也存在着无法有效处理强动态流量矩阵的缺陷。结合最坏情况下的性能对无关路由和 OSPF 进行比较，无关路由平衡离线负载的能力比 OSPF 要好。

基于上述问题和现状，网络路由控制系统中亟待实时感知网络的资源状态和网络中的故障，利用综合分析生成的网络知识预判潜在的故障，为受影响的业务调整策略，保证业务正常稳定，并生成全局最优的选路策略。知识定义的转发路径调优如图 8-13 所示。

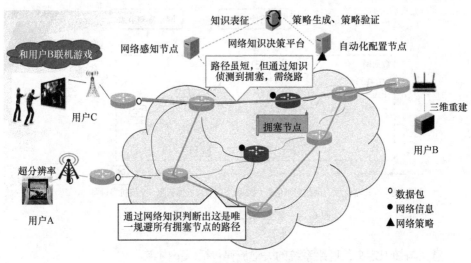

图 8-13　知识定义的转发路径调优

8.9.2 技术方案概述

意图与知识定义的网络系统架构如图 8-14 所示，通过意图映射、故障分析、强化学习训练等方式，网络利用策略合理地将资源调度给通信数据流，尽可能保证每一条通信的低时延、高带宽、无故障。其中，一方面，网络运维人员通过意图信息影响策略的生成，并使网络运行在运维人员管控之下；另一方面，网络通过对自身网络状态的感知，分析故障，并利用知识来排除故障、生成策略。最后，网络控制器将新的策略下发到网络中，上述过程中使用过的意图信息、故障信息、训练模型等被存储进知识库，供后续意图解析、故障分析、策略生成使用。

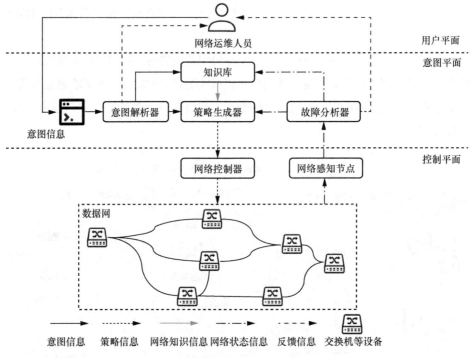

图 8-14 意图与知识定义的网络系统架构

意图与知识定义的网络系统的关键流程包括以下内容。

① 意图输入：接收用户使用自然语言表达的意图输入的过程。

② 意图解析：系统从用户输入的信息中抽取意图的过程。

③ 网络状态感知：周期性探测网络状态，并将网络拓扑信息和时延信息从中分离分类的过程。

④ 故障分析：利用预设的规则或门限判断网络中每一条路径是否存在故障的过程。

⑤ 策略生成：利用网络状态信息、故障信息，使用合适的算法为网络生成网络策略的过程。

⑥ 知识表征：利用网络数据和网络策略，挖掘两者之间的关联性，形成网络知识并存储。

⑦ 信息反馈：利用感知的数据和意图解析的结果，向用户汇报网络状态和意图实现情况的过程。

基于意图与知识定义的网络系统架构设计，为了展现系统中网络知识对网络故障处理、路由资源调度的智能性，可采用对照实验的形式，以通信路由的各项指标为参照，在原型系统中做效用对比。对照组的算法采用简单的、智能性较低的随机选路。智能选路原型系统结构如图 8-15 所示，智能选路原型系统由前端平台和几个功能子系统构成。

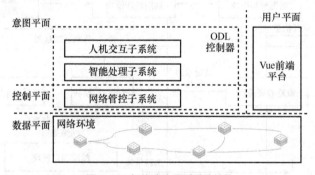

图 8-15　智能选路原型系统结构

① Vue 前端平台：给用户提供一个平台，允许用户输入自然语言、查看网络管控子系统和智能处理子系统的反馈信息，以及选择或修改系统配置，为通信制定人为的路由策略。

② 人机交互子系统：从用户端（Vue 前端平台）接收输入的自然语言并做简单的预处理，对系统的反馈信息做队列缓存以供用户端读取。

③ 智能处理子系统：使用基于模板匹配的规则流程对用户输入的语言中的意图做出提取与转译，并向用户反馈处理结果，以及对知识进行表征。

④ 网络管控子系统：感知、整理、传输实验网络数据，整理、下发网络策略，存储原型系统的配置信息。

智能处理子系统是实现意图管控闭环及知识验证闭环的关键子系统，其参考方案如图 8-16 所示。智能处理子系统可部署在控制器中，外部与人机交互子系统和网络管控子系统连接。智能处理子系统的主要工作是实现意图到网络策略的解析转译、根据网络知识和网络数据形成选路策略、从实时数据和历史数据中提取特征，进而形成体系化的网络知识。智能处理子系统由意图解析模块、意图转译模块、意图实现验证模块、知识表征模块、故障判定模块、智能选路模块、参照选路模块和策略验证模块组成。

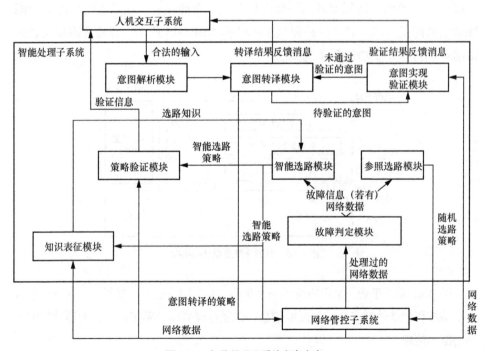

图 8-16　智能处理子系统参考方案

智能选路模块根据故障判定模块传递的故障信息和网络状态数据形成合适的选路策略，通常情况下在故障判定模块分离故障信息之后运行。智能选路模块主要实现的功能包括：形成网络的深度强化学习（DRL）选路模型、形成临时选路策略和形成选路策略。智能选路模块的两项功能是相互依托的关系。一方面，DRL 选路模型的输出将指导选路策略的生成；另一方面，DRL 选路模型的训练需要选路策略变化后的网络状态数据。智能选路模块流程如图 8-17 所示。

模块检索知识表征模块的知识库，如果有结果，则直接使用关联性知识生成选路策略。否则，使用带有临时选路的 DRL 方式生成路由策略。

首先，智能选路模块接收来自故障判定模块的故障信息和网络状态数据，训练旧的模型。若不存在旧的模型，则利用 DRL 技术开始训练新的模型。接着，通过确认故障信息，智能选路模块决定是否采用临时的选路策略。若原存在故障的节点或路径参与到任何通信中，则为这些通信选取临时的选路策略；否则，不采用临时选路策略。临时选路策略的制定规则是：选取不包含故障节点和路径的总时延最小的路径。

然后，智能选路模块在 DRL 选路模型中对网络中有故障的通信进行参数调整，继续训练 DRL 选路模型。训练 DRL 选路模型的过程为：将各链路时延拼接为维度与链路数量相等的特征向量，该特征向量作为状态（State）向量供 DRL 选路模型学习，将当前路径中所有链路的平均时延的倒数作为奖励值（Reward）输入 DRL 选路模型。DRL 选路模型中动作向量（Action）的维度与起始节点到目标节点的所有路径数量相等，每一维的数值代表选择这一条路径的概率，依照概率的最大值得出最终的选路策略，并发送给网络管控子系统。

智能选路模块重复训练网络的 DRL 选路模型，直到 DRL 选路模型收敛，即奖励值不再发生变化。最后，智能选路模块将 DRL 选路模型保存到知识表征模块，形成用于智能选路的知识库。

特别地，可构建参照选路模块与智能选路模块进行对比，更具象地呈现智能选路的优势。参照选路模块，可以使用简单的选取低时延的算法直接为通信选路，形成选路策略；在排障模式下，参照选路模块还具有利用故障信息修正网络数据的功能。选路的过程为对所有可行路径进行等概率简单随机抽样。

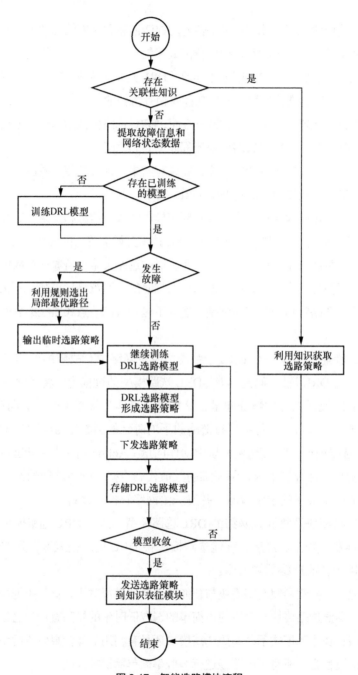

图 8-17 智能选路模块流程

| 8.10　本章小结 |

　　本章详细介绍了知识定义的意图网络在典型应用场景中的应用。从不同的网络类型、功能服务和资源形态来描述这些典型应用案例。本章全面介绍了知识定义的意图网络在各种应用场景中的能力，以支持全方位的按需服务。

| 参考文献 |

[1]　MEC 介绍[EB]. 2021.

[2]　华为. 华为核心网自动驾驶网络白皮书[EB]. 2019.

[3]　薛宁, 霍如, 曾诗钦, 等. 基于 DRL 的 MEC 任务卸载与资源调度算法[J]. 北京邮电大学学报, 2019, 42(6): 64-69, 104.

[4]　CHEN X, JIAO L, LI W Z, et al. Efficient multi-user computation offloading for mobile-edge cloud computing[J]. IEEE/ACM Transactions on Networking, 2016, 24(5): 2795-2808.

[5]　SUN W, ZHANG H B, WANG R, et al. Reducing offloading latency for digital twin edge networks in 6G[J]. IEEE Transactions on Vehicular Technology, 2020, 69(10): 12240-12251.

[6]　LETAIEF K B, CHEN W, SHI Y M, et al. The roadmap to 6G: AI empowered wireless networks[J]. IEEE Communications Magazine, 2019, 57(8): 84-90.

[7]　欧阳晔, 王立磊, 杨爱东, 等. 通信人工智能的下一个十年[J]. 电信科学, 2021, 37(3): 1-36.

[8]　谷志群, 张佳玮, 纪越峰, 等. 数据与模型协同驱动的智能光网络架构与关键技术[J]. 电信科学, 2022, 38(7): 18-30.

[9]　MA H X, ZHANG J W, JI Y F. Graph sequence attention network-enabled reinforcement learning for time-aware robust routing in OSU-based OTN[C]//Proceedings of the 2022 Optical Fiber Communications Conference and Exhibition (OFC). Piscataway: IEEE Press, 2022: 1-3.

[10]　XIAO Y M, ZHANG J W, JI Y F. Resource-efficient slicing with topology-level protection in optical access/aggregation networks for 5G and beyond[C]//Proceedings of the Optical Fiber Communication Conference (OFC) 2021. Washington, D. C.: Optical Publishing Group, 2021: 1-3.

[11]　ZHENG D Y, PENG C Z, LIAO X T, et al. Towards latency optimization in hybrid service

function chain composition and embedding[C]//Proceedings of the IEEE INFOCOM 2020-IEEE Conference on Computer Communications. Piscataway: IEEE Press, 2020: 1539-1548.

[12] 张小强, 曾强, 谢崇斌, 等. 基于流式处理的 CDN 异常智能检测技术研究[J]. 科技创新与品牌, 2021(8): 76-77.

[13] 陈科先. 面向知识定义网络的带宽分配系统设计与实现[D]. 西安: 西安电子科技大学, 2020.

[14] 戴彬, 曹园园, 莫益军. 未来网络场景及需求分析综述[J]. 电信科学, 2019, 35(8): 39-48.

[15] LI R P, ZHAO Z F, SUN Q, et al. Deep reinforcement learning for resource management in network slicing[J]. IEEE Access, 2018, 6: 74429-74441.

[16] VAN HUYNH N, HOANG D T, NGUYEN D N, et al. Optimal and fast real-time resource slicing with deep dueling neural networks[J]. IEEE Journal on Selected Areas in Communications, 2019, 37(6): 1455-1470.

[17] ANTONOPOULOS A. Bankruptcy problem in network sharing: fundamentals, applications and challenges[J]. IEEE Wireless Communications, 2020, 27(4): 81-87.

[18] APPLEGATE D, COHEN E. Making routing robust to changing traffic demands: algorithms and evaluation[J]. IEEE/ACM Transactions on Networking, 2006, 14(6): 1193-1206.

[19] WANG J, TANG J, XU Z Y, et al. Spatiotemporal modeling and prediction in cellular networks: a big data enabled deep learning approach[C]//Proceedings of the IEEE INFOCOM 2017 - IEEE Conference on Computer Communications. Piscataway: IEEE Press, 2017: 1-9.

结束语

随着新一代信息技术的加速发展，2030 年信息社会将高度数字化、智能化，其中，6G 网络被认为是 2030 年智能信息社会的关键推动力，有望提供优于 5G 的性能并满足新兴的服务和应用。未来 6G 将融合感知、通信、计算、缓存、控制、定位等实现智能连接、深度连接、异构连接、泛在连接，支持服务新领域，如智慧车联网、无人机、工业互联网和扩展现实。

5G 网络利用基于 IT、基于互联网、极致简洁和基于服务 4 个设计概念，使网络变得更加灵活敏捷，实现更高性能。相较于先前的通信系统，5G 除了降低时延，增强连接和可靠性，还借助软件定义和虚拟化，实现网络快速自动配置，提供大量的 QoS 需求不同的服务。尽管 5G 支持基本的 eMBB、mMTC 和 URLLC 相关应用，但现有的移动通信网络资源调配主要针对单一场景采用人工设计资源调配策略，难以满足全场景的按需服务。

面向未来多样化、差异化、不断催生演进的全场景业务需求，6G 网络需要提取网络知识，借助数据驱动思想，利用网络历史数据获取流量感知、网络结构和调配策略的知识，实现智能调配从感知网络到认知网络的升级。本书的主要思路是基于人机协同赋能网络知识，共同发挥人机在宏观（整体目标）和微观（资源调度细节）层面的优势，保证智能调配技术可管可控，进一步实现零接触、可交互、会学习、能进化的智能网络，提高网络操作和管理的效率，最终实现网络自治。

本书分别从移动通信网络演进及其对资源调度的需求、意图与知识联合驱动的内生智能网络架构、知识增强的全场景流量感知技术、可增量学习的网络知识获取与表征技术、知识定义的多维异构资源调度策略、基于知识的网络资源调度策略验证技术、知识定义的网络资源部署技术、典型应用案例等多个方面，对知识定义的 6G 网络资源智能调度进行了阐述。移动通信网络的发展旨在提供更加多样化的服务，保障更高的质量需求，而为用户提供按需服务，需要连通各网，按需智能调度资源。其中，在网络资源智能调度过程中，网络架构发挥着关键作用，提出意图驱动、知识定义的智能化网络架构，利用人机协同赋能获取网络知识，从流量感知、知识获取、策略生成、策略验证、策略部署等方面，支撑全场景资源智能优化调度机制。其中，在流量感知方面，总结现有网络测量技术面临的挑战与问题，提出服务于知识定义的网络感知技术，目标是实现低开销、低时延的网络信息获取；在知识获取方面，以用户行为知识、业务需求知识和网络状态知识为例，分析现有知识获取与表征技术，提出可增量学习的网络知识获取与表征技术，基于知识获取模型和网络变化感知，实现知识自适应；在策略生成方面，以计算卸载和服务迁移为例，分析现有资源调度策略的局限性，提出知识定义的全场景资源调度策略生成，借助强化学习技术，进行资源感知和调度策略生成；在策略验证方面，总结现有策略验证技术，包含数据孪生网络和形式化验证方法，提出基于知识的网络调度资源策略验证模块，通过网络建模、正确性验证和反馈告警 3 部分实现网络策略验证；在策略部署方面，以 5G 部署为例，分析目前网络资源部署的演进及面临的挑战，提出面向 6G 知识定义的网络资源部署技术设想。最后，在典型应用案例的阐述中，从不同网络类型、功能服务、资源形态多个角度介绍知识定义的资源智能优化调度可能的应用场景和技术方案，综合分析了知识定义的意图网络支撑全场景按需服务的能力。

希望本书能够引起产业界和学术界对于知识定义的网络资源智能调度的关注，吸引更多的通信、计算机、控制与工程等领域的研究人员研究这个方向。当前，对知识定义的网络资源智能调度的研究还处于初步阶段，可以在愿景分析、架构设计等方面做些工作。然而，要实现知识定义的网络资源智能调度理论技术体系及模型，需要融合通信、计算、感知、控制、存储一体化技术，除了通信工程、计算机系统、自动化控制等技术领域的研究人员参加，还需要相关的其他行业及研究机构加入。总之，知识定义的网络资源智能调度是一种基于端–边–云–网多级协同，并融合多种资源调度的技术，将借助人工智能、大数据等技术的发展为信息技术的演进谱写新的篇章。